21世纪高等学校计算机规划教材

21st Century University Planned Textbooks of Computer Science

计算机基础教程

Windows 7与Office 2010（第5版）

Foundations of Computer Science Windows 7 and Office 2010 (5th Edition)

林卓然 李岚 编著

精品系列

人民邮电出版社

北　京

图书在版编目（CIP）数据

计算机基础教程：Windows 7与Offiec 2010 / 林卓然，李岚编著. -- 5版. -- 北京：人民邮电出版社，2011.8（2011.8 重印）
21世纪高等学校计算机规划教材
ISBN 978-7-115-25788-8

Ⅰ. ①计… Ⅱ. ①林… ②李… Ⅲ. ①Windows操作系统－高等学校－教材②办公自动化－应用软件，Office 2010－高等学校－教材 Ⅳ. ①TP316.7②TP317.1

中国版本图书馆CIP数据核字(2011)第140359号

内 容 提 要

本书是一本计算机公共基础课教材，主要内容包括计算机基础知识、计算机操作系统 Windows 7、办公软件 Office 2010、多媒体技术基础、计算机网络与 Internet、网页设计基础、VBScript 程序设计等。

本书内容丰富，知识面广，原理和实践紧密结合，注重实用性和可操作性，叙述上力求深入浅出、简明易懂，各章后面均配有精心设计的习题和上机实验。为帮助教师使用本教材，编者还提供了一套课堂教学用的电子教案。

本书适合作为高等院校本、专科计算机基础课的教材，也可作为各类计算机培训班的教材或自学参考书。

21 世纪高等学校计算机规划教材

计算机基础教程 Windows 7 与 Office 2010（第 5 版）

◆ 编 著 林卓然 李 岚
责任编辑 滑 玉

◆ 人民邮电出版社出版发行 北京市崇文区夕照寺街 14 号
邮编 100061 电子邮件 315@ptpress.com.cn
网址 http://www.ptpress.com.cn
北京艺辉印刷有限公司印刷

◆ 开本：787×1092 1/16
印张：17.75
字数：465 千字
2011 年 8 月第 5 版
2011 年 8 月北京第 2 次印刷

ISBN 978-7-115-25788-8

定价：35.00 元

读者服务热线：**(010)67170985** 印装质量热线：**(010)67129223**
反盗版热线：**(010)67171154**

前　言

本书（初版）自 2002 年出版以来，得到了各高校的教师及广大学生的好评和支持。在此对多年来关心、支持并对本书（初版及修订版）提出意见和建议的教师及广大学生表示衷心感谢。

本书第 5 版继续保持前几版本的层次清楚、通俗易懂、便于教与学等特点，以 Windows 7 和 Office 2010 为主要操作平台，修改了书中各章内容，增添了一些新概念和新技术内容，努力反映计算机应用技术的新发展。对各章上机实验内容进行了大的改动，使每个实验要求更加明确，更具可操作性。书中实验一般都要求学生以文件方式保存实验结果，这样既方便学生复习，也便于教师对学生实验的检查。为了便于学生独立完成实验，每个实验步骤在适当地方都给出一定的提示。

SharePoint Designer 2007(FrontPage 2007) 是 Microsoft 公司推出的新一代网站创建工具。本书介绍了该软件的网页设计技术，包括 HTML 编码设计和 VBScript 程序设计。把网页编程新技术放入大学生的第一门计算机课程中，这项课程内容改革在编者所在学校已经实行了多年。从本校教学实践来看，这种教学模式既使学生接触到目前的计算机热点技术，提高学习的兴趣，还可以使学生及早掌握程序设计的初步知识，为后续课程打下良好的基础。

本书还兼顾了全国计算机等级考试一级 MS Office 考试大纲的要求，以提高学生的获证能力。

本书计划授课 36 学时，大致上可分为两段教学，第一段教学讲授第 1 章～第 7 章，其任务是使学生对计算机应用的基本知识有一个较为系统的了解；第二段教学讲授第 8 章～第 9 章，重点学习 HTML 网页制作和 VBScript 编程基本知识。两段教学所用学时约为 1∶1。教师可根据学生的应用水平酌情增减第一段教学内容的学时，或"精讲多练"，或改为以自学和上机为主。为便于学生自学，书后附录还提供了各章习题的参考答案。

为帮助教师使用本书，编者提供了本书的教学辅助材料，包括各章节的电子教案及相关素材文件，并发布在人民邮电出版社教学服务与资源网上，网址为 http://www.ptpedu.com.cn。

本书第 2 章～第 5 章和第 8 章由李岚修改，其他各章由林卓然修改。全书由林卓然审定。在本书的编写过程中，得到中山大学新华学院计算机基础教研部全体老师的支持和帮助，在此表示衷心感谢。

由于编者水平所限，书中难免存在错误和不妥之处，敬请读者指正。编者电子邮件地址：puslzr@mail.sysu.edu.cn。

编　者

2011 年 7 月

目 录

第1章
计算机基础知识

计算机（Computer）是一种能快速而高效地自动完成信息处理的数字化电子设备。自 1946 年诞生至今的 60 多年中，计算机的发展极其迅速，在社会的各个领域都得到了广泛的应用，它使人们传统的工作、学习、日常生活甚至思维方式都发生了深刻的变化。在当今的信息社会中，计算机已经成为人类活动中不可缺少的工具。学习必要的计算机知识，掌握一定的计算机操作技能，是现代大学生必备的基本素质。

1.1　计算机的发展与应用

1.1.1　计算机的发展

1. 第一台计算机及 EDVAC

1946 年，世界上第一台计算机在美国宾夕法尼亚大学诞生，取名 ENIAC（埃尼阿克，即电子数字积分计算机）。这台计算机用了 18 000 只电子管，运算速度为每秒 5 000 次，占地 170m^2，重 30t，耗电 150kW，可以说是一个 "庞然大物"。它的问世表明了计算机时代的到来，具有划时代的意义。

在 ENIAC 的研制过程中，美籍数学家冯·诺依曼针对它存在的问题，提出了一个全新的通用计算机方案，这就是 EDVAC（埃德瓦克）方案。在这个方案中，冯·诺依曼提出了 3 个重要的设计思想：

① 计算机由运算器、控制器、存储器、输入设备和输出设备 5 个基本部分组成；

② 采用二进制形式表示计算机的指令和数据；

③ 将程序（由一系列指令组成）和数据存放在存储器中，并让计算机自动地执行程序——这就是 "存储程序" 思想的基本含义。

EDVAC 方案成了后来计算机设计的主要依据。

2. 计算机的分代

从第一台计算机诞生以来，电子器件的发展对计算机的更新换代起着决定性的作用。根据计算机所采用的电子器件，可以把计算机的发展分为电子管（1946—1958 年）、晶体管（1959—1964 年）、小规模集成电路（1965—1970 年）、超大规模集成电路（1971 年至今）4 个阶段，习惯上称为 "四代"。

60 多年来，计算机应用大体上也经历了 3 个重要发展阶段，即大型机阶段、微型机阶段和计算机网络阶段。1946—1980 年，计算机应用主要是在传统大型计算机中进行的；1981—1991 年，掀起了微型计算机（简称微型机、微机或 PC）的普及应用热潮；从 1991 年开始进入了以计算机网络为中心的新时代。

1965 年 Intel 公司的创始人之一戈登·摩尔曾预言，集成电路中的晶体管数将每年（后来改成了每隔 18 个月）翻一番，芯片的性能也随之提高一倍。这一预测，被计算机界称为"摩尔定律"，近代计算机的发展历史充分证实了这一定律。随着芯片集成度的日益提高和计算机体系结构的不断改进，将会不断出现性能更好、体积更小、价格更低的计算机产品。

IBM 前首席执行官郭士纳曾提出一个观点，认为计算模式每隔 15 年发生一次变革，这一判断像摩尔定律一样准确，人们把它称为"十五年周期定律"。1965 年前后的大型机，1980 年前后的个人计算机（PC），而 1995 年前后则发生了互联网革命。按此推算，2010 年前后将发生新一轮革新浪潮，这就是 2009 年掀起的"智慧地球"发展策略和"物联网"时代的来临。

3. 微型机的发展

1971 年 Intel 公司成功地在一块芯片上实现了中央处理器（包括控制器和运算器）的功能，制成了世界第一片微处理器（MPU）Intel 4004，并将它组成了第一台微型机 MCS-4，从此揭开了微型机发展的序幕。随后，许多公司竞相研制微处理器，相继推出了 8 位、16 位、32 位和 64 位微处理器（见表 1-1），芯片的主频和集成度不断提高，由它们构成的微型机在功能上也不断完善。微型机发展非常迅速，以 2～3 年的速度更新换代。如今的 64 位高档微处理器，性能远远超过了早期的巨型机。

表 1-1　　　　　　　　不同时期的几种微处理器

微处理器	推出时间	字长	主频（MHz）	集成度（晶体管数/片）
4004	1971 年	4	0.7	2 300
80286	1982 年	16	6～25	13.4 万
80386	1985 年	32	16～40	27.5 万
80486	1989 年	32	25～100	120 万
Pentium	1993 年	32	60～233	310 万
Pentium II	1997 年	32	133～450	750 万
Pentium III	1999 年	32	350～550	950 万
Pentium4	2000 年	32	1 400 以上	4 200 万
Itanium（安腾）	2001 年	64	800	2 500 万（不包括 Cache）
Itanium2	2002 年	64	900～1 000	2.2 亿
双核 Xeon（至强）5100 系列	2006 年	32	1 600～3 730	2.91 亿
四核 Inter xeon	2008 年	64	2 560～3 072	大于 3 亿

微型机的出现开辟了计算机发展的新纪元。由于微型机体积小、功耗低、成本低，其性能价格比优于其他类型的计算机，因而得到广泛应用和迅速普及。今天，微型机已经深入到社会生活的各个领域，并进入千家万户，真正成为大众化的信息处理工具。

4. 计算机的发展趋向

目前计算机的发展有 5 个重要的方向，即微型化、巨型化、网络化、智能化和多媒体化。

① 微型化。目前微型机已经成为人们使用的计算机的主流，今后计算机将会继续向着微型化的趋势发展。从笔记本电脑到掌上型电脑，再到嵌入到各种家电中的电脑控制芯片，甚至嵌入到人体内部的微电脑不久也将会成为现实。

② 巨型化。为了适应尖端科学技术和大量信息处理的需要，将会研制出一批高速度、大容量的巨型计算机。有人说，微型机的发展和普及代表了一个国家应用计算机程度，而巨型机的制造和应用则集中反映了一个国家的科学技术水平。

20 多年来，我国巨型机的研发取得了很大成绩，推出了"曙光"、"天河"等代表我国最高水平的巨型机系统。2001 年初研制出运算速度达每秒 4 000 亿次的曙光 3000 超级服务器。2003 年研制出曙光 4000A 巨型机，运算速度达每秒 11 万亿次，在第 34 届（2004 年）全球超级计算机 TOP500 排行榜中名列第 10 名。2010 年研制出"天河一号 A"巨型机（"天河一号"二期），运算速度达到每秒 2 570 万亿次（这意味着，它计算一天，相当于一台个人计算机计算 800 年）。在第 36 届（2010 年）全球超级计算机 TOP500 排行榜上"天河一号 A"巨型机名列世界第一，排名第二的是美国的"美洲虎"巨型机（运算速度为每秒 1 750 万亿次），排名第三的是我国"星云"巨型机（运算速度为每秒 1 270 万亿次）。这标志着我国已经继美国之后世界上第二个能够研制出千万亿次巨型机的国家。

③ 网络化。从单机走向连网，是计算机应用发展的必然结果。近 10 年来，计算机网络技术发展极其迅速，从计算机连网到网络互连，到今天的信息高速公路。计算机网络化正在改变人类的生活和工作方式。毫无疑问，计算机网络在信息社会中将大显身手。

④ 智能化。智能化就是使计算机具有模拟人的感觉和思维的能力，第五代计算机要实现的目标就是"智能"计算机。第五代计算机的研制激发了人工智能研究热潮，不少国家已将人工智能和新一代计算机的研究、开发和应用列入国家发展战略的议事日程，成为科技发展规划的重要组成部分。

⑤ 多媒体化。多媒体技术是 20 世纪 80 年代中后期兴起的一门跨学科的新技术，它把图、文、声、像多种媒体融为一体，统一由计算机进行管理。目前，多媒体已成为一般微型机的基本功能。多媒体技术与网络技术相结合，可以实现计算机、电话机、电视机的"三机一体"，使计算机功能更加完善。

1.1.2　计算机的特点

由于计算机能模拟人的大脑功能处理各种信息，故俗称电脑。作为一种通用的信息处理工具，计算机具有以下几个主要特点。

① 运算速度快。由于计算机采用了高速的电子器件和线路，并利用先进的计算技术，使得计算机可以有很高的运算速度。

运算速度是指计算机每秒钟能执行多少条指令。常用单位是 MIPS，即每秒钟执行 100 万条指令。例如，主频为 2GHz 的 Pentium 4 微机的运算速度为每秒 40 亿次，即 4 000 MIPS。一般的计算机运算速度每秒可达几亿次到几十亿次，现在有些高性能计算机的运算速度甚至可达每秒几百亿次到几十万亿次。

② 计算精确度高。计算机用数字方式来表示一个数，因此表示的精确度极高。例如，圆周率 π 的计算，历代科学家采用人工计算只能算出小数点后 500 位，1981 年日本人曾利用计算机算到小数点后 200 万位，而目前已达到小数点后上亿位。

③ 存储容量大。计算机中的存储器（内存储器和外存储器）能够存储大量信息。它能把数据、程序存入，进行数据处理和计算，并把结果保存起来，当需要时又能准确无误地取出来。

④ 逻辑判断能力强。计算机能够进行各种基本的逻辑判断，并且根据判断的结果，自动决定下一步该做什么。有了这种能力，计算机才能求解各种复杂的计算任务，进行各种过程控制、完成各类数据处理任务。

⑤ 自动化程度高。计算机从正式开始工作到输出计算结果，整个工作过程都是在程序控制下自动进行的，完全用不着人去参与。

1.1.3　计算机的应用

计算机的应用已渗透到社会的各个领域，正在改变人们的工作、学习和生活的方式，推动着社会的发展。归纳起来，计算机的应用可分为以下几个方面。

① 科学计算。科学计算又称数值计算，是指解决科学研究和工程技术中所提出的数学问题，如人造卫星轨迹的计算、水坝应力的计算、气象预报的计算等。应用计算机进行数值计算，速度快、精度高，可以大大缩短计算周期，节省人力和物力。

② 事务数据处理。事务数据处理是目前计算机应用中最广泛的领域。例如，银行可用计算机来管理账目，每天对当天的营业情况及时汇总、分类、结算、统计和制表；工矿企业可用计算机进行生产情况统计、成本核算、库存管理、物资供应管理、生产调度等；计算机还可用于各部门的办公自动化（OA），管理信息系统（MIS），以及各种决策支持系统（DSS）等。

事务数据处理所采用的计算方法比较简单，但数据处理量大，输入/输出操作频繁。

③ 过程控制。过程控制又称实时控制，是指计算机及时采集监测数据，按最佳方法对控制对象进行自动控制或自动调节。计算机广泛应用于石油化工、电力、冶金、机械加工、通信及轻工业各部门中的生产过程控制，如计算机数控车床，实时控制高炉炼铁过程，计算机控制汽车生产线等。

计算机控制技术对现代化国防和空间技术具有重大意义，导弹、人造卫星、宇宙飞船等都是采用计算机控制的。

④ 计算机辅助系统。计算机辅助设计（CAD）是工程设计人员借助计算机进行设计的一项专门技术。它不仅可以缩短设计周期，而且还提高了设计质量和设计过程的自动化程度。目前，计算机辅助设计已广泛应用于航空、机械、造船、化工、建筑、电子等几十个技术部门。计算机辅助教学（CAI）是利用计算机进行辅助教学的一门技术。它利用图、文、声、像等多媒体方式使教学过程形象化，并采用人机对话方式，对不同学生采用不同的教学内容和教学进程，改变了教学的统一模式，有效地激发了学生的学习兴趣，使学生轻松自如地学到所需的知识，同时也有利于因材施教。

除 CAD 和 CAI 之外，还有计算机辅助制造（CAM）、计算机辅助测试（CAT）等。

⑤ 人工智能。人工智能（AI）是计算机应用的一个崭新领域，目前主要应用在以下 3 个方面。

● 机器人。主要分为"工业机器人"和"智能机器人"两类，前者用于完成重复性的规定操作，通常用于代替人进行某些作业（如海底、井下、高空作业等），后者具有某些智能，具有感知和识别能力，能说话和回答问题。

● 专家系统。使计算机具有某方面专家的专门知识，使用这些知识来处理这方面的问题。例如，医疗专家系统能模拟医生分析病情、开出药方和假条。

● 模式识别。模式识别重点研究图形识别和语音识别。例如，机器人的视觉器官和听觉器官、公安机关的指纹分析器、识别手写邮政编码的自动分信机等，都是模式识别的应用实例。

⑥ 计算机网络通信。利用计算机网络，使不同地区的计算机之间实现软、硬件资源共享，这样可以大大促进和发展地区间、国际间的通信和各种数据的传输及处理。现代计算机的应用已离不开计算机网络。例如，银行服务系统、交通（航空、车、船）订票系统、电子商务（EC）、公用信息通信网、大企业管理信息系统等都建立在计算机网络基础上。人们可以通过因特网（Internet）接收和传送电子邮件（E-mail）、查阅网上各种信息等。

1.1.4　计算机的新技术

1. 嵌入式系统

嵌入式系统（Embedded System）融合了计算机硬/软件、微电子等技术，根据应用要求，把相应的计算机作为一个控制处理的部件直接嵌入到应用系统中。也就是将软件固化集成到硬件系统中，使硬件系统和软件系统一体化。嵌入式系统具有软件代码少、自动化程度高、响应速度快等特点，特别适合于要求实时强的多任务的系统。

通俗地讲，嵌入式系统就是指把计算机集成到特定的应用系统中，该计算机作为应用系统的一部分完成专门的功能，如数字电视、数码相机、自动洗衣机等电器中的单片机。

嵌入式系统一般由嵌入式微处理器、外围硬件设备、嵌入式操作系统以及用户的应用程序 4个部分组成，用于实现对其他设备的控制、监视或管理等功能。

一般的嵌入式系统并不被最终用户所觉察，人们很少会意识到他们往往随身携带了好几个嵌入式系统——在智能手机、智能手表或者智能卡中都嵌有它们；嵌入式系统在与汽车、电梯、厨房设备、录像机以及娱乐系统的交互时人们也往往对此毫无觉察。嵌入式系统在工业机器人、医药设备、电话系统、卫星通信系统、飞行系统等领域扮演了一个重要的角色。"看不见"这一个特性，正是嵌入式系统与通用 PC 的根本区别。

新一轮汽车、通信、信息、电器、医疗、军事等行业的巨大的智能化装备需求拉动了嵌入式系统的发展。同传统的通用计算机系统不同，嵌入式系统面向特定应用领域，根据应用需求定制开发。随着硬件技术的不断革新，硬件平台的处理能力不断增强，硬件成本不断下降，嵌入式软件已成为产品的数字化改造、智能化增值的关键性技术。

2. 网格技术

简单地说，网格（Grid）技术是一种重要的信息技术，它的目标是把整个 Internet 整合成一台巨大的超级计算机，实现计算机资源、存储资源、信息资源、知识资源、专家资源的全面共享。当然，也可以构造地区性的网格。网格的根本特征是资源共享而不是它的规模。网格将连通一个个信息和资源孤岛，让人们的工作和生活变得更方便。

网格是继传统 Internet、Web 之后的第三次 Internet 浪潮，可看成是未来 Internet 技术。国外媒体常用"下一代 Internet"，"Internet2"等来称呼与网格相关的技术。传统的 Internet 实现了计算机之间的连通，Web 实现了网页的连通，而网格要实现的是 Internet 所有资源的全面连通。

网格是借鉴电力网的概念提出的，网格的最终目的是希望用户在使用网格计算能力解决问题时像使用电力一样方便，用户不用去考虑得到的服务来自于哪个地理位置，由什么样的计算设施提供。也就是说，网格给最终的使用者提供的是一种通用的计算能力。电力网中需要有大量的变电站等设施对电网进行调控，相应地，网格中也需要大量的管理站点来维护网格的正常运行。网格的结构及资源的调控将更复杂，需要解决的问题也更多。因为网格所关心的问题不再是文件交换，而是直接访问计算机、软件、数据和其他资源。这就要求网格具备解决资源与任务的分配和调度、安全传输与通信实时性保障、人与系统以及人与人之间的交互等能力。

3. 中间件技术

随着应用程序规模不断扩大，特别是 Internet 及 WWW 的出现，许多应用程序需要在软硬件各不相同的分布式网络上运行，为了更好地开发和应用这些软件，迫切需要一种基于标准的、独立于计算机硬件以及操作系统的开发和运行环境，人们推出了中间件技术。

顾名思义，中间件（Middleware）处于操作系统软件与用户的应用软件的中间。中间件是计算机硬件和操作系统之上，支持应用软件开发和运行的系统软件。它能够使应用程序相对独立于计算机硬件和操作系统平台，而且这些组件是通用的，具有标准的程序接口和协议。它们可以被重用，其他应用程序可以通过接口调用组件。

中间件的产生只有 10 多年时间，但其发展很快，已经成为构建网络分布式异构信息系统不可缺少的关键技术，与操作系统、数据库管理系统并列为基础软件体系的三大支柱。

如今，中间件的范畴已经在软件结构的纵向层次上被大幅度扩展，甚至把除了操作系统、数据库和直接面对用户的系统客户端之外都称作中间件，如消息中间件、面向对象中间件、数据存取中间件、远程调用中间件等。

1.1.5 计算机与信息社会

计算机技术的发展和广泛应用，直接促进了信息技术革命的到来，使人类社会步入了信息时代。

1. 信息

一般来说，信息既是对各种事物的变化和特征的反映，又是事物之间相互作用和联系的表征。人们通过信息认识各种事物，借助信息进行交流，相互协作，从而推动社会的进步。

信息同物质、能量一样重要，是人类生存和社会发展的三大基本资源之一。同物质财富一样，信息具有价值，并可使物质财富具有更高的价值。人们不断地采集（获得）、加工信息，运用信息为社会各个领域服务。信息是知识、技术、资源和财富。

在用计算机采集、处理信息时，必须要将现实生活中的各类信息转换成计算机能识别的符号，再加工处理成新的信息。这些符号就是数据，数据可以是文字、数字、图像或声音，它是信息的表示形式，是信息的载体。

2. 信息技术

IT 是 Information Technology 的缩写，意为"信息技术"。信息技术是关于信息的产生、发送、传输、接收、变换、识别、控制等应用技术的总称，是在信息科学的基础原理和方法的指导下扩展人类信息处理功能的技术。其主要的支柱是计算机（Computer）技术、通信（Communication）技术和控制（Control）技术，即"3C"技术。

计算机技术是信息技术的核心。计算机作为信息处理工具，在信息存储、处理、传播等方面起着核心作用。例如，快速的运算速度可高效率、高质量地完成数据加工处理的任务，"海量"的存储设备可以存储大量信息，全新的多媒体技术使计算机渗透到社会的各个领域，四通八达的计算机网络使通信双方的距离变近了，智能化的决策支持系统可以实现决策的科学化等。

多媒体技术和网络技术是当前信息技术发展的热点。

信息科学、生命科学和材料科学一起构成了当代 3 种前沿科学，信息技术是当代世界范围内新技术革命的核心。信息科学和信息技术是现代科学技术的先导，是人类进行高效率、高效益、高速度社会活动的理论、方法与技术，是管理现代化的一个重要标志。

3. 信息高速公路

信息高速公路（ISH）是国家信息基础设施（NII）和全球信息基础设施（GII）的总称。前者常称为国家信息高速公路，后者常称为全球信息高速公路。

信息高速公路之"路"，实际上是以光纤为主干线，辅以微波和卫星通信，遍布全国各地的高速信息网络。一根细如发丝的单股光纤在单位时间内所能传送的信息量要比普通铜线高出 25 万倍；一根由 32 条光纤组成的、直径不到 1.3cm 的光缆，可以同时传送 50 万路电话和 5 000 个频道的电视节目。

信息高速公路之"车"，是巨量的信息资源，包括电话通信的语音信息、计算机通信的数据信息、高清晰度电视和电影等的图像、视频信息。信息高速公路以超高速、大容量和高精度地传送各种信息，为人们提供交互式多媒体信息服务。

美国是信息高速公路的倡导者，1992 年提出美国信息高速公路法规，1993 年宣布实施一项新的高科技计划——国家信息基础设施（NII），旨在以 Internet 为雏形，兴建一个"由通信网络、计算机、电视、电话和卫星无缝地连接起来的网络。"紧跟美国的信息高速公路计划之后，欧盟、加拿大、俄罗斯、日本等纷纷效仿，相继提出各自的信息高速公路计划，投入巨资实施国家的信息基础设施建设，一场建设信息高速公路的热潮在世界范围内掀起。

信息高速公路为亿万普通人展示了一幅诱人的画卷。目前，人们的许多幻想已变成现实，如可视电话、网络购物、无纸贸易、电视会议、居家办公、远程教育和远程医疗、视频点播等。显然，信息高速公路的建成，将彻底改变人类的工作、学习和生活方式，其影响将超过今天的铁路与高速公路。

4. 智慧地球和物联网

2005 年国际电信联盟（ITU）发布《ITU 互联网报告 2005：物联网》，正式提出"物联网"的概念。根据 ITU 的描述，在物联网时代，通过在各种各样的日常用品上嵌入一种短距离的移动收发器，人类在信息与通信世界里将获得一个新的沟通维度，从任何时间、任何地点的人与人之间的沟通连接扩展到人与物和物与物之间的沟通连接。想象一下"物联网"时代的情景：当司机出现操作失误时汽车会自动报警；当装载超重时，汽车会自动告诉司机超载了，并且超载多少，还可以告诉轻重货物怎样搭配和如何摆放；公文包会提醒主人忘带了什么东西；衣服会"告诉"洗衣机对水温、颜色和洗衣力度的要求；手机贴上电子标签，手机就有了"钱包"功能，刷手机就能乘坐地铁等。

物联网是现代信息技术发展到一定阶段后出现的一种聚合性应用与技术提升，将各种感知技术、现代网络技术和人工智能与自动化技术聚合与集成应用，使人与物智慧对话，创造一个智慧的世界。以发展"物联网"为核心，2009 年美国政府提出了"智慧地球"规划。

1.2　计算机中的数据及编码

1.2.1　进位计数制及它们之间的转换

数据是计算机处理的对象。在计算机中，各种信息都必须经过数字化编码后才能被传送、存储和处理。由于技术原因，计算机内部一律采用二进制编码形式，而人们经常使用的是十进制，有时还采用八进制和十六进制。因此，有必要了解这些不同计数制及其相互转换的方法。

1. 数的进制

数制即表示数的方法，按进位的原则进行计数的数制称为进位数制，简称"进制"。对于任何进位数制，都具有以下几个基本特点。

① 每一种进制都有固定数目的记数符号（数码）。在进制中允许选用基本数码的个数称为基数。例如，十进制的基数为 10，有 10 个数码 0～9；二进制的基数为 2，有两个数码 0 和 1；八进制的基数是 8，有 8 个数码 0～7；十六进制的基数为 16，有 16 个数码 0～9 及到 A～F。

② 逢 N 进一。如十进制中逢 10 进 1，二进制中逢 2 进 1，八进制中逢 8 进 1，十六进制中逢 16 进 1。

③ 采用位权表示法。一个数码处在不同位置上所代表的值不同，如数码 3，在个位数上表示 3，在十位数上表示 30，而在百位数上则表示 300……这里的个（10^0）、十（10^1）、百（10^2）……称为位权。位权的大小以基数为底，数码所在位置的序号为指数的整数次幂。一个进制数可以按位权展开成一个多项式，例如

$$1\ 234.56 = 1 \times 10^3 + 2 \times 10^2 + 3 \times 10^1 + 4 \times 10^0 + 5 \times 10^{-1} + 6 \times 10^{-2}$$

表 1-2 所示给出了上述几种进制间 0～16 数值的对照表。

表 1-2 进制间 0～16 数值的对照表

十进制	二进制	八进制	十六进制	十进制	二进制	八进制	十六进制
0	0	0	0	9	1001	11	9
1	1	1	1	10	1010	12	A
2	10	2	2	11	1011	13	B
3	11	3	3	12	1100	14	C
4	100	4	4	13	1101	15	D
5	101	5	5	14	1110	16	E
6	110	6	6	15	1111	17	F
7	111	7	7	16	10000	20	10
8	1000	10	8				

在数的各种进制中，二进制是最简单的一种。由于它的数码只有两个，即 0 和 1，可以用电子元件的两种状态（如开关的接通和断开，晶体管的导通和截止）来表示，二进制的运算规则简单，容易实现，因此在计算机中数的表示采用二进制。

2. 数制之间的转换

（1）十进制数与二进制数之间的转换

一个十进制数一般可分为整数和小数两个部分。通常把整数部分和小数部分分别进行转换，然后再组合起来。

① 十进制整数转换成二进制整数。采用逐次"除 2 取余"法，即用 2 不断地去除要转换的十进制数，直至商为 0。将所得各次余数，以最后余数为最前位，依次排列，即得到所转换的二进制数。

例 1-1 将十进制数 117 转换为二进制数。

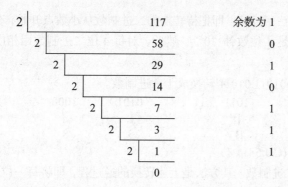

也就是说，117 转换成二进制数为 1110101，通常写成 $(117)_{10} = (1110101)_2$。

也可将十进制数表示成 2 的整数幂的多项式形式，然后转成二进制表示形式。

② 十进制小数转换成二进制小数。采用逐次"乘 2 取整"法，即用 2 不断地乘要转换的十进制小数，直至所得积数为 0 或小数点后的位数达到精度要求为止。把每次乘积的整数部分，以第 1 个整数为最高位，依次排列，即可得到要转换的二进制小数。

例 1-2　将十进制小数 0.6875 转换成二进制数。

$$
\begin{array}{r}
0.875 \\
\times\quad 2 \\
\hline
0.3750
\end{array}
$$ 整数部分为1

$$
\begin{array}{r}
\times\quad 2 \\
\hline
0.7500
\end{array}
$$ 整数部分为0

$$
\begin{array}{r}
\times\quad 2 \\
\hline
1.5000
\end{array}
$$ 整数部分为1

$$
\begin{array}{r}
0.5000 \\
\times\quad 2 \\
\hline
1.0000
\end{array}
$$ 整数部分1

因此，$(0.6875)_{10} = (0.1011)_2$。

注意：有些十进制小数连续乘 2 取整后，结果仍不为 0，此时只取二进制近似值到指定位数（一般取 8 位），如 $(0.7625)_{10} = (0.11000011001\cdots)_2 \approx (0.11000011)_2$。

③ 任意十进制数转换成二进制数。对于既有整数部分又有小数部分的十进制数，可以将其整数部分和小数部分分别转换成二进制数，再把两者组合起来。

例 1-3　将十进制数 117.6875 转换成二进制数。
$$(117.6875)_{10} = (117)_{10} + (0.6875)_{10}$$
$$= (1110101)_2 + (0.1011)_2$$
$$= (1110101.1011)_2$$

④ 二进制数转换成十进制数。将二进制数按"权"展开，然后各项相加。

例 1-4　将 $(10111.1011)_2$ 转换成十进制数。
$$(10111.1011)_2 = 2^4 + 2^2 + 2^1 + 2^0 + 2^{-1} + 2^{-3} + 2^{-4}$$
$$= 16 + 4 + 2 + 1 + 0.5 + 0.125 + 0.0625$$
$$= (23.6875)_{10}$$

（2）二进制数与十六进制数之间的转换

① 二进制数转换为十六进制数。因为 4 位二进制位相当于 1 位十六进制位。因此，二进制数

转换为十六进制数可用"4 位一并法"，即把待转换的二进制数从小数点开始，分别向左、右两个方向每 4 位为一组（最后不足 4 位数补"0"），然后，对每 4 位二进制数用相应的十六进制数码表示。

例 1-5 将二进制数 11001011.01011 转换成十六进制数。

1100	1011	.	0101	1000
↓	↓		↓	↓
C	B	.	5	8

因此，$(11\ 001\ 011.010\ 11)_2 = (CB.58)_{16}$。

② 十六进制数转换为二进制数。其方法是上述转换的逆过程，即将每一位十六进制数码用 4 位二进制数码表示，也就是"一分为四"的方法。

例 1-6 将十六进制数 1A5.C2 转换成二进制数。

1	A	5	.	C	2
↓	↓	↓		↓	↓
0001	1010	0101	.	1100	0010

因此，$(1A5.C2)_{16} = (110100101.1100001)_2$。

（3）二进制数与八进制数之间的转换

① 二进制数转换为八进制数。二进制数转换为八进制数可用"3 位一并法"，即把待转换的二进制数从小数点开始，分别向左、右两个方向每 3 位为一组（最后不足 3 位数补"0"），然后对每 3 位二进制数用相应的八进制数码表示。

例如，$(11001011.01011)_2 = (313.26)_8$

② 八进制数转换为二进制数。其方法为上述转换的逆过程，即每一位八进制数码用 3 位二进制数码表示，也就是"一分为三"的方法。

例如，$(245.36)_8 = (10100101.01111)_2$。

1.2.2 计算机的数据单位

在计算机内部，常用的数据单位有位、字节和字。

① 位（bit）。bit 音译为比特，它是指二进制数的一个位。位是计算机数据的最小单位。1 位只能表示 0 和 1 两种状态（2^1）；2 位可以表示 00，01，10，11 共 4 种状态（2^2）；3 位可以表示 000，001，…，111 共 8 种状态（2^3），依此类推。为了表示更多的信息，就必须把更多位组合起来。

② 字节（Byte，简写 B）。通常把 8 个二进制位作为一个字节，即 1B = 8bit。一个字节一般可用来存放一个字符或一个从 0~255（十六进制数为 0~FF）的数。

例如，如果一个字节的内容为$(75)_{10}$，则该字节的存储形式为

高位							低位
0	1	0	0	1	0	1	1

计算机的存储器（包括内存和外存）通常以字节作为容量的单位。常用的容量单位是 KB（1KB = 1 024B），MB（1MB = 1 024KB），GB（1GB = 1 024MB）和 TB（1TB = 1 024GB）。

③ 字（Word）。字是指计算机内部一次基本动作可同时处理的二进制代码。字所含有的二进制位数称为字长。例如，32 位字长的计算机，即表示计算机能一次存取、加工和传送 32 位二进制数。现代计算机的字长通常是字节的整数倍，如 16 位、32 位、64 位等。

1.2.3　ASCⅡ

国内使用的字符主要有两类：一类是键盘字符，另一类是汉字字符。如果要让计算机存储和处理这些字符，首先要对字符进行编码。最常用的键盘字符编码是 ASCII，常用的汉字编码是国标码。

ASCII 是美国国家信息交换标准码（American Standard Code for Information Interchange）的简写，它已被世界所公认，并成为在世界范围内通用的字符编码标准。

ASCII 由 7 位二进制数组成，因此定义了 128 种符号，其中有 32 种是起控制作用的"功能码"，其余 96 种为数字、大小写英文字母和专用符号的编码。例如，字母 A 的 ASCII 为 1000001（十进制为 65），加号"+"的 ASCII 为 0101011（十进制为 43）等。附录 A 列出了一般字符及其 ASCII 的对照表。

虽然 ASCII 只用了 7 位二进制代码，但由于计算机的基本存储单位是一个包含 8 个二进制位的字节，所以每个 ASCII 也用一个字节表示，最高二进制位为 0。

1.2.4　汉字的编码

1.　区位码和国标码

1981 年，我国制定了"中华人民共和国国家标准信息交换汉字编码"，代号为"GB2312—80"，也称为国标码（简称 GB 码）。在这种标准编码的字符集中，一共收录了汉字和图形符号 7 445 个，其中包括 6 763 个常用汉字和 682 个图形符号。根据使用的频率程度，常用汉字又分为两个等级，一级汉字使用频率最高，包括汉字 3 755 个，它覆盖了常用字数的 99%，二级汉字有 3 008 个，一、二级合起来的使用覆盖率可达 99.99%，也就是说，只要具备这 6 000 多个字就能满足一般应用的需要。一级汉字按汉语拼音字母顺序排列，二级汉字则按部首排列。

按照国标规定，汉字编码表有 94 行及 94 列，其行号 01～94 称为区号，列号 01～94 称为位号。一个汉字所在的区号和位号简单地组合在一起就构成了这个汉字的区位码，其中高两位为区号，低两位为位号，都采用十进制表示。区位码可以唯一确定某一个汉字或符号，例如，汉字"啊"的区位码为 1601（该汉字处于 16 区的 01 位）。

国标码又称交换码，它是在不同汉字处理系统间进行汉字交换时所使用的编码。国标码采用两个字节来表示，它与区位码的关系是（H 表示十六进制）：

$$国标码高位字节 = (区号)_{16} + 20H$$
$$国标码低位字节 = (位号)_{16} + 20H$$

例如，汉字"啊"的区位码为 1601，转换成十六进制数为 1001H（区号和位号分别转换），则国标码为 3021H。

2.　汉字内码（机内码）

汉字内码是在计算机内部表示汉字的代码。对于大多数计算机系统来说，一个汉字内码占两个字节，分别称为高位字节和低位字节，且这两个字节与区位码有如下关系：

$$汉字内码高位字节 = (区号)_{16} + A0H$$
$$汉字内码低位字节 = (位号)_{16} + A0H$$

例如，汉字"啊"的汉字内码为 B0A1H。

因为汉字内码中高、低位字节（如上例的 B0H 和 A1H）的最高二进制位均为 1，利用这个最高位"1"可以区分汉字码和 ASCII，汉字内码采用两个字节，而 ASCII 用一个字节。在显示和打印时，一个汉字刚好占用两个 ASCII 码字符位置，这使得中西文混用时编辑处理工作比较简单。

3. 汉字外码（汉字输入码）

汉字外码是指从键盘上输入的代表汉字的编码，又称汉字输入码，如区位码、拼音码、五笔字型码等。

4. 汉字字形码

每一个汉字都可以看做是由特定点阵构成的图形。因此，要把汉字处理结果输出时，还必须把汉字内码转换成以点阵形式表示的字形码。例如，如果一个汉字是由 16×16 个点组成的，那么，就要有一个 16×16 的点阵数据与之对应，图 1-1 所示为"啊"字的字形点阵。如果一个点用一个二进制位表示，则要表示这样一个汉字就需要 32 个字节。一个汉字的字形点阵数据（如上述 32 个字节数据）构成了该汉字的字形码。所有汉字字形码的集合称为汉字字形库（又称为汉字字模库，字形与字模常混为一谈），简称汉字库。汉字字形点阵越密，其输出质量就越好，存储空间也就越大。在精密照相排版系统中，正文五号字点阵为 108×108，报

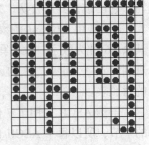

图 1-1 "啊"字的字形点阵

纸大标题特大号字点阵为 576×576。为了解决庞大的存储量，在这些系统中一般都采用压缩技术。

除了上述点阵字库外，还可以用矢量字库来存储汉字字形，即把汉字字形数字化，用某种数字模型来表示，由软件实现汉字字形信息的压缩存储及还原输出。这种字库的特点是所需的存储容量远小于点阵字库，而且在汉字放大或缩小时，不会出现"锯齿"情况。各种汉字编码的关系如图 1-2 所示。

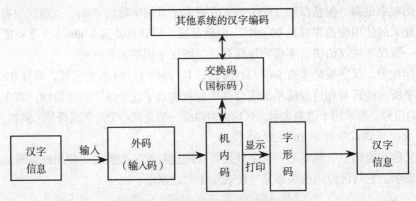

图 1-2 汉字编码之间的关系

在输出汉字时，首先根据该汉字内码找出该汉字字形码在汉字库中的位置，然后取出该字形码，作为图形的点阵数据，在屏幕上显示或在打印机上输出。

5. 其他汉字编码

除了 GB 码外，与汉字有关的编码还有 BIG5 码、GBK 码、UCS 码、Unicode 码等。

① BIG5 码。BIG5 码俗称"大五码"，是通行于我国台湾、香港地区的一个繁体字编码方案。它采用双字节编码方式，一共收录了汉字和图形符号 13 461 个，其中包括 13 053 个常用汉字和 408 个符号。

② GBK 码。GBK（汉字扩展内码规范）是中华人民共和国全国信息技术标准化技术委员会于 1995 年 12 月制定的一个汉字编码标准，它是 GB 码的扩展，向下兼容，向上支持 ISO/IEC10646 国际标准。一共收录了 20 902 个汉字和图形符号，简、繁体字融于一库。GBK 是现阶段 Windows

和其他一些操作系统的默认字符集。

③ GBK18030-2000 码。GBK18030-2000（GBK2K）在 GBK 的基础上进一步扩充，采用 4 个字节的编码，使码位总数达到了 160 多万个，能完全映射国际标准 UCS/Unicode 的基本平面和辅助平面中的字符。它包含了 27 000 多个汉字，并增加了藏文、蒙文、维吾尔文等少数民族文字。

④ UCS 码。ISO/IEC10646（通用多 8 位编码字符集，简称 UCS）是国际标准化组织于 1993 年公布的一个编码标准。它用于对世界各国文字进行统一编码。在这个编码系统中，每个字符由 4 个 8 位二进制数唯一地表示。整个字符集包括 128 个组，每组包括 256 个平面，每个平面有 256 个行，每行有 256 个字位。4 个 8 位码可达 2^{32} 个组合，如此巨大的编码空间足以容纳世界上所有的字符。

⑤ Unicode 码。通用编码字符集 UCS 的优点是编码空间大，缺点是引用不同的字符集信息量大，在信息处理效率和方便性方面还不理想。解决这个问题的方案是使用 UCS 的 16 位格式的子集（UCS-2，又称为 Unicode），其编码长度为 16 位。Unicode 可以表示 2^{16}（65 536）个字符，目前已经定义了 39 000 个字符（其中有 21 000 个汉字），其余的用于扩展。Unicode 具有较高的处理效率，缺点是几万字的编码空间在实用中仍显不足，且 Unicode 与 ASCII 不兼容，这使目前已有的大量数据和软件资源难以直接继承使用，因而成为推广这种编码体系的最大障碍。

1.3　计算机系统

计算机的种类很多，除了微型机之外，还有巨型机、大型机、中型机、小型机和工作站。微型机方面，除了台式机之外，还有便携机（如笔记本电脑、掌上型电脑等）、单片机等。尽管它们在规模、性能等方面存在很大的差别，但它们的基本结构和工作原理是相同的。以下介绍的内容主要以微型机为背景。

1.3.1　计算机系统的基本组成及工作原理

1. 指令和指令系统

指令是能被计算机识别并执行的二进制代码，它规定了计算机能完成的某一种基本操作。例如，加、减、乘、除、存数、取数等都是一个基本操作，分别可以用一条指令来实现。指令通常包括两部分：操作码和操作数。操作码用来规定计算机所要执行的操作，操作数表示参加操作的数本身或操作数所在的地址码。

例如：

10110000　对应的汇编语言指令是：MOV　A，5
00000101

这是一条 2 字节指令，第 1 个字节（即 10110000）表示操作码，第 2 个字节（即 00000101）表示操作数。其含义是把数 5 送入累加器 A。

一台计算机所有指令的集合称为指令系统，指令系统体现了计算机的基本功能。指令系统是依赖于计算机的，即不同类型的计算机的指令系统各不相同。无论哪一种类型的计算机，一般都具有算术逻辑运算、数据存取、数据传送、程序控制（分支、转移）等类指令。

当一台计算机的指令系统确定之后，硬件设计师根据指令系统的规定条件构建硬件结构（如 CPU 结构），在硬件平台上确保指令系统得以实现；而软件设计师在指令系统的基础上建立软件系统（如操作系统），扩充和发挥计算机的功能。

2. 计算机基本结构

计算机系统包括硬件系统和软件系统两大部分。硬件（Hardware）系统是指所有构成计算机的物理实体，它包括计算机系统中一切电子、机械、光电等设备。软件（Software）系统是指计算机运行时所需的各种程序、数据及其有关资料。微型计算机系统的主要组成如图 1-3 所示。

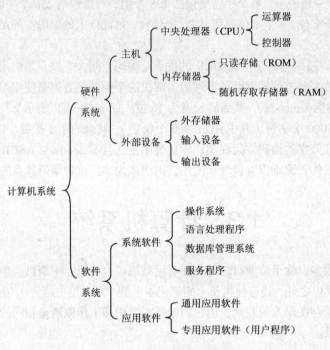

图 1-3　微型计算机系统组成

计算机系统是硬件和软件的结合体，硬件是计算机的躯体，软件是计算机的灵魂，两者缺一不可。

计算机的硬件系统由运算器、控制器、存储器、输入设备和输出设备 5 大部件组成。图 1-4 所示为计算机各部分之间的联系。控制器和运算器合称为中央处理器（又称中央处理单元，简称 CPU），它是计算机的核心。存储器分为内存储器和外存储器。CPU 和内存储器合称为计算机的主机。主机以外的设备，如输入/输出设备和外存储器，统称为外部设备（又称为外围设备）。

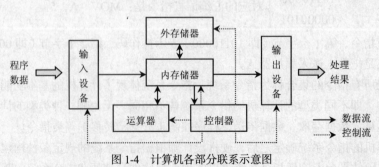

图 1-4　计算机各部分联系示意图

3. 计算机的工作原理

当人们需要计算机完成某项任务的时候，首先要将任务分解成若干基本操作的集合，并将每一种操作转换为相应的指令，按一定的顺序组织起来，这就是程序。换言之，程序就是完成既定任务的一组指令序列。

计算机的工作原理可以概括为存储程序和程序控制。把人们事先编好的程序及处理中所需的数据，通过输入设备送到计算机的内存储器中，即存储程序。开始工作时，控制器从内存储器中逐条读取程序中的指令，并按照每条指令的要求执行所规定的操作。例如，如果要求执行的是某种算术运算，则按地址从内存储器中取出数据，再送往运算器执行要求的算术运算操作，然后按地址把结果送往内存储器中。这一过程称为程序控制。

以上所述也就是"存储程序"的基本原理，它是由冯·诺依曼于 1946 年提出来的。几十年来，尽管计算机技术有了飞速的发展，但其基本工作原理还是没有超出"存储程序"这个范围。

1.3.2 中央处理器

在微型机中，通常把中央处理器（CPU）制作在一块超大规模集成电路芯片上，这种 CPU 芯片又称为微处理器（MPU）。一般微型机只有一个 CPU 芯片，称为单 CPU 系统；在高档微型机或服务器里，也有使用两个 CPU 芯片甚至更多的情况，称为多 CPU 系统。

CPU 主要由控制器和运算器两大部件组成，它是计算机的运算和控制中心。

1. 控制器

控制器的作用是统一指挥和协调计算机各部分的工作，以完成计算机程序所规定的各种操作。

控制器主要由程序计数器、指令寄存器、译码器、操作控制部件等组成。

① 程序计数器（PC）。也称指令计数器，它用于存放当前要执行的指令的地址。任何程序开始执行前，都必须将它的起始地址送到程序计数器中。在程序执行过程中，CPU 自动修改程序计数器的内容，使之依次指向程序执行的下一个地址。由于大多数的指令是按顺序执行的，因此每执行一条指令，程序计数器就自动加 1，指向下一条指令。如果要改变程序的执行顺序而转移到别处去执行，只需把要转移的目的地址直接送到程序计数器即可。

② 指令寄存器（IR）。用来存放从存储器中取出的指令。

③ 译码器。对指令中的操作码进行译码，以确定本指令要完成何种操作，然后发出相应的控制信号。

④ 操作控制部件。接收译码器的控制信号，并有节奏、有次序地向各部件发出操作控制信号。

2. 控制器的大致工作过程

程序在执行前必须首先装入内存，程序由一系列指令组成。程序执行时，控制器负责从内存中逐条取出指令，分析识别指令，最后执行指令，从而完成一条指令的执行周期。控制器大致工作过程如下。

① 根据程序计数器的内容（指令地址）从存储器中取出一条指令码到指令寄存器（称为取指过程）。

② 对指令进行分析，指出该指令要完成什么样的操作，并指明操作数的地址（称为分析过程）。

③ 根据操作数所在的地址取出操作数，对操作数执行指定的操作（称为执行过程）。

④ 程序计数器加1或将转移地址码送入程序计数器，然后返回①。

控制器就是这样周而复始地经历"取指→分析→执行"的循环过程，自动执行程序中的指令，直至完成程序中的全部指令。

3. 运算器

运算器主要由算术逻辑单元（ALU）、累加寄存器（简称累加器）、若干个通用寄存器等组成，其主要功能是完成各种算术运算和逻辑运算。其中，ALU 是运算器的核心，累加器和通用寄存器用于存放操作数及运算结果。

4. CPU 的主要性能

CPU 的主要性能指标包括字长和主频率，而 CPU 的性能又决定了微型机系统的档次。一般来说，字长越长，计算机的计算精度越高，速度越快。各种 CPU 按其字长可分为 4 位、8 位、16 位、32 位和 64 位 CPU。有关 CPU 的字长见前面的表 1-1。

在微型机主板中，有一个不断产生时钟信号的装置，称为时钟发生器。该发生器产生的时钟信号频率称为外部时钟频率（外频），也称为系统总线频率。微处理器主频率（主频）称为内部时钟频率（内频）。以前外频和主频是相同的，后来出现了倍频技术（主频 = 外频 × 倍频）。主频很大程度上决定了微处理器的处理速度，主频越高，微处理器的处理速度就越快。

5. 微处理器的发展

目前最具代表性的产品是 Intel 公司生产的微软处理器系列，从 1985 年起已经陆续推出了 80386、80486、Pentium（奔腾）系列、Itanium（安腾）系列。另外，还有 AMD、Cyrix 等公司生产与 Intel 兼容的处理器。

近年来微处理器市场出现了两项新技术，一是 64 位微处理器技术，二是双核处理器技术和四核处理器技术。Intel 公司与 HP（惠普）公司合作，2001 年研发出一种采用 IA-64 结构的新一代 64 位微处理器——"安腾"（Itanium）。2003 年 4 月，AMD 公司研制出能从 32 位平滑过渡的 64 位微处理器芯片，命名为"皓龙"（Opteron）。2006 年 7 月 Intel 发布了代号 Montecito 的双核 Itanium2 处理器。

所谓双核处理器，简单地说就是在一块 CPU 基板上集成两个处理器核心，并通过并行总线将各处理器核心连接起来。因为处理器实际性能是处理器在每个时钟周期内所能处理的指令数总量，因此增加一个处理器核心，处理器每个时钟周期内可执行的指令数将增加一倍，从而提高了计算能力。2006 年 6 月 Intel 推出全新双核至强处理器 5100 系列（代号为 Woodcrest），与前一代产品相比，新产品实现了高达 135%的性能提升和 40%的能耗节省。与此同时，AMD 公司推出了拥有双内核的 Opteron 处理器。

四核处理器，就是在一块 CPU 基板上集成 4 个处理器核心。实际上是将 4 个物理处理器核心整合入一个核中。与双核处理器相比，四核处理器性能提高了 53%，总体使用成本至少比双核下降 30%。2008 年 Intel 公司发布两款采用 Intel 最新 45 纳米（nm）芯片技术的新型四核处理器。与此同时，AMD 也推出了基于直连架构的 AMD 四核皓龙处理器。

1.3.3　存储器

根据存储器在计算机中位置的不同，可分为内存储器（内存）和外存储器（外存）。根据存储介质的不同，存储器可分为半导体存储器、磁表面存储器、光介质存储器等。

计算机的存储器系统是按层次结构组织的。其最高层是处理器（PCU）中的寄存器，接下来的一层是高速缓冲存储器 Cache，再下一层是主存（动态随机存储存储器（DRAM）），再往下便是外存储器，如硬盘、光盘、优盘等。存储器系统各层的关系如图 1-5 所示。

1. 内存储器

内存储器简称内存，主要用来存放当前运行的程序、待处理的数据以及运算结果。它可以直接跟 CPU 进行数据交换，因此存取速度快。

（1）存储单元及其地址

内存一般按字节分成许许多多存储单元，每个存储单元都有一个编号，称为地址。CPU 通过地址可以找到所需的存储单元。当 CPU 从存储器中取出数据时，不会破坏其中的信息，这种操作称为读操作；把数据存入存储器中称为写操作。写、读操作又称为存取或"访问"。

（2）分类

目前广泛使用的内存有只读存储器（ROM）、随机存取存储器（RAM）、高速缓冲存储器（Cache）和 CMOS。

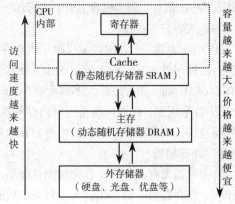

图 1-5　存储器系统各层的关系

① 只读存储器（ROM）。ROM 中的信息是由制造厂家一次性写入的，并永久保存下来。在计算机运行过程中，ROM 中的信息只能被读出，而不能写入新的内容；在计算机断电后，ROM 中的信息不会丢失，当计算机被重新加电后，其中的信息仍可被读出。因此，ROM 常用来存放一些固定的程序，如系统监控程序、检测程序等。

微型机主板中设置有一个称为 BIOS（基本输入/输出系统）的系统程序，它存放在一个 ROM 芯片中的，所以也称为 ROM-BIOS。当启动计算机时，CPU 首先执行 ROM-BIOS。ROM-BIOS 有两个主要用途：一是启动计算机，负责通电自检并把操作系统引导到机器中；二是内含基本输入/输出设备（如键盘、显示器、系统时钟等）的驱动程序，实现对这些设备的管理。

目前还使用 EPROM 和 EEPROM 两种存储器，它们与一般的 ROM 的不同点在于它们可以用特殊的装置擦除和重写其中的内容。

② 随机存取存储器（RAM）。RAM 主要用来保存 CPU 正在执行的程序和数据。RAM 中的信息可以随机地读出和写入，但其中的内容只有在带电情况下才能保存，在计算机断电后，RAM 中的信息就会自动丢失。

RAM 又可分为静态 RAM（SRAM）和动态 RAM（DRAM）。DRAM 集成度高，主要用于大容量内存储器；SRAM 存取速度快，主要用于高速处理（Cache）。因为 SRAM 体积大且价格高，故一般 RAM 都采用 DRAM。

通常所说的计算机配有多少内存，指的就是动态 RAM（DRAM）。目前内存都是以内存条的形式插在主板的内存插槽上的，用户可以根据需要来选择配置内存。

③ 高速缓冲存储器（Cache）。随着 CPU 性能的不断提高，CPU 对 RAM 的存取速度更快了，为了协调 RAM 与 CPU 之间的速度差，引入了 Cache 技术。Cache 可看成是高速的 CPU 与低速的 RAM 之间的接口，它通常由 SRAM（静态 RAM）组成，容量一般为 64KB～2MB。其存取速度约为一般 RAM 的 10 倍。实现方法是：把当前要执行的程序段和要处理的数据传送到 Cache，CPU 读写时先访问 Cache，从而最大程度地减少了因访问 RAM 而耗费的等待时间。

Cache 又分为以下几个级别：L1Ca（一级缓冲）、L2Cache（二级缓冲）和 L3Cache（三级缓冲）。从 Pentium Pro 开始，Cache 已经全部集成在 CPU 芯片中。

④ CMOS。CMOS（互补金属氧化物半导体）是一种可读写的内存储器，用来存放机器系统设

置的基本信息，包括内存容量、显示器类型、软盘和硬盘的容量及类型，以及当前日期和时间等；当机器系统设置发生变动（如增、减设备等）时，用户可以进入 CMOS Setup 程序（开机时按 Delete 键）来修改其中的信息。因为机器主板中已配有一个充电电池给它供电，因此 CMOS 能长期保存信息。

（3）主要技术指标

① 内存容量。内存的容量反映了内存存储各种信息的能力。内存容量越大，它所存储的数据及运行的程序就越多，程序运行的速度就越快，计算机的信息处理能力就越强。早期的 PC 内存只有 640KB，而现在的 PC 大多数配有 1GB～4GB 内存储器。

② 存取周期。存取周期是指对内存储器进行一次完整的存取（读或写）操作所需的时间。存取周期越短，则存取速度越快。内存的存取周期一般为几十到几百纳秒（ns）。

2. 外存储器

外存储器简称外存，又称为辅助存储器。它通常是一种与主机相对独立的存储器部件。与内存比较，外存容量一般都比较大，且关机后其中的数据不会丢失，可以长期保存信息，但存取速度慢。外存不能直接与 CPU 交换信息，当 CPU 需要使用外存某一部分信息时，必须先将该部分信息调入内存，然后才能进行处理。

常用的外存储器有硬盘存储器、光盘存储器和移动存储器。软盘存储器由于它的容量小，不易长期保存已被淘汰。

（1）硬盘存储器

硬盘存储器由多个金属盘片组成，盘片的每一面都有一个读、写磁头。硬盘存储器通常采用温彻斯特技术，把磁头、盘片及执行机构都密封在一个容器内，与外界环境隔绝，这样不但可避免空气尘埃的污染，而且可以把磁头与盘面的距离减少到最小，加大数据存储密度，从而增加了存储容量。采用这种技术的硬盘也称为温盘。

硬盘片的每一面划分成若干个同心圆，称为磁道（也称柱面）；每个磁道又分为若干个段，每段称为一个扇区。一个扇区一般可存放 512 个字节的数据。

普通硬盘的容量已达几百 GB，转速一般为 7 200 转/分。

硬盘与主机连接的接口一般有 3 种：IDE、增强型 IDE 和 SCSI（小型计算机接口）。

目前在网络服务器中常用磁盘阵列（RAID），它是一个超大容量的外存储器系统，由许多台磁盘机按一定规则组合在一起构成。通过磁盘阵列控制器的控制和管理，磁盘阵列系统能够将几个、几十个甚至几百个硬盘组合起来，使其容量高达几百 GB 至上千 GB。

（2）光盘存储器

① CD 光盘。CD 光盘存储器是 20 世纪 70 年代发展起来的一种新型信息存储设备，近几年来，它以其容量大、寿命长、价格低等特点，受到人们的欢迎，普及相当迅速。目前，一个光盘的容量为 650MB。光盘的读写是通过光盘驱动器（简称光驱）来实现的。光驱装有功率较小的激光光源，当读出光盘信息时，由于光盘表面凹凸不平，反射光强弱的变化经过解调后即可读出数据，输入到计算机中。

光驱的一个重要技术指标是光驱的"倍速"，市场上常见的光驱有 40 倍速、50 倍速等。这个倍速是以基准数据传输率 150kbit/s（即平均每秒传输 150 千位）来计算的。光驱的读写速度要慢于硬盘。

CD 光盘分为 3 种类型，即只读型光盘（CD-ROM）、一次写入型光盘（CD-R）和可擦写型光盘（CD-RW）。

② DVD 光盘。DVD（数字化视频光盘）是一种新的大容量存储设备。其容量视盘片的结构制作而不同，采用单面单层结构时，容量为 4.7GB，采用双面双层结构时，容量为 17GB。

从 DVD 的读写方式来分，可以分为 DVD-ROM（只读）、DVD-R（一次性写入）、DVD-RAM

（可擦写型）和 DVD-RW（多次重写型）。DVD-ROM 盘就是人们通常所说的 DVD 盘。

DVD 驱动器的基准数据传输率为 1.385Mbit/s，比 CD 驱动器快得多。

（3）移动存储器

所谓移动存储器，是指可以随身携带的存储器。目前常用的移动存储器有活动硬盘、Zip 盘、USB 硬盘、USB 闪存盘、CD-RW 光盘等。

近年来，闪存盘（Flash Memory，俗称闪存、优盘或 U 盘）已经成为移动存储器的主流产品。它是一种新型半导体存储器，其主要特点是在不加电的情况下能长期保持存储的信息。优盘容量大、体积小、重量轻、不易损坏，其体积仅是打火机大小，容量一般为 1GB～128GB。USB 闪存盘（通过 USB 接口接入）采用芯片存储，带写保护，可防病毒，防误擦除，寿命一般为擦写 100 万次以上，数据可保存 10 年。

目前，市场上基于闪存的存储器或驱动器的产品很多，如朗科优盘、格力时代盘、电子盘、爱国者迷你王、MP3 卡等。

1.3.4　基本输入/输出设备

1. 基本输入设备

输入设备是指向计算机输入数据、程序及各种信息的设备。在计算机系统中，最常用的输入设备是键盘和鼠标（Mouse）。

（1）键盘

键盘是最常用、最基本的一种输入设备。用户的各种数据、命令和程序都可通过键盘输入计算机。在键盘内部有专门的控制电路，当用户按下键盘上的任一个键时，键盘内部的控制电路就会产生一个相应的二进制代码，然后将这个代码送到主机内部。

关于键盘分区及常用键的使用，详见附录 B。

（2）鼠标

随着 Windows 操作系统的流行和普及，鼠标（又称鼠标器）已成为计算机必备的标准输入装置。在图形界面的环境下，鼠标可以取代键盘进行光标定位或完成某些特定的操作功能。鼠标的最大优点是可以更快、更准确地移动光标。

常见的鼠标可分为机械式和光电式两种，二者仅在控制原理上有所不同，在使用方法上基本是一样的，但在移动精度方面，光电式鼠标优于机械式鼠标。近年来又出现了无线鼠标和 3D（三维）鼠标。

（3）扫描仪

扫描仪是一种图像输入设备，通过它可以将图像、照片、图形、文字甚至实物等信息以图像形式扫描输入到计算机中。它是继键盘和鼠标之后的第三代计算机输入设备，目前正在被广泛使用。

扫描仪最大的优点是可以最大程度上保留原稿面貌，这是键盘和鼠标所办不到的。通过扫描仪得到的图像文件可以提供给图像处理程序（如 Photoshop 等）进行处理。如果再配上光学字符识别（OCR）程序，则可以把扫描得到的中西文信息转变为文本信息，以供文字处理软件（如 Word 等）进行编辑处理，这样就免去了人工输入的环节。

此外，近年国内还流行一种汉字输入工具——手写笔，使用它可以直接在"计算机上"写字。

2. 基本输出设备

输出设备是指从计算机中送出处理结果的设备。常用的输出设备有显示器和打印机。

（1）显示器

目前在计算机中使用最多的为阴极射线管（CRT）显示器和液晶（LCD）显示器。CRT 显示器依靠红、绿、蓝 3 根电子枪击打在荧光粉上成像，而 LCD 显示器则依靠液晶反射背景灯光成像。液晶显示器已经成为目前计算机显示设备的主流。

显示器通过显示适配器（显示卡）与计算机连接。显示器的显示效果如何，不仅要看显示器的质量，还要看所配置的显示卡的质量。目前常用的有 VGA（视频阵列）显示卡和增强型 VGA（SVGA 和 TVGA）显示卡。

显示器的主要技术指标有点距、分辨率、刷新率和显示内存。

① 点距：显示器所显示的图形和文字是由许许多多的"点"组成的，这些点称为像素。点距是相邻两个像素之间的距离，点距越小，显示出来的图像越清晰。常用的几种液晶显示器的点距是：17 英寸宽屏一般为 0.289 5 mm，19 英寸宽屏为 0.283mm，22 英寸宽屏为 0.294mm，23 英寸宽屏为 0.258mm。

② 分辨率：分辨率是指屏幕上水平方向和垂直方向所能显示的最大点数（像素数）。例如，分辨率 1 024×768 表示显示器在水平方向能显示 1 024 个点，在垂直方向能显示 768 个点，即整屏能显示 1 024×768 个像素。分辨率越高，屏幕可以显示的内容越丰富，图像也越清晰。

③ 刷新率：刷新率是指屏幕上的图像每秒钟重绘的次数，也就是指每秒钟屏幕刷新的次数，以 Hz 为单位。刷新率越高，显示器上图像的闪烁感就越小，图像越平稳。目前显示器刷新率一般为 65～85Hz。

④ 显示内存（简称显存）或 VRAM：显示内存一般设置在显示卡内，它是 CPU 与显示器之间的数据缓冲区，CPU 把要显示的信息存放在显示内存中，而显示器则从显示内存中读取信息后再进行显示。

显示内存容量大小会影响到显示器的分辨率和能够显示的颜色。目前常用的显示内存容量是 512MB～1GB。

⑤ 颜色质量：显示器能显示多少颜色，主要由表示颜色的位数来决定。例如，如果采用的是 16 位，则能显示 65 536（64K）种颜色，而 24 位则为 16.77 百万种颜色。所谓真彩色，是以 24 位（或 32 位）来表示颜色的，这种显示能力已经涵盖了人眼所能识辨的色彩范围。

（2）打印机

打印机的种类很多，现在广泛使用的是以下两类打印机。

① 喷墨打印机。喷墨打印机是靠墨水通过精细的喷头喷到纸面上来产生字符和图像的。喷墨打印机的分辨率一般达 720dpi（每英寸点数），最高达 1 440dpi。喷墨打印机打印效果好，噪声较低，价格低廉。其缺点是打印速度慢，墨水消耗大。喷墨打印机主要应用在低档办公、普通家庭以及某些需要携带、体积小型化的场合。

② 激光打印机。激光打印机是一种高速度、高精度、低噪声的非击打式打印机。近年来，随着其价格的大幅度下降，激光打印机已经逐步普及起来，并成为办公自动化设备的主流产品。大多数激光打印机的分辨率为 600～2 800dpi，一般每分钟打印 30～120 页。目前还出现集打印、扫描、复印、传真功能于一体的激光打印机。

1.3.5 总线、主板与接口

1. 总线

前面介绍的计算机主要部件——中央处理器、存储器和输入/输出设备，它们之间是如何连接起来的呢？当前微机系统普遍采用总线结构的连接方式，如图 1-6 所示。

总线是一组用于信息传送的公共信号线。所有的数据和指令信息、控制信息、地址信息都通过总线传送到有关的设备中去，所以总线相当于计算机内信息流通的总干线。总线通常由 3 部分组成：地址总线、数据总线和控制总线。

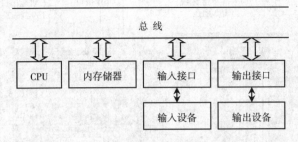

图 1-6　微机总线结构

① 地址总线（Address Bus，AB）。地址总线专门用来传送地址信息。地址总线的位数决定了可以直接寻址的内存范围。例如，16 位地址总线，可以构成 $2^{16} = 65\ 536$ 个地址，或者说存储空间为 64KB。

② 数据总线（Data Bus，DB）。数据总线用来传送数据。数据既可以从 CPU 送到内存或其他部件，也可以从内存或其他部件送到 CPU。通常，数据总线的位数（也称宽度）与微机的字长一致，如 32 位的 CPU 芯片，其数据总线也是 32 位的。

③ 控制总线（Control Bus，CB）。控制总线用来传送控制器各种控制信号，其中包括 CPU 送往内存和输入/输出接口电路的控制信号（如读信号、写信号等），以及其他部件送到 CPU 的信号（如时钟信号、中断请求信号等）。

由于采用总线结构，不但大大简化了结构，提高了系统的可靠性和标准化，还促进了微机系统的开放性和可扩性。常见微机主板上的总线类型有下列几种。

① ISA 总线。ISA（工业标准体系结构）总线采用 16 位的数据总线，数据传输率为 8Mbit/s。

② PCI 总线。PCI（外设部件互连）总线能为高速数据传送提供 32 位或 64 位的数据通道，数据传输率为 132～528Mbit/s，还与 ISA 等多种总线兼容。PCI 总线主板已成为主板的主流产品。

③ AGP 总线。AGP（加速图形接口）总线数据传输率达到 533Mbit/s，可以提高图形、图像的处理及显示速度，并具有图形加速功能。

④ PCI-E 总线：PCI-E 是 Intel 公司提出的总线标准，它将全面取代现行的 PCI 和 AGP，最终实现总线标准的统一。其主要优势就是数据传输速率高，目前最高可达 10Gbit/s。

2. 主板及其结构

每台微机的主机箱内都有一块比较大的电路板，称为主板或母板。目前，主板有两种结构：主流机型结构和一体化结构。主流机型主板又称为基于 CPU 的主板，它是把 CPU、基本存储系统做在主板上，而显示电路、通信接口电路等做成适配器（也称插卡），插到主板上，这种结构的特点是组成系统灵活，维修和对配件升级十分方便，只需把原来的插卡拔出来，换上新卡即可。一体化主板结构是把 CPU、基本存储系统、显示电路、通信接口电路都做在一块主板上，如果不是特别需要，基本上不需要再插入适配器就可构成主机系统，其优点是减少了接插件可能出现的接触不良的问题，缺点是若有某一部分电路损坏，就会使整个主板报废，维修成本高。

图 1-7 所示为主流机型主板布局示意图。主板上安装着 CPU 芯片、内存储器芯片（也称内存条）、CMOS、BIOS、时钟芯片、充电电池、扩展槽以及与软驱、硬驱、光驱、电源等外部设备进行连接的装置。其中，充电电池是用来给 CMOS 供电的。开机时机器向电池充电，充满电后（约需 10 个小时），在关机情况下电池可以向 CMOS 供电几个月。扩展槽又称插槽，一般有 5～6 个，用于插入各种插卡。

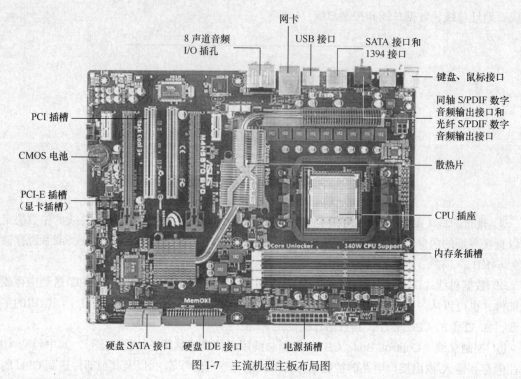

图 1-7　主流机型主板布局图

3．接口

（1）接口的功能

在微机中，当增加外部设备（以下简称"外设"）时，不能直接将外设挂在总线上，这是因为外设种类繁多，所产生和使用的信号各不相同，工作速度通常又比 CPU 低，因此外设必须通过输入/输出（I/O）接口电路才能连接到总线上。接口电路具有设备选择、信号变换及缓冲等功能，以确保 CPU 与外设之间能协调一致地工作。

（2）接口的类别

微机一般能提供以下类别的接口。

① 总线接口。主板一般提供多种总线类型（如 ISA，PCI，AGP，PCI-E）的扩展槽，供用户插入相应的功能卡（如显示卡、声卡、网卡等）。

② IDE 接口：IDE 接口用来连接硬盘和光盘。

③ COM 串行口：串行口采用一个位一个位（二进制位）的串行方式来传送信号。主板上提供了 COM1、COM2 两个符合 RS-232 标准的串行口。作用是连接串行鼠标和外接 Modem 等设备。

④ PS/2 接口：PS/2 接口的功能比较单一，仅能用于连接键盘和鼠标。PS/2 接口的传输速度比 COM 接口稍快一些。

⑤ LPT 接口（并行口）：并行口采用一次同时传送 8 个位（1 个字节）的方式来传送信号。一般用来连接打印机或扫描仪。

⑥ USB 接口：通用串行总线（USB）是一种新型接口标准。它可以同时连接多个设备（如键盘、鼠标、数码相机、打印机、扫描仪、移动硬盘等），允许多个设备并行操作，数据传输速度快。USB 接口具有标准统一、"即插即用"、为设备提供电源的优点，是目前流行的微机外设接口。

目前 USB 接口有两个标准：USB1.1 和 USB2.0。USB1.1 接口标准的最高数据传输率为

12Mbit/s，而 USB2.0 接口标准的最高数据传输率为 480Mbit/s，其数据处理能力超过了并行接口标准。

⑦ SATA 接口：SATA 是 serial ATA 的缩写，即串行 ATA。SATA 接口使用嵌入式时钟信号，具备了欠强的纠能力，提高了数据传输的可靠性。SATA 接口还具有传输速度快、结构简单等优点。使用 SATA 接口的硬盘又称串口硬盘，是未来 PC 机硬盘的趋势。

⑧ 1394 接口：（IEEE）1394 接口也被称为火线（Firewire）接口和"数码接口"。它是一种连接外设的机外总线标准，按串行方式通信，数据传输率可以达到 400Mbit/s。1394 接口标准允许把计算机、外设（如硬盘、扫描仪、打印机等）、各种家电（如数码相机、DVD 播放机、视频电话等）非常简单地连接在一起。

（3）适配器

适配器是为了驱动某种外设而设计的控制电路。通常，适配器插在主板的扩展槽内，通过总线与 CPU 相连。不少适配器已集成化，并成为主板中的一部分。适配器又称为"插卡"或扩展卡，如显示卡（或称显示适配器）、网卡（或称网络适配器）、声卡（或称声音适配器）等。

近年来，许多厂商开发出具有"蓝牙"功能的 USB 装置（称为蓝牙适配器），利用这种适配器，计算机可以与一些蓝牙外设（如蓝牙网卡、蓝牙鼠标等）进行无线连接。蓝牙技术是一种短距离无线通信技术，其传输范围约为 10m，速率为几 Mbit/s。

（4）外设驱动程序

微型机常用设备有光驱、打印机、声卡、显示卡、网卡、优盘、可移动硬盘等，这些设备都需要安装相应的驱动程序（通常由厂商随同硬件提供），否则计算机无法识别和使用这些设备。但键盘、硬盘、软驱等部件是不需要安装驱动程序的，因为它们的设备驱动程序已固化在主板 BIOS 中作为标准的驱动程序，即在计算机生产过程中已经做了预安装，它们的驱动程序可供操作系统直接使用。

1.3.6　软件系统

软件是整个计算机系统中的重要组成部分。没有配备任何软件的计算机称为"裸机"，这样的计算机是不能工作的。软件分为系统软件和应用软件两大类。

系统软件是管理、监控和维护计算机资源的软件，包括操作系统、程序设计语言及处理程序、数据库管理系统、一些服务性程序等，其核心是操作系统。

除了系统软件以外的所有软件都称为应用软件，它是用户为了解决实际问题而编制或外购的各种程序。

用户、软件和硬件的关系如图 1-8 所示。从图中可以看出，计算机系统从功能上划分为 4 个层次，即硬件、操作系统、其他系统软件（如数据库管理系统、编译程序等）和应用软件（如学生管理系统、财务管理系统、银行系统等）。

1. 操作系统

操作系统（Operating System，OS）是最基本、最重要的系统软件。它是整个计算机系统的管理指挥中心，是每台计算机必备的、不可缺少的组成部分。从一般的个人计算机到功能强大的巨型计算机，每台计算机都配有各自的操作系统。

图 1-8　用户、软件和硬件的关系

操作系统是界于用户和计算机硬件之间的操作平台，只有通过操作系统才能使用户在不必了解计算机系统内部结构的情况下正确使用计算机。所有的应用软件和其他的系统软件都是在操作系统下运行的。

操作系统由一系列具有不同控制和管理功能的程序组成。

（1）操作系统的功能

从资源管理的角度看，操作系统应具有以下 5 方面的基本功能。

① CPU 管理：也称处理器管理。CPU 是计算机系统中最重要的硬件资源，任何程序只有占有了 CPU 才能运行。CPU 管理的主要任务是对 CPU 的分配及运行实施有效管理。在许多操作系统中，CPU 的管理和分配都是以进程为基本单位的，因此 CPU 管理在某种程度也可以说是进程管理。

进程（Process）是操作系统中一个核心概念。操作系统对每一个执行的程序都会创建一个进程，一个进程就代表一个正在执行的程序。为了更好地实现并发处理和共享资源，提高 CPU 的利用率，目前许多操作系统把进程再细分成线程（Threads），线程描述进程内的执行。一个进程可以有多个线程。

② 作业管理：在操作系统中把用户要求计算机处理的一个计算问题称为作业。作业管理的主要任务是根据系统条件和用户需要，对作业的运行进行合理的调度与控制。

③ 存储管理：存储管理主要是指对内存储器的管理，其主要任务是完成对内存空间的划分、分配与回收，保护内存中的程序及数据，实现存储操作等。

④ 设备管理：对输入/输出（I/O）设备进行管理，主要包括设备分配和数据输入/输出操作的控制。

⑤ 文件管理：主要负责文件目录管理、文件存储空间分配和文件存取管理等。

（2）操作系统的基本分类

操作系统的分类方法很多。若按操作系统所管理的用户数划分，可分为单用户操作系统和多用户操作系统。单用户操作系统是为简单的小型机、微型机而设计的操作系统，其主要特点是：计算机系统只能串行地执行用户程序，即执行完了一个用户程序后才接受另一个用户程序，在这种操作系统管理下，计算机的全部资源被一个用户所独占。多用户操作系统允许多个用户共享一台主机，主机连接几台、几十台甚至一两百台终端，每个用户通过各自的终端运行自己的程序。操作系统负责分配和管理调度，使各用户的程序互不干扰运行。

单用户操作系统又分为单任务和多任务两类。多任务是指同一时间内可以运行多个作业（任务）。多用户操作系统必然是多任务（每个用户起码有一个作业）。例如，DOS 属于单用户单任务操作系统，Windows 属于单用户多任务操作系统，而 UNIX 就是多用户操作系统。

按操作系统的功能划分，又可以把操作系统分为批处理操作系统、分时操作系统、实时操作系统、网络操作系统、分布式操作系统等。例如，Windows NT，Netware，Linux 等都是网络操作系统。

（3）常用操作系统

目前最为常用的微机操作系统有 UNIX/Xenix（Xenix 是 UNIX 的微机版本），Windows，Netware，Linux 等。

① UNIX。UNIX 由美国贝尔实验室开发，是最早也是最成熟的操作系统。它具有良好的安全性、可扩充性、可伸缩性，在高端市场特别是在金融领域有着强劲的竞争力。

② Netware。Netware 由美国 Novell 公司开发，是以文件服务器为中心的局域网操作系统。

它的主要特点是安全性能好，多用于中低端市场。

③ Windows。Windows 由美国微软公司开发，它包括个人（家用）、商用和嵌入式 3 条产品线。个人操作系统包括 Windows Me，Windows 98/95，及更早期的版本 Windows 3.x，主要在 IBM 个人计算机系列上运行；商用操作系统是 Windows 2000，Windows XP 和 Windows 7，及其前身版本 Windows NT，主要在服务器（Server）、工作站（Workstation）等机器上运行，也可在 IBM 个人计算机系列上运行；嵌入式操作系统有 Windows CE、手机用操作系统 Stinger 等。Windows XP 和 Windows 7，将家用和商用两条产品线合二为一。Windows 是当前个人计算机市场上占主导地位的操作系统。

④ Linux。Linux 操作系统最早是由芬兰大学生 Linus 在 1991 年编写的，是一种与 UNIX 兼容的多用户、多任务的操作系统。Linux 操作系统软件包不仅包括 Linux 操作系统，还包括文本编辑器、高级语言编译器等应用软件，以及带有多个窗口管理器的 X-Windows 图形用户界面等。Linux 以其免费使用和自由流通的特点、开放源代码和优异的性能，已占领了 20%左右的网络软件市场。

2. 其他系统软件

（1）程序设计语言及其处理程序

计算机的一个显著特点，就是只能执行预先由程序安排它去做的事情。因此，人们要利用计算机来解决问题，就必须采用计算机语言来编制程序。编制程序的过程称为程序设计。计算机语言又称为程序设计语言。

程序设计语言大致分为 3 类：机器语言、汇编语言和高级语言。通常又把这 3 类语言称为三代语言，其中机器语言和汇编语言又称为低级语言。与硬件发展不同，程序设计语言不是高一代取代低一代，而是多代共存。

① 机器语言。每种型号的计算机都有自己的指令系统，也称机器语言。一条指令（或称机器指令）就是机器语言的一个语句。指令是由二进制代码表示的指挥计算机进行基本操作的命令，它通常由操作码和操作数组成。

用机器语言编写的程序称为机器语言程序。例如，要计算 $5 + 2 = ?$，采用的机器语言程序段如表 1-3 所示。

表 1-3

操作码	操作数	含义
10110000	00000101	把数 5 送给累加器 A
00000100	00000010	累加器 A 中的内容与 2 相加，结果仍然保存在累加器 A
11110100		停止所有操作

这个程序段由 3 条指令组成，除了第 3 条指令是单字节指令（无操作数）外，其余两条指令都是双字节指令。

机器语言程序的优点是能被计算机直接识别和执行，因此执行速度快。但是由于机器语言程序通篇是 0 和 1，可读性太差，编程不方便，指令难记，容易出错且不易修改，因此，目前极少使用机器语言直接编程。

② 汇编语言。为了克服机器语言读写困难的不足，人们创造了汇编语言。汇编语言采用记忆符号来代替机器语言的二进制编码，如用记忆符 ADD 表示加法指令，用 MOV 表示传送数据指令等。前述的机器语言程序，改用汇编语言可写成

```
MOV A,5
ADD A,2
HLT
```

显然，计算机不能直接识别和执行汇编语言程序，因为计算机只"懂得"它自己的机器语言，因此还存在一个"翻译"问题。把汇编语言程序翻译成机器语言程序的过程称为"汇编"。完成汇编的语言处理程序称为汇编程序（Assembler）。

汇编语言可以用来编写效率较高的实时控制程序和某些系统软件。由于它采用符号来编程，因此，比用机器语言中的二进制代码编程要方便些。但是，汇编语言仍然脱离不开具体机器的指令系统，它所用的指令符号与机器指令基本上是一一对应的，编程效率不高，因此一般人很难使用。

③ 高级语言。20 世纪 50 年代中期，人们创造了高级语言。所谓"高级"，是指高级语言与人类自然语言和数学式子相当接近，而且不依赖于某台机器，通用性好。高级语言是为一般人使用而设计的，它易于学习，便于掌握。以下是采用 BASIC 语言编写的简单程序。

```
10      LET A = 5 + 2
20      PRINT A
30      END
```

与汇编语言一样，计算机不能直接识别任何高级语言编写的程序，因此必须要有一个"翻译"过程。把人们用高级语言编写的程序（称为源程序）翻译成机器语言程序（称为目标程序），可以采用两种翻译方式，一是编译方式，二是解释方式。它们所采用的翻译程序（即语言处理程序）分别称为编译程序和解释程序。

编译方式是将整个源程序全部翻译成目标程序，因为在目标程序中还可能要调用一些函数、过程等，所以还要用"连接程序"将目标程序和有关的函数库、过程库连接成一个"可执行程序"。产生的可执行程序可以脱离编译程序和源程序独立存在并反复使用。COBOL，PASCAL，FORTRAN 等都采用编译方式。

解释方式则是将源程序逐句地翻译解释，译出一句就立即执行一句，边翻译解释边执行，执行完后不保留解释后的机器语言代码，下次运行此程序时还要重新解释。不少 BASIC 语言采用解释方式。

高级语言的种类很多，下面介绍常用的几种。

* BASIC。该语言简单易学，具有人机对话功能，是许多初学者学习程序设计的入门语言。一般小型、微型机均配有 BASIC 语言。目前常用的版本有 GWBASIC，QBASIC，Turbo BASIC 和 Visual Basic。

* FORTRAN。它是最早使用的高级语言，从 20 世纪 50 年代中期诞生至今，在科学计算领域里，始终占据重要地位。它具有相当完善的工程设计计算程序库和工程应用软件。

* COBOL。它是通用面向商业语言，主要用于数据处理，适用于商业和管理。其特点是源程序接近于英语口语。

* C。该语言具有灵活的数据结构和控制结构，表达力强，可移植性好。用 C 语言编写的程序兼有高级语言和低级语言两者的优点，表达清楚且效率高。C 语言主要用于系统软件的编写，也适用于科学计算等应用软件编制。

* C＋＋。它是在 C 语言基础上发展起来的。C＋＋保留了结构化语言 C 的特征，同时融合了面向对象的能力，是一种有广泛发展前景的语言。

* PASCAL。它是一种描述算法的结构化程序设计语言，主要用于科学计算，并能用来编写

系统程序。

- Java。它是近几年才发展起来的一种面向对象的程序设计语言，适用于网络环境和多媒体应用编程，有较好的安全处理功能，可移植性好。
- LISP。它是 20 世纪 60 年代开发的一种表处理语言，适用于人工智能程序设计，具有较强的表达能力，可以进行符号演算、公式推导及其他各种非数值处理。
- Prolog。它是一种逻辑程序设计语言，广泛用于人工智能领域。

（2）数据库管理系统

计算机经常要处理大量的数据，如何有效地存储、加工和利用这些数据，如何使多个用户共享这些数据资源等，都是数据处理中必须解决的问题。数据库管理系统（DBMS）就是为此而设计的系统软件。数据库是按一定的方式组织起来的数据集合。数据库管理系统的主要作用是管理数据库。目前不少管理信息系统都是采用数据库管理系统开发的。

微机上最常用的数据库管理系统有 dBASE，FoxPro，Access，Oracle，SyBASE，Informix 等。Oracle 是目前世界上最流行的一种数据库管理系统，其特点是可移植性好，适用范围广，可在各大、中、小、微型机的各种操作系统的环境下使用。SyBASE 适用于微机网络环境，是一种分布式数据库管理系统。

（3）服务程序

现代计算机系统提供多种服务程序，它们为用户开发软件、硬件维护和使用计算机提供了方便。常用的服务程序有编辑程序、调试程序、连接装配程序、故障检查和诊断程序等。

3. 应用软件

随着计算机应用的日益广泛，应用软件在计算机软件系统中所占的比重将越来越大，应用软件的开发也将逐步向产品化、商品化和集装化的方向发展。应用软件大体上可分为通用应用软件和专用应用软件两种。通用应用软件一般是从软件公司购买的应用软件包（如 WPS，Microsoft Office 等），而专用应用软件一般是用户根据工作需要自己开发的软件（也称用户程序）。

目前，微机上常用的应用软件有文字处理软件 WS、WPS 和 Word，电子表格软件 Lotus 1-2-3 和 Excel，计算机辅助设计软件 Flash 和 Auto CAD，图形制作软件 Photoshop 和 3D Max，幻灯片制作软件 PowerPoint，Web 页制作软件 FrontPage、Dreamweaver 等。

现代计算机系统不能没有系统软件（如操作系统），否则用户无法有效地使用计算机；现代计算机系统也不能没有应用软件，否则它不能在实际应用领域获得效益。

1.4　计算机安全

随着计算机应用的日益深入和计算机网络的普及，计算机安全问题已日益受到广泛的关注和重视。计算机的安全性涉及计算机系统硬件、软件、数据等方面，随着计算机系统可靠性的提高，目前危害计算机安全的主要是计算机病毒和黑客。

1.4.1　计算机病毒与防治

1. 什么是计算机病毒

计算机病毒（Virus）是入侵并隐蔽在计算机系统内，对计算机系统具有破坏作用的计算机程序。它是人为制造出来的，制造计算机病毒的人往往是电脑设计人员或业余爱好者，这些人有各种各样的动机，有的是恶作剧，有的是报复和蓄意破坏，有的是为对付非法复制而采取的惩罚措施。

世界上第一个计算机病毒出现于 1981 年，目前全世界广泛流行的病毒有几万种，而且每天都在增加。据报道，2010 年上半年我国知名信息安全公司——瑞星公司一共截获 420 万个新增病毒样本，共有 5.96 亿台次计算机被病毒感染，平均每天 331 万台次计算机被病毒感染。

2. 计算机病毒的特征

计算机病毒是一种特殊的程序，与其他程序一样可以存储和执行，但它具有其他程序所没有的特征。不同计算机病毒所表现出的特征不尽相同，归纳起来主要有以下几种。

① 传染性。计算机病毒能够把自身复制到其他程序中，它可以附在其他程序上，通过磁盘、光盘、计算机网络等载体进行传染，被传染的计算机又成为病毒生存的环境及新传染源。

② 潜伏性。计算机病毒具有依附其他媒体而寄生的能力，它入侵后可在较长一段时间（如几个月甚至一年以上）不发作，当满足一定条件时才发作。例如，"黑色星期五"病毒只有遇到 13 日并且又是星期五这一天才发作。

③ 破坏性。绝大多数计算机病毒都具有破坏性，只是破坏的对象和程度不同而已。其破坏性包括占用 CPU 时间，占用内存空间，破坏数据和文件，通过大量消耗系统资源而最后导致系统瘫痪，恶性的还会删除磁盘文件，甚至格式化磁盘等。

2010 年 9 月，超级工厂病毒（Stuxnel 病毒）全球肆虐，有数百万用户及上千企业用户遭到攻击。据报道，这种病毒可以破坏世界各国的化工、发电和电力传输企业所使用的核心生产控制电脑软件，并且代替其对工厂其他电脑"发号施令"，造成商业资料失窃、停工停产等严重事故。

④ 变种性。某些病毒可以在传播的过程中自动改变自己的形态，从而衍生出另一种不同原版病毒的新病毒，这种新病毒称为病毒变种。有变种能力的病毒能更好地在传播过程中隐藏自己，使之不易被反病毒程序发现及清除。有的病毒能产生几十种变种病毒。

3. 计算机病毒的传播途径

计算机病毒可以通过各种磁盘、光盘、优盘、计算机网络（Internet 和内部网）、电子邮件等多种方式进行传播。有关的调查报告显示，电子邮件已经成了计算机病毒传播的主要介质，其比例占所有计算机病毒传播介质的 80%。由于电子邮件可附带任何类型的文件，因此，几乎所有类型的计算机病毒都可以通过它来进行快速传播。

4. 计算机病毒的检查

计算机受到病毒感染后，常常会表现出一些异常现象，例如：

- 机器不能正常启动；
- 经常出现"死机"现象；
- 自动运行某些程序；
- 系统运行速度变慢；
- 有特殊文件自动生成；
- 文件莫名其妙丢失；
- 文件大小和内容有所改变；
- 外部设备工作异常，如屏幕出现一些杂乱无章的内容，打印机停止工作等。

除了通过人工观察发现计算机病毒外，还可以使用反病毒软件进行检查。

5. 计算机病毒的防治

自计算机病毒成为社会公害以来，人们开始了病毒与反病毒的斗争。然而，计算机技术以及病毒技术都在不断地发展，新病毒层出不穷。对付计算机病毒要从防毒、查毒、解毒三方面来进行。

① 安装并及时更新反病毒软件。常用的反病毒软件有瑞星，360 安全卫士，金山毒霸等。这些反病毒软件的新版本都能消除目前常见的计算机病毒（如 CIH 等），并且具有实时监控功能，即在计算机工作的每时每刻监测、消除外来的病毒。

使用中要注意：计算机病毒种类繁多，某个反病毒软件只能清除某些病毒，因此，必须同时使用多种反病毒软件，才能有效地清除病毒；由于计算机病毒新的变种不断出现，因此查、杀毒软件是有时间性的，对于新诞生的病毒一般要用新的反病毒软件。

② 打好安全补丁。很多病毒的流行，是利用操作系统中的漏洞来发作的，因此，打好安全补丁十分重要。

③ 警惕邮件附件中的病毒。不要轻易打开或下载来历不明的文件或邮件，如果一定要下载网上文件，则必须先清毒后再使用。

④ 使用可移动存储器（优盘、光盘等）时要十分谨慎，尽量不要让不明病毒情况的存储器到自己的机上使用，因为这些可移动存储器有可能带病毒；特别是来历不明的游戏盘，很多游戏软件为了防止复制，使用了加密措施，很有可能带有病毒。

⑤ 使用别人的计算机时，如果不明病毒情况，移动存储器一定要写保护，因为写保护的存储器是不能往内写数据的，因此计算机病毒也传不进去。

⑥ 对于重要文件，要经常进行备份，以便当系统遭到破坏时，能及时得以恢复。

⑦ 对执行重要工作的机器，要专机专用、专盘专用。

1.4.2　防范黑客

1. 什么是"黑客"

"黑客"是指利用通信软件，通过计算机网络非法进入他人计算机系统的入侵者或入侵行为。黑客进行破坏活动包括：截取重要信息，改动信息，获取巨额资金，攻击网上服务器使其工作瘫痪等。

"黑客"曾被定义为"一个对计算机着迷的工程师，具有冒险精神和恶作剧心理，把入侵行为看做是对自己计算机技术的挑战"。诚然，黑客都是一些计算机精英，但他们的行为已经对整个社会造成了严重的危害。他们的动机，有的只是为了炫耀自己的本事，有的是蓄意破坏，也有的是为了牟利。

2. 黑客的作案手法

黑客对网络的攻击方式是多种多样的，一般来讲，攻击总是利用"系统配置的缺陷"、"操作系统的安全漏洞"或"通信协议的安全漏洞"等来进行的。

黑客的常用作案手法有以下几种。

① "信息轰炸"。黑客常用的攻击手法，是用大量无用的邮件（多数采用"附件"形式）发送给网站的服务器，使其电子信箱爆满而不能提供正常服务。以前黑客是通过窃取密码而进入他人系统，现在黑客可以利用 Internet 某个网站（如某个大学网站）来向其他网站发送大量邮件。

② 获取密码法。攻击者采用"特洛伊木马"程序（黑客的一种工具），远程监视对方计算机等方法获取受害方的密码，然后再伺机破坏。曾有报道说，有人使用"特洛伊木马"程序，通过网络远程遥控对方计算机上的摄像头，观察对方的私生活。

③ "PING 炸弹"。"PING" 是一种用来测试网络性能的小程序，它的测试方法是向服务器发送数据包。如果用这个程序不间断地向服务器发送数据包，服务器就会像拥挤的马路那样发生"塞车"，最终瘫痪。

④ 攻破防火墙。黑客利用某些网站防火墙的漏洞，非法进入他人系统，然后修改、盗取、破坏受害方需要保护的资料，甚至控制受害方的整个网络系统。

目前 Internet 上有很多黑客网站，别有居心者可以轻而易举地从上面下载各种破坏力特强的攻击程序。也就是说，任何一个人都有可能通过这种极其简单的方法，让一个投资巨大、技术十分先进的网站在一秒钟之内遭到惨重的破坏。

3．防范黑客

防范黑客等的破坏，保障网络系统的安全运行，需要从多个方面采取对策。以下是几种常用的防范技术。

① 防火墙技术。防火墙实际上就是控制两个网络间互相访问的一个系统。它通过软件与硬件相结合，能在内部网络与外部网络之间的交界处构造起一个"保护层"，内、外部网络之间的所有通信都必须经过此保护层进行检查与连接，只有授权允许的通信才能获准通过保护层。用防火墙可以阻止外界对内部网资源的非法访问，也可以防止内部对外部的不安全访问。

② 访问控制技术。访问控制是对前来访问计算机系统的用户进行识别和进入权限控制，以保证计算机系统资源不被非法使用和访问。

③ 数据加密技术。数据加密技术采用一些加密算法和密码对数据进行变换和处理，使得没有对应密钥的人难以破解，从而达到数据保密的目的。

④ 鉴别技术。鉴别技术用于验证用户身份的真实性，可以通过数字签名、数字证书等来实现的。

数字签名是通过密码技术对电子文档形成的签名，它类似于手写签名，但数字签名并不是手写签名的数字图像，而是加密后得到的一串数据。数字签名技术在具体工作时，首先发送方对信息施以数字变换，所得到的信息与原信息一一对应；在接收方进行逆变换，得到原始信息。只要数字变换方法优良，变换后的信息在传输中就具有很强的安全性，很难被破译、篡改。

数字证书是标志网络用户身份信息的一系列数据，用来在网络通信中识别通信各方的身份。数字证书是由权威公正的第三方即 CA 中心签发的，可以确保网上交易实体以及签名信息的不可否认性，从而保障网络应用的安全性。

1.4.3　计算机使用中的道德规范与法制

计算机及网络在给人类带来极大便利的同时，也不可避免地引发了一系列新的社会问题。因此，有必要建立和调整相应的社会行为道德规范和相应的法律制度，从法制和伦理两方面约束人们在计算机使用中的行为。

1．道德规范

在计算机使用中，应该养成以下良好的道德规范：
- 不能利用计算机网络窃取国家机密，盗取他人密码，传播、复制色情内容等；
- 不能利用 BBS 服务进行人身攻击、诽谤、诬陷等；
- 不破坏别人的计算机系统资源；
- 不制造和传播计算机病毒；

- 不窃取别人的软件资源；
- 使用正版软件。

2．法律法规

多年来，我国政府和有关部门制定了多个与计算机使用相关的法律法规，以下是其中一部分。

① 《计算机软件保护条例》（1991 年 10 月 1 日起实施）中明确规定：未经软件著作权人的同意私自复制其软件的行为是侵权行为，侵权人要承担相应的民事责任。

② 《中华人民共和国计算机信息系统安全保护条例》（国务院 1994 年 147 号令）中明确了什么是计算机信息系统，计算机信息系统安全包括的范围以及有关单位的法律责任、义务，违反者所受的处罚规定等。

③ 新《刑法》（1997 年 10 月 1 日起实施）中对计算机犯罪作了以下 3 条规定：第 285 条规定"非法侵入计算机信息系统罪"；第 286 条规定"破坏计算机信息系统罪"；第 287 条规定"以计算机为工具的犯罪"。

④ 《计算机信息网络国际联网安全保护管理办法》由公安部 1997 年 12 月 30 日发布，其中第一章第六条中规定："任何单位和个人不得从事危害计算机信息网络安全的活动"，同时规定了入网单位的安全保护责任、安全监督办法，违反者应承担的法律责任和处罚办法等。

⑤ 《计算机病毒防治保护管理办法》由公安部 2000 年 4 月 26 日发布（51 号令），其中第五条规定"任何单位和个人不得制作计算机病毒"。第六条规定了任何单位和个人不得有传播计算机病毒的行为，否则，将受到相应的处罚；还规定了计算机信息系统的使用单位在计算机病毒防治工作中应尽的职责、对病毒防治产品的规定、违反后的处罚办法等。

1.4.4　计算机的安全操作

为了充分发挥计算机的作用，除了要防范计算机病毒和黑客等外，还要正确地维护、安全地使用计算机。以下介绍一些注意事项。

① 为微机提供好的工作环境。微机的工作环境温度一般为 5～35℃，相对湿度为 20%～80%。

② 用电要正常。突然停电容易造成划伤磁盘及光盘，有时也会损坏磁头。要避免接触不良或插头松动，最好是单独配置一个插线板。有条件的话，装备不间断供电电源（UPS）。

③ 正常开机、关机。开机时应先对外部设备（如显示器、打印机等）加电，然后再对主机加电；关机操作次序与开机相反，即先关主机，后关外部设备。不要频繁开、关机和关机后立即开机（关机后要等十几秒后才能开机）。

④ 不要在带电情况下插拔接口卡及各种电缆线。

⑤ 不要用手摸主板上的集成电路芯片。因为人体会产生静电，这种静电会击坏芯片。

⑥ 注意通风散热。特别要关注主机风扇、CPU 风扇是否转动正常。

⑦ 使用硬盘时磁头夹在盘面中间，因此硬盘驱动器最忌震动，否则会损坏盘面。移动机器前应先使硬盘复位，然后再关机。

⑧ 显示器不要开得太亮，并最好设置屏幕保护程序。

⑨ 机械式鼠标用久了，转动轴及滚动球上会粘上一些脏东西，导致转动困难而失灵。可用酒精清洗。

⑩ 至少一个月开一次机。开机可以驱除霉气，并为 CMOS 电池充电。

⑪ 慎重安装新软件。有的应用软件需要较大的内、外存容量，有的会引起本机资源冲突，甚至造成系统瘫痪。

习 题 1

一、单选题

1. 十进制数 846 转换成十六进制数为（   ）。

    A. 34A   B. 34E   C. 3AE   D. 27B

2. 下列数中最小数是（   ）。

    A. $(101001)_2$ B. $(52)_{10}$ C. $(23)_{16}$ D. $(37)_8$

3. 下列字符中，其 ASCII 码值最大的是（   ）。

    A. 8   B. C   C. >   D. m

4. 按照汉字"输入→处理→输出打印"的处理流程，不同阶段使用的汉字编码分别对应为（   ）。

    A. 国标码→交换码→字形码   B. 输入码→国标码→机内码

    C. 输入码→机内码→字形码   D. 拼音码→交换码→字形码

5. 在一个汉字系统中，用拼音、五笔字型等不同的汉字输入法输入的汉字，其汉字内码都是（   ）。

    A. 国标码   B. 不同的   C. ASCII 码   D. 相同的

6. 在 GB2312 编码中，用拼音法输入汉字"国"的拼音码是"guo"，那么"国"的汉字内码占用字节数是（   ）。

    A. 1   B. 2   C. 3   D. 4

7. 一台计算机的字长是 4 个字节，这意味着它（   ）。

    A. 能处理的数值最大由 4 个字节组成

    B. 能处理的字符串最多由 4 个英文字母组成

    C. 在 CPU 中作为一个整体加以传送处理的二进制数码为 32 位

    D. 在 CPU 中运算的结果最大为 2^{32}

8. 计算机最主要的工作特点是（   ）。

    A. 高速度   B. 存储程序和程序控制

    C. 高精度   D. 存储量大

9. 计算机与计算器的本质区别是（   ）。

    A. 运算速度不一样   B. 体积不一样

    C. 是否具有存储能力   D. 自动化程度的高低

10. 计算机主机指的是（   ）。

    A. 运算器和内存储器   B. 运算器和控制器

    C. 中央处理器和内存储器   D. 运算器和外存储器

11. 下列有关存储器读写速度的排列，正确的是（   ）。

    A. RAM > Cache > 硬盘 > 光盘   B. Cache > RAM > 硬盘 > 光盘

    C. Cache > 硬盘 > RAM > 光盘   D. RAM > 硬盘 > 光盘 > Cache

12. 在内存中，每一个基本存储单元都被赋予一个唯一的编号，这个编号称为（   ）。

    A. 字节   B. 字   C. 地址   D. 容量

13. 存储的内容在被读出后并不被破坏，这是（　　　）的特征。

    A. RAM　　　　　B. 内存　　　　　C. 磁盘　　　　　D. 存储器共同

14. 微型机在工作中尚未进行存盘操作，突然电源中断，则计算机（　　　）将全部消失，再次通电后也不会恢复。

    A. ROM 和 RAM 中的信息　　　　B. ROM 中的信息

    C. 已存盘的数据和程序　　　　D. RAM 中的信息

15. 下列设备中，既能向主机输入数据又能接收由主机输出数据的是（　　　）。

    A. CD-ROM　　　　B. 显示器　　　　C. 硬盘存储器　　　　D. 键盘

16. 下列部件中，直接通过总线与 CPU 连接的是（　　　）。

    A. 键盘　　　　　B. 硬盘　　　　　C. 内存　　　　　D. 显示器

17. 操作系统的主要功能是（　　　）。

    A. 实现软、硬件转换　　　　B. 控制和管理计算机的软、硬件资源

    C. 把源程序转换为目标程序　　　　D. 进行数据处理

18. 计算机能够直接识别和执行的语言是（（1）），这种语言程序在机器内部是以（（2））编码形式表示的。

    （1）A. 汇编语言　　B. 自然语言　　C. 机器语言　　D. 高级语言

    （2）A. ASCII　　B. 二进制码　　C. 汉字内码　　D. 十进制数

19. 某学校的学生成绩管理程序属于（　　　）。

    A. 系统软件　　B. 操作系统　　C. 应用软件　　D. 数据库管理系统

20. 计算机病毒是指（　　　）。

    A. 编制有错误的计算机程序

    B. 编译不正确的计算机程序

    C. 已被破坏的计算机程序

    D. 以危害系统为目的的特制的计算机程序

二、多选题

1. 下列叙述中，正确的是（　　　）。

    A. 计算机不能直接识别十进制数，但能直接识别八进制数和十六进制数

    B. ASCII 和国标码都是对汉字的编码

    C. 所有的十进制小数都能完全准确地转换成有限位二进制小数

    D. 二进制整数中右起第 10 位上的 1 相当于 2 的 9 次方

    E. 1GB 等于 1024KB

    F. 十六进制数 ABCDE 转换为十进制数为 703710

2. 下列叙述中，正确的有（　　　）。

    A. CPU 中的程序计数器用来存放当前要执行的指令的内容

    B. 存储器具有记忆功能，其中的信息任何时候都不会丢失

    C. 计算机所有的计算都是在内存储器中进行的

    D. 外存储器中的信息不可以直接交给 CPU 处理

    E. 程序一定要装到内存储器中才能运行

3. 下列叙述中，正确的有（　　　）。

    A. 光驱属于主机，光盘属于外部设备

B. 各种高级语言的翻译程序（编译程序和解释程序）都属于系统软件

C. 系统软件是买来的软件，而应用软件是自己编写的软件

D. 低级语言学习使用很难，因此已被高级语言淘汰

E. 系统软件与具体应用领域无关

F. 系统软件与具体硬件逻辑功能无关

4. 下列能反映计算机主要技术指标的是（　　）。

A. 显示器分辨率

B. 字长

C. 运算速度（常用 MIPS 表示）

D. 主频

E. 内存容量

F. 存取周期

5. 下列有关计算机病毒的叙述中，正确的是（　　）。

A. 计算机病毒是可以在计算机上执行的程序

B. 计算机病毒只要人们不去执行它，就无法发挥其破坏作用

C. 只有在计算机病毒发作时才能检查出来并加以消除

D. 计算机病毒具有潜伏性，仅在一些特定条件下才发作

E. 计算机病毒只会破坏磁盘上的数据和程序

6. 下列叙述中，正确的是（　　）。

A. 当发现优盘上带有病毒，则应将盘上的所有文件复制到一个"干净"的优盘上，然后将原来有病毒的优盘进行格式化

B. 在某台计算机上发现优盘染上病毒，则应换一台计算机来使用该盘上的文件

C. 不要复制来历不明的优盘上的文件

D. 凡是在有病毒的机器上使用过的优盘都有可能感染上病毒

E. 禁止使用没有进行病毒检测的优盘

三、填空题

1. 早期冯·诺依曼提出了计算机的三项重要设计思想，其基本内容是＿＿＿＿。

2. P（$P>1$）进制中，两位整数能表示的最大数是＿＿＿＿。

3. 已知某进制数运算 $2 \times 3 = 10$，则 $4 \times 5 =$ ＿＿＿＿。

4. 进行下列数据的转换

（1）十进制数转换成二进制数：

① 143（　　）$_2$　　② 168（　　）$_2$

③ 116.65（　　）$_2$　　④ 0.4375（　　）$_2$

（2）二进制数转换成十进制数：

① 1011101（　　）$_{10}$　　② 11011.1101（　　）$_{10}$　　③ 1.1011（　　）$_{10}$

（3）二进制数转换成十六进制数：

① 1011011（　　）$_{16}$　　② 1011011.1011（　　）$_{16}$　　③ 1011010110（　　）$_{16}$

5. 一个字节由＿＿＿＿个二进制位组成，它能表示的最大二进制数为＿＿＿＿，即（　　）$_{10}$。

6. 已知小写的英文字母"m"的十六进制 ASCII 码值为 6D，则小写英文字母"p"的十六进制 ASCII 码值是＿＿＿＿。

7. 在 GB2312 编码中，每个汉字的机内码占用_____个字节，每个字节的最高位都是_____。

8. 已知"考"的区位码为 3128D，它对应的国标码是_____B，机内码是_____H。（注：D，B，H 分别表示十进制、二进制及十六进制）

9. 如果一个汉字的机内码是 CDH 和 F4H，那么它的国标码是_____H 和_____H。

10. 在汉字输入法状态下，当按一下_____键后，则可以打入大写字母；此时，若按住_____键的同时再按字母键，则可以打入小写字母。

11. 386 和 486 微机地址总线为 32 位，则存储空间最大可达_____。

12. 分辨率为 1 024 像素 × 768 像素的显示器，一屏最多能显示_____个 16×16 点阵的汉字。

13. 在 24×24 点阵字库中，每个汉字字形码需用_____个字节存储；一级字库有 3755 个汉字，那么将占用_____字节的存储容量。

14. 用高级语言编写的源程序，需要加以翻译处理，计算机才能执行。翻译处理一般有_____和_____两种方式。

上机实验

实验 1–1 英文打字练习

一、实验目的

熟悉键盘，进行英文打字练习。

二、预备知识

（1）键盘常用键的使用（见附录 B）；

（2）通过某些专门程序（如 TT）进行指法练习，初步掌握英文打字方法。

三、实验内容

启动 Windows 7 "附件"中的"记事本"程序，然后录入以下英文短文。

What is Mouse?

A Mouse is an input device used most commonly besides keyboard. When you move the mouse, it will transfer the signal to the computer through its tail and tell its moving direction to it. For example, when you move the mouse to the left, the arrowhead on the screen will also move in the direction of the left. In addition, if you take the mouse in the space, the arrowhead on the screen will not move in the same direction, only waiting doubtfully for what you are doing.

Mouse is not only interesting, but also useful.For instance,in Windows XP, there are many programs using the "buttons". When moving the arrowhead on the screen to the graphic with the "button" and pressing the mouse's left, you will give computer some orders to perform some tasks.

录入完成后，选择"文件"/"另存为"命令（即选择"文件"菜单中的"另存为"命令），把该短文以 t1.txt 为文件名保存在用户文件夹下的"第 1 章"子文件夹中。然后选择"文件"/"退出"命令，退出"记事本"程序。

说明：通常，实验室管理员会在网络服务器上为每个同学分配一个专用的文件夹（以下称为"用户文件夹"），以供保存文件。每个同学按练习题要求完成的文件分别存储在用户文件夹下的各章子文件夹中（各章子文件夹由同学自行创建）。

对于使用单机的用户，可以把文件保存在"我的文档"文件夹中。

四、实验要求

（1）采用默认的字符格式来录入英文。

（2）明确手指分工，坚持正确的姿势与指法，坚持盲打（不看键盘），争取 3～4 个月后英文盲打速度有较大的提高。

实验 1–2　中文打字练习

一、实验目的

熟悉键盘，进行汉字输入练习。

二、预备知识

（1）键盘常用键的使用（见附录 B）；

（2）初步掌握汉字输入法（见第 2 章的 2.7 节）。

三、实验内容

启动 Windows 7"附件"中的"记事本"程序，然后录入以下中文短文（本短文是实验 1-1 中要求录入的英文短文的译文）：

什么是鼠标？

鼠标是除键盘之外最常用的输入设备。当你移动鼠标时，它会通过其尾巴把信号发送到计算机，并且告诉它的移动方向。例如，当你把鼠标向左移动时，屏幕上的箭头也向左移动。此外，如果你把鼠标拿到空中移动时箭头将不会随着同样的方向移动，仅怀疑地等待你在做什么。

鼠标不但很有趣，而且很有用。例如，在 Windows XP 中，有很多使用"按钮"的程序，当你把屏幕上的箭头移动到画着"按钮"的图形上面并按鼠标左键时，你就向计算机发出完成某些任务的命令。

录入完成后，选择"文件"/"另存为"命令，把该短文以 t2.txt 为文件名保存在用户文件夹下的"第 1 章"子文件夹中。然后选择"文件"/"退出"命令，退出"记事本"程序。

四、实验要求

（1）由读者自选一种汉字输入法（如"微软拼音"输入法、"极点五笔"输入法等）来录入。

（2）采用默认的字符格式来录入汉字。

第2章
中文 Windows 7 使用基础

操作系统的主要功能是控制和管理计算机系统中的硬、软件资源，为用户提供操作界面。没有它，任何计算机都无法正常运行。

Windows 是美国微软公司推出的"视窗"操作系统，至今已有多个版本。它的一个显著特点是采用了图形用户界面，把操作对象以形象化的图标显示在屏幕上，通过鼠标操作可以实现各种复杂的处理任务。这种界面方式使用户更容易学习和使用计算机。

2.1 概　　述

2.1.1　Windows 的发展

DOS 作为 PC 上的传统操作系统，曾风靡一时，但由于它固有的缺陷，如不美观的字符界面、采用命令行的工作方式使操作者要熟记 DOS 命令及其词法、只能单任务运行等，因此，DOS 已经不能适应微机日益广泛应用的需要。

美国微软（Microsoft）公司于 1985 年 11 月公布了 Windows 的最初版本——Windows1.01。经过数年的改进，1990 年 5 月该公司又推出划时代的产品——Windows 3.0，它标志着 Windows 时代的到来。Windows 采用了图形用户界面（GUI），使计算机的操作方法和软件开发技术发生了根本性的变化，用户使用计算机变得轻松、直观、方便，因此 Windows 受到广大用户的欢迎，得到迅速普及。

1995 年微软公司推出新一代操作系统 Windows 95，它是一个真正的 32 位的多任务操作系统。Windows 95 能提供网络连接和"即插即用"，对多媒体、网络和通信应用也给予了更大的支持，而且用户界面更加友好。从 1996 年开始，Windows 95 以其优越性能、操作更加简单方便而取代了 Windows 3.x（x 指各相关版本），成为微机上的主流操作系统。

1998 年微软公司发布了 Windows 95 的改进版 Windows 98。为了修补 Windows 98 第一版中的已知错误和增强网络功能，微软公司于 1999 年又推出 Windows 98 第二版并增加了许多新特性。

2000 年 2 月，微软公司正式发行了 Windows 2000。

2001 年底，微软公司又推出了 Windows XP。Windows XP 采用 Windows 2000 的源代码作为基础，它充分继承了 Windows 2000 的稳定性、可靠性、安全性和可管理性，又采用了 Windows 98 良好的用户界面和易用性。Windows XP 集成了新版本的浏览器 Internet Explorer 6.0 和综合性娱乐软件 Medio Player 8.0，将计算机使用又提高到了一个新的阶段。

2006 年 11 月，Windows Vista 正式推出，它是继 Windows XP 和 Windows Server 2003 之后的又一重要的操作系统。Windows Vista 第一次在操作系统中引入了"Life Immersion"，即在系统中集成许多个性化的因素，一切以人为本，使得操作系统尽最大可能贴近用户。

2009 年 10 月，微软公司发布最新一代操作系统——Windows 7。Windows 7 简单、快速而充满乐趣。查找和管理文件有许多高效的方法，例如，Jump List 功能可帮助用户快速访问常用的文档、图片、歌曲或网站，改进的任务栏预览可帮助用户快速工作。新增更多功能(如 Windows 媒体中心和 Windows 触控功能)给用户带来全新的体验。

2.1.2 图形用户界面技术

10 多年来，计算机应用之所以能够如此迅速地进入各行各业、千家万户，其中一个很重要的原因是 Windows 操作系统及其应用软件采用了图形化用户界面。图形化用户界面技术具有以下 3 个主要特点。

（1）多窗口技术。在 Windows 环境中，用户的主工作区就是桌面，每个程序在运行时都显示为一个窗口，而且只在各自的窗口运行。这就是操作系统 Windows 得名的原因，Windows 的中文意思就是多窗口（或窗口集）。尽管窗口多种多样，但其外观相似，对窗口的各种操作也是通用的。Windows 多窗口技术可以实现以下功能。

① 友好的操作环境。窗口系统可以提供友好的、菜单驱动的、具有图形功能的用户界面。

② 一屏多用。从功能上说，一个多窗口的屏幕相当于多个独立的屏幕，所以能有效地增加屏幕在同一时间所显示的信息容量。例如，在使用字处理软件编写文档时，可以随时打开文档编写说明信息窗口，还可参照其他文档编辑窗口以完成当前编写工作。

③ 任务切换。窗口系统是用户可以同时运行多道程序的一个集成化环境。用户可以同时打开几个窗口运行多个应用程序，并可实现它们之间的快速切换。

④ 资源共享与信息共享。窗口系统作为集成化的环境能够实现多个应用程序之间共享信息与软硬件资源。

（2）菜单技术。菜单把当前允许用户使用的命令显示在屏幕上，以供用户选择。这种菜单工作方式，一是减轻了用户对命令的记忆负担，二是避免键盘命令输入过程中的人为错误。

（3）联机帮助技术。联机帮助技术为初学者提供了一条使用新软件的捷径。借助它，用户可以在上机过程中随时查询有关信息，代替了书面用户手册。联机帮助还为用户操作给予步骤提示与引导。

2.1.3 Windows 7 的特点

与以往的 Windows 操作系统类似，Windows 7 为不同用户群体提供了 6 个不同的操作系统版本，分别为 Windows 7 初级版（Starter）、Windows 7 家庭基础版（Home Basic）、Windows 7 家庭高级版（Home Premium）、Windows 7 专业版（Professional）、Windows 7 企业版（Enterprise）和 Windows 7 旗舰版（Ultimate）。其中初级版与家庭基础版的功能差不多，企业版和专业版的功能也差不多。本书将主要针对 Windows 7 旗舰版（以下简称（Windows 7）来介绍。从使用角度来看，Windows 7 有以下几个主要特点。

（1）更个性化的图形化用户界面，一致的操作方式，操作更简单。

（2）多任务处理技术。Windows 7 能够同时运行多个程序（正在运行的程序称为任务）。例如，用户可以一边使用 Word 程序编辑稿件，一边使用画图程序绘画，同时还可以使用 CD 播放器程序欣赏音乐，并可实现多个程序之间的快速切换。

（3）方便的信息交换。Windows 7 为其应用程序之间的信息交换提供了 3 种标准机制：剪贴板（Clipboard，静态数据交换）、DDE（动态数据交换）和 OLE（对象链接和嵌入）。利用剪贴板，大多数应用程序的数据可以互相交换。利用 DDE 和 OLE，可使信息交换自动完成，并且在一个程序中对某项数据的修改立即会在另一个相关的程序反映出来。Windows 7 将进一步增强移动工作能力，无论何时、何地、任何设备都能访问数据和应用程序，开启坚固的特别协作体验，无线连接、管理和安全功能将会扩展。性能和当前功能以及新兴移动硬件将得到优化，多设备同步、管理和数据保护功能将被拓展。

（4）即插即用（Plug_and_play 或 PNP）。只要插入的外部硬件设备符合规定的标准，开机时 Windows 7 就会自动识别和配置该硬件设备（包括安装驱动程序）。对于用户来说，插好新设备后即可使用，不必具有专业知识。Windows 7 支持很多新硬件，如扫描仪、数码相机、USB 闪存盘等。

（5）简化的局域网共享。Windows 7 通过库（libraries）和家庭组（homegroups）两大新功能对 Windows 网络进行了改进。

（6）更安全、更稳定的系统环境。Windows 7 提供了多种安全手段，把数据保护和管理扩展到外围设备。Windows 7 改进了基于角色的计算方案和用户账户管理，在数据保护和坚固协作的固有冲突之间搭建沟通桥梁，同时也会开启企业级的数据保护和权限许可。

（7）更强大的多媒体体验。Windows 7 支持家庭以外的个人计算机安全地通过 Internet 远程访问家里 Windows 7 计算机中的数字媒体中心，随时享受 Windows 7 中强大的综合娱乐平台和媒体库——Windows Media Center。

Windows 7 是一个界面美观、操作方便、功能强大的超级视窗系统，也是微软最强大的操作系统之一。

2.1.4　Windows 7 的安装、启动和退出

1. 操作系统的安装、升级和启动

（1）操作系统的安装

安装操作系统是指把操作系统软件从光盘或其他存储介质中安装到计算机硬盘中的过程。每一种操作系统都有最低的硬件环境要求。具体的安装方法和步骤，依据安装环境和安装要求的不同而不同。

（2）操作系统的补丁和升级

正如世界上不存在完美无缺的产品一样，世界上也没有真正十全十美的程序，例如，目前流行的各种 Windows 操作系统版本都存在着或大或小的缺陷或漏洞。为了修正已知的各种错误，同时还可以加强软件其他方面的功能，微软公司接二连三地推出各种操作系统版本的补丁程序。打补丁程序是一种弥补措施。

操作系统升级的含义是指采用新版本的操作系统更新原有的操作系统，使系统的各项功能更为强大，例如，可从原有的 Windows XP 升级到 Windows 7。

（3）操作系统的启动

启动操作系统实际上就是启动计算机，是把操作系统的核心程序从启动盘（通常为硬盘）中调入内存并执行的过程。这是用户使用计算机的前提，是不可缺少的首要操作步骤。尽管启动操作系统的内部处理过程非常复杂，但这一切都是自动执行，无需用户操心。对于 Windows 7 操作

系统，一般的启动方法有以下 3 种。

① 冷启动。也称加电启动，用户只需打开计算机电源开关即可。这是计算机处于未通电状态下的启动方式。

② 重新启动。可以通过"开始"/"关机"级联菜单中的"重新启动"命令来实现（见以下介绍）。

③ 复位启动。用户只需按一下主机箱面板上的 Reset 按钮（也称复位按钮）即可实现。这是在系统完全崩溃，无论按什么键（包括按 Ctrl + Alt + Del 组合键）计算机都没有反应的情况下，对计算机强行复位重新启动操作系统（注：有的品牌机没有安装这个按钮）。

（4）操作系统的多重启动

Windows XP/ Windows 7 等都支持多操作系统启动。可以在同一台机上安装多种操作系统（如 Windows XP 和 Windows 7），并允许用户选择要启动的操作系统。

2. 启动 Windows 7

在计算机系统中安装好 Windows 7 以后，每次打开计算机电源，Windows 7 就会自动启动。在启动开始系统将进行硬件检测，稍后，从 4 个方向升起光点组合为 Windows 旗帜，Windows 7 就启动成功了。

Windows 7 启动之后，首先看到的是用户登录界面，Windows 7 会将可用的用户以图标的方式显示在界面上，用鼠标单击希望登录的用户名图标，输入密码（密码根据需要设置，可有可无），Windows 7 开始读取用户设置，初始化计算机并弹出欢迎界面后，就可以进入如图 2-1 所示的 Windows 7 桌面。

图 2-1   Windows 7 的桌面

在桌面上，左边整齐地排列着一些图标，下方则是带有"开始"按钮的任务栏。

3. 退出 Windows 7

用完计算机后，正常的退出步骤是：

① 关闭所有的窗口和正在运行的应用程序；

② 单击桌面左下方的"开始"按钮，在弹出的"开始"菜单中单击"关机"按钮，如图 2-2 所示；

③ 单击"关机"按钮后，Windows 7 显示关机画面直至关闭计算机。

要注意，在 Windows 7 没有正常退出前，切忌直接关机。因为直接关机会使一些需要保存的信息未来得及保存而丢失，也有可能造成某些重要系统文件的损坏。

4. 重新启动 Windows 7

重新启动系统可采用退出系统的操作方法，所不同的是单击"关机"按钮旁的箭头按钮，在弹出的菜单中再单击"重新启动"按钮，如图 2-2 所示。当计算机不能正常工作，或用户调整系统配置后为使配置生效等时，通常必须重新启动系统。

图 2-2　"开始"菜单

5. 进入休眠状态

单击"关机"按钮旁的箭头按钮，在弹出的菜单中再单击"睡眠"按钮，如图 2-2 所示，将使计算机进入休眠状态。在长时间不使用计算机但又不希望关机时，可以选择这种状态，此时以低能耗维持计算机运行。

2.1.5　注销用户

Windows 7 是一个支持多用户的操作系统，它允许多个用户登录到计算机系统中，而且各个用户除了拥有公共系统资源外，还可拥有个性化的桌面、菜单、用户文件夹和应用程序等。为了使不同用户快速方便地进行系统登录，Windows 7 提供了注销功能，通过这种功能用户可以在不必重新启动系统的情况下登录系统，系统将恢复用户的一些个人环境设置。

要注销当前的用户，只需单击桌面左下方的"开始"按钮，在弹出的"开始"菜单中单击"关机"按钮旁的箭头按钮，再在弹出的菜单中单击"注销"按钮，系统则关闭当前用户，重新进入登录界面，用户再选择所需要登录的用户，以另一用户登录进入 Windows 7。

若单击"切换用户"按钮，则可以在不注销当前用户的情况下重新以另一用户登录 Windows 7。

Windows 7 能同时保留多个用户的登录信息。也就是说，当前用户只要单击"切换用户"按钮，其正在运行的程序不会被结束。

2.2 Windows 7 基本知识

在 Windows 中，用户通过对图形化元素的操作来完成预期的任务。Windows 图形化基本元素包括桌面、图标、窗口、菜单和对话框等。熟悉这几种元素的功能和操作，是掌握 Windows 的一个重要环节。

2.2.1 基本概念

在学习基本操作之前，首先介绍 Windows 中的几个基本概念。

（1）应用程序。应用程序是用来完成特定功能的计算机程序，包括系统自带的或用户（程序员）编写的各种各样的程序。例如，"计算器"程序用于简单的计算，Word 程序用于文字处理等。

（2）文档。文档是 Windows 应用程序创建的对象，不少 Windows 应用程序都能创建相应类型的文档。例如，Word 程序生成.docx（Word 2003 的扩展名为.doc）类型的文档，"记事本"程序生成.txt（文本）类型的文档等。

（3）文件。文件是 Windows 中最基本的存储单位。各种文档和应用程序都是以文件的方式存放在磁盘中。

（4）文件夹。磁盘中可存放很多文件，为了便于管理，我们一般把文件分类存放在不同的"文件夹"（文件夹在 DOS 中被称为"目录"）里，就像办公室里人们把文件资料分类放于不同的文件夹中。在 Windows 7 中，一个文件夹中可以存放文件及其他的文件夹。

（5）图标。Windows 采用图标来表示计算机内的各种资源（文件、文件夹、磁盘驱动器、打印机等）。桌面上就放置着这样的一些图标。每个图标由图形和文字两部分组成，图形部分表示图标的种类，文字部分为这个图标的名称。

（6）快捷方式。为了能快速地访问到指定的对象，Windows 提供了"快捷方式"手段。一个快捷方式是一种特殊的文件（扩展名为.lnk），它与某个对象（如程序、文档）相连接。每一个快捷方式用一个左下角带有弧形箭头的图标表示，称之为快捷图标。快捷图标是一个连接对象的图标，它不是这个对象本身，而是指向这个对象的指针。

可以为任何一个对象建立快捷方式，并可以随意将快捷方式放置于 Windows 中的任何位置，例如，可以在桌面、"开始"菜单中为一个程序文件、文档等创建快捷方式。打开快捷方式便能打开它所指向的对象，删除快捷方式却不会影响相应的对象。

2.2.2 鼠标和键盘的基本操作

1. 鼠标操作

在 Windows 7 中，当用户手握鼠标在平面上（台面或专用的平板上）移动时，屏幕上的鼠标指针就随之移动。一般情况下，鼠标指针呈空心箭头状（即 ），但它随着位置和操作状态不同而有所差异。图 2-3 所示给出常见的鼠标指针形状及含义。

正常选择	▷	文本选择	I	沿对角线调整 1	↖↘
帮助选择	▷?	手写	✎	沿对角线调整 2	↙↗
后台运行	▷◯	不可用	⊘	移动	✛
忙	◯	垂直调整	↕	候选	↑
精确选择	✛	水平调整	↔	链接选择	👆

图 2-3　鼠标指针形状及含义

鼠标的基本操作包括：指向、单击、右击、双击和拖放。

（1）指向。把鼠标指针移到某一操作对象（文件、文件夹、命令按钮等）上。这种操作一般用于激活对象或显示有关提示信息。

（2）单击。把鼠标指针指向某一操作对象上，然后按一下鼠标左键。单击左键通常用于选定（也称选择、选中等）某一操作对象或执行某一菜单命令。

（3）右击。把鼠标指针指向某一操作对象上，然后按一下鼠标右键。右击后往往会弹出一个所指对象的快捷菜单。

（4）双击。把鼠标指针指向某一个操作对象，然后快速地连续按下左键两次。双击通常用于启动一个应用程序或打开一个窗口。双击时按键要迅速，否则将被认为是两次单击。

（5）拖放。拖放是"拖动和释放"的简称。把鼠标指针指向某一操作对象后，按住鼠标左键不放并移动鼠标（拖动，又称拖曳），当把鼠标指针移到指定的新位置时，再松开左键（释放）。拖放常用于复制、移动对象，改变窗口大小等操作中。

在一些操作中，还可以使用左键三击和右键拖放。

2．键盘操作

Windows 7 中凡是鼠标控制的操作，一般采用键盘也能实现。有些控制键需要两三个键组合而成，为了便于说明，以下采用"+"表示组合，例如，Ctrl + Esc 表示按住 Ctrl 键的同时按下 Esc 键。下面列出常用的键盘控制键。

Ctrl + Esc	打开"开始"菜单
Ctrl + Alt + Del	打开"启动任务管理器"等功能界面，以供管理任务。例如，可以通过任务管理器的"结束任务"命令来强制结束某个应用程序的运行
Alt + <空格键>	打开窗口左上角的控制菜单
Alt + Tab	窗口之间切换。按住 Alt 键，再重复按 Tab 键，直至找到为止
Alt + F4	关闭窗口
Tab	切换到对话框中的下一栏
Shift+ Tab	切换到对话框中的上一栏
Enter	确认
Esc	取消
Ctrl + <空格键>	启动或关闭输入法
Ctrl + Shift	中文输入法的切换
Shift + <空格键>	半角/全角状态的切换
Ctrl + .（小数点）	中/英文标点符号状态的切换
PrintScreen	复制整个屏幕内容到剪贴板上
Alt+ PrintScreen	把当前窗口内容复制到剪贴板上

掌握这些基本的键盘操作并灵活使用，可以加快操作速度。

2.2.3 桌面

桌面（Desktop）是 Windows 7 的屏幕工作区。在 Windows 7 启动成功后，最先进入的就是桌面。由于它可用来放置各种"物品"，如图标、窗口和对话框等，就好像在一张办公桌上摆放各种办公用品一样，所以形象地被称为桌面。Windows 7 的桌面包括桌面背景、桌面图标、任务栏、"开始"按钮等，用户桌面上的图标可能与图 2-1 所示有所不同，这与计算机的设置有关。

1. 常用系统工具

Windows 7 桌面上通常摆放一些常用的系统工具图标，以及用户创建的快捷方式图标。以下介绍其中几个常用系统工具的功能。

（1）计算机（Windows XP 中称为"我的电脑"）。"计算机"用于查看和操作用户计算机所有驱动器的文件，以及设置计算机的各种参数。

（2）用户的文件。"用户的文件"是系统预先为用户设置的一个文件夹，里面包含有"我的文档"、"我的视频"、"我的图片"等文件夹，不同用户拥有各自独立的"用户的文件"，这样，即使有多个用户共用一台计算机，用户之间也无法访问各自存储在"用户的文件"文件夹中的文档，这在一定程度上保护了文档的私有性。

（3）网络（Windows XP 中称为"网上邻居"）。可以通过它设置上网连接方式，查看网络连接情况，映射网络驱动器，访问网络上的其他计算机，共享网络资源。

（4）回收站。"回收站"是一个存在于各个硬盘上的名为"Recycled"的隐藏文件夹，用来存放从硬盘上删除的文件。倘若因误操作删除了某个硬盘文件，可从"回收站"中取回来。

（5）控制面板。"控制面板"是 Windows 7 操作系统中新增的桌面系统工具，它包含了一系列的工具程序，如"系统"、"显示"、"网络和共享中心"、"程序和功能"、"鼠标"、"家长控制"等，用户利用它可以直观、方便地调整各种硬件和软件设置，还可以用它安装或删除硬件和软件。

2. "开始"按钮及"开始"菜单

"开始"按钮是 Windows 7 的应用程序入口。单击"开始"按钮，系统弹出一个如图 2-2 所示的"开始"菜单。

Windows 7"开始"菜单是计算机程序文件夹和设置的主菜单，也是一个具有个性化特性的菜单，该特性会不断监视"开始"菜单中各个应用程序的使用情况，使用最频繁的程序会在常用程序区域中显示出来。用户要想显示其他在常用程序区域中没有显示的程序，可以将鼠标指针指向"所有程序"来打开一个包含所有程序的子菜单。"开始"菜单可完成计算机管理的主要操作。

3. 任务栏

默认情况下，任务栏位于桌面的底部，一般情况下，它不会被其他窗口遮挡，总是显示在最前端。任务栏包含 6 个部分："开始"按钮、快速启动栏、窗口按钮栏、语言栏、通知区域和显示桌面按钮，如图 2-4 所示。

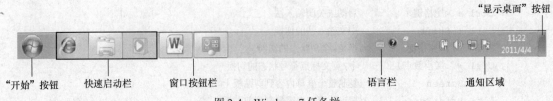

图 2-4　Windows 7 任务栏

通常,"快速启动"栏设置了 3 个快速启动按钮:"Internet Explorer"按钮、"Windows Media Player"按钮和"Windows 资源管理器"按钮。

窗口按钮栏则集成了常用的应用程序图标,单击即可启动程序。还可以显示已打开的程序或文档,单击鼠标进行切换。

"显示桌面"按钮:该按钮位于任务栏的最右边,用户将鼠标指针移到该按钮上,可以预览桌面。若单击该按钮时,则迅速切换到桌面。

语言栏:显示当前的输入法状态。

通知区域:包括时钟、音量、网络以及其他一些显示特定程序和计算机设置状态的图标。

4. 排列桌面图标

对于桌面上图标的位置,用户可以按照自己的习惯进行重新整理和排列。

(1)排列图标。在桌面空白处右击,系统弹出如图 2-5 所示的快捷菜单,从快捷菜单中选择"排列方式",再从级联菜单中选择"名称"、"大小"、"项目类型"和"修改日期"之一种选项。

(2)自动排列。在桌面空白处右击,系统弹出如图 2-6 所示的快捷菜单,从快捷菜单中选择"查看",再从级联菜单中选择"自动排列图标"选项,则可由系统自动排列图标位置。

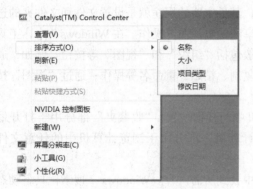

图 2-5 设置图标排列方式的命令

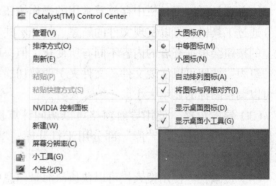

图 2-6 设置图标显示方式的命令

(3)移动图标位置。在没有选定"自动排列"的情况下,使用鼠标可以把某一图标拖放到桌面的适当位置。

(4)对齐图标。在没有选定"自动排列"的情况下,在图 2-6 所示的快捷菜单中选择"将图标和网格对齐",则可在不改变图标排列次序的情况下,按行列对齐方式排列图标。

2.2.4 窗口

窗口是 Windows 7 最基本的用户界面,每一个应用程序的执行和文档的处理都是在一个特定的"窗口"中进行的。当启动一个应用程序时,都会打开一个相应的窗口,向用户提供一个操作的空间,关闭窗口也就结束了程序的运行。一些日常操作(如复制、移动等)都需要在窗口中进行。

1. 窗口的组成

窗口一般由地址栏、工具栏、导航窗格、搜索栏、窗口内容和信息栏等部分组成,"计算机"窗口如图 2-7 所示。

(1)地址栏。地址栏是用来输入文件的地址,用户也可以通过下拉菜单选择地址,方便访问本地或网络的文件夹,也可以直接在地址栏中输入网址,访问 Internet。使用地址栏可以在不同文件夹之间跳转。

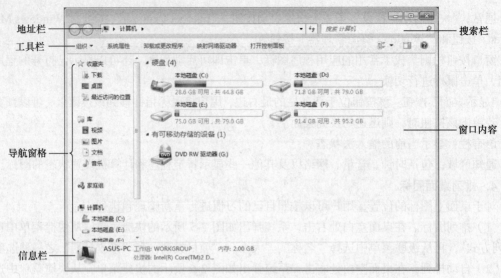

图 2-7 "计算机"窗口

（2）工具栏。工具栏中存放着常用的操作按钮，其最主要的用途就是设置文件和文件夹的选项。通过工具栏，可以实现文件的新建、打开、共享和调整视图等操作。在 Windows 7 中，工具栏上的按钮会根据查看的内容不同有所变化，但一般包括"组织"和"视图"等按钮。例如，通过"组织"按钮可以实现文件（文件夹）的剪切、复制、粘贴、重命名等操作；通过"视图"按钮可以调整图标的显示大小。

（3）导航窗格。使用导航窗格可以访问计算机中的任何位置。"收藏夹"部分用于打开最常用的文件夹和搜索；"库"部分用于打开库；"计算机"部分用于浏览计算机中的任意文件或文件夹。

（4）搜索栏。使用搜索栏可以快速从海量信息中找到所需内容。Windows 7 搜索栏具备动态搜索功能，即当我们输入关键字一部分时，搜索就已经开始，随着输入关键字的增多，搜索的结果会被反复筛选，直到搜索出所需内容。

（5）窗口内容。窗口内容一般显示所打开窗口的主体和内容，窗口的主体和内容会随打开的窗口而不同。

（6）信息栏。信息栏位于窗口的底部，显示窗体的工作状态。

除了上述部分之外，窗口还包括"关闭"按钮、"最小化"按钮、"最大化/还原"按钮、"预览窗格"按钮等。

Windows 使用的窗口有两大类：程序窗口和文档窗口。程序窗口表示一个正在运行的应用程序，如"写字板"程序窗口、Word 程序窗口、Excel 程序窗口等，程序窗口提供了应用程序运行时的用户界面（也称人机界面），用户的大部分工作都是在应用程序窗口中进行的。文档窗口是程序窗口内的窗口，它通常包含用户要处理的文档资料。有的应用程序（如"记事本"）窗口不包含文档窗口，有的应用程序（如 Excel）窗口可以含有多个文档窗口。应用程序窗口和文档窗口的组成基本相同，其主要区别是文档窗口没有菜单栏。

2. 窗口的基本操作

（1）移动窗口。先把鼠标指针移到窗口顶部标题栏，按住鼠标左键，将其拖动到指定的新位置上，然后松开左键。

（2）改变窗口大小。除了单击窗口右上角的"最小化"按钮和"最大化"按钮可以改变窗口的大小外，还可以手动更改窗口的大小。当窗口处于非最大化状态，移动鼠标指针到窗口的边框位置时，鼠标指针会变成双箭头（↔或↕）形状，此时，如果按住鼠标的左键不放，并拖动鼠标，便可以单方向改变窗口的宽度和高度。如果把鼠标移到窗口的四个边角位置，鼠标指针会变成对角方向的双箭头（↗或↖）形状，如果按住鼠标左键不放，拖动鼠标便可按双箭头方向放大或缩小窗口的宽度和高度。

（3）最大化/还原窗口。单击"最大化"按钮可使窗口扩大到整个屏幕，以便看清其中更多的内容。当窗口最大化后，该按钮就变成"还原"按钮，用鼠标单击"还原"按钮可以将窗口恢复成原来的状态(此时该按钮又变成"最大化"按钮)。

（4）最小化窗口。在暂时不需要对窗口操作时，可把窗口"最小化"以节省桌面空间。单击"最小化"按钮可将窗口缩小成图标，并置于任务栏中。

说明：当一个应用程序的窗口被最小化后，虽然在屏幕上看不到该窗口，但是该应用程序仍然在后台运行，它们仍然需要占用宝贵的内存资源。所以当一个应用程序不再需要运行时，应该将其关闭而不是最小化。

（5）关闭窗口。关闭窗口实际上是关闭该应用程序或文档，释放其所占用的系统资源。Windows 7 允许同时打开多个窗口，但打开过多的窗口会导致系统负担太重，降低系统运行效率。所以，应及时关闭不再使用的窗口。

关闭一个窗口有许多方法，一般常用的有下面几种：

① 单击窗口右上方的"关闭"按钮；

② 按下 Alt + F4 组合键；

③ 如果要关闭的是应用程序窗口，可以选择"文件"/"退出"命令，也能关闭窗口。

（6）排列窗口。如果桌面上打开的窗口过多比较杂乱无章，可以对显示在桌面上的窗口进行层叠、堆叠显示窗口、并排显示窗口。做法是：右击"任务栏"空白处，弹出如图 2-8 所示的快捷菜单，可以看到 3 种排列方式，从中选择所需的排列方式即可。如选择"层叠窗口"命令，窗口的排列方式如图 2-9 所示。

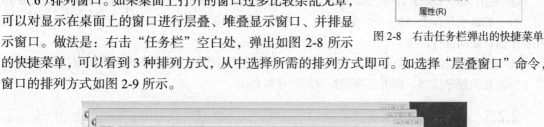

图 2-8　右击任务栏弹出的快捷菜单

图 2-9　窗口层叠

（7）窗口之间的切换。如果同时打开了多个窗口，用户可以利用窗口切换功能在不同窗口之间任意切换，进行不同的工作。切换窗口的方法有以下几种。

① 使用 Alt + Tab 组合键。先按下 Alt 键不放，再按下 Tab 键，这时将弹出窗口图标方块，如图 2-10 所示。按住 Alt 键不放，每按下和松开 Tab 键一次，在如图 2-10 所示的方块中就会选中下一个窗口图标，当选中所需窗口时松开组合键即可。

② 使用 Win + Tab 组合键。这种方式窗口显示 3D 效果，在 Windows 7 中按下 Win 键（Windows 徽标键）不放，再按下 Tab 键，将桌面上的窗口用 3D 缩略图形

图 2-10　Alt + Tab 组合键窗口图标
方块选项界面

式显示出来，如图 2-11 所示。同 Alt + Tab 组合键类似，每按下和松开 Tab 键一次，在该 3D 窗口中就会翻滚排列下一个窗口缩略图，当翻滚到所需窗口时松开该组合键即可。

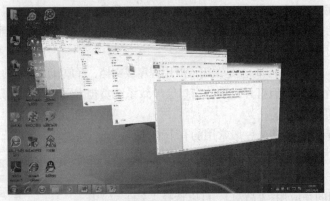

图 2-11　Win + Tab 组合键 3D 窗口缩略图

③ 利用 Alt + Esc 组合键。Alt + Esc 组合键的使用方法与 Alt + Tab 组合键的使用方法基本相同，唯一的区别是按下 Alt + Esc 组合键不会出现如图 2-10 所示的窗口图标方块界面，而是直接在各个窗口之间进行切换。

④ 利用窗口按钮区。每运行一个程序，在任务栏的窗口按钮区就会出现一个相应的程序按钮。单击所需要的程序按钮，即可切换到相应的程序窗口。

2.2.5　菜单

菜单是提供一组相关命令的清单。Windows 7 的大部分工作是通过菜单中的命令来完成的。

1. 菜单分类

按打开菜单的方式，可将菜单分为以下 4 类。

（1）"开始"菜单（又称系统菜单）。这是通过单击"开始"按钮所弹出的菜单。

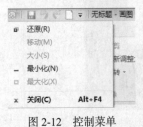

图 2-12　控制菜单

（2）窗口菜单。这是应用程序窗口所包含的菜单，其作用是为用户提供该应用程序中可执行的命令。

（3）控制菜单。当单击窗口中控制菜单按钮时，就会弹出一个下拉菜单，称为控制菜单，如图 2-12 所示。

（4）快捷菜单。当使用鼠标右击某个对象时，就会弹出一个可用于该对象的菜单，这个菜单称为快捷菜单（又称右键菜单）。右击的对象不同，系统所弹出的快捷菜单也会不同。例如图 2-8 就是右击任务栏上空白处所弹出的快捷菜单。用户可以很方便地从快捷菜单上选用所需的命令，大大缩短用户

选择命令的时间。因此，快捷菜单已经成为有经验用户的一种常用工具。

2. 使用菜单命令

"开始"菜单和控制菜单的使用比较菜单，以下主要介绍窗口菜单和快捷菜单的使用。

（1）使用窗口菜单

默认情况下，Windows 7 程度窗口中不显示真正的菜单，必须手动设置显示菜单栏。做法是：在打开的"计算机"窗口中，单击"组织"按钮，在下拉菜单中选择"布局"/"菜单栏"命令，如图 2-13（a）所示，这样才会在地址栏下显示菜单栏，如图 2-13（b）所示。还可以通过按下"Alt"键快速显示菜单栏，再按下"Alt"键取消菜单栏显示。

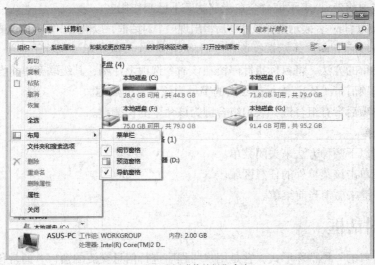

（a）选择"菜单栏"命令

（b）显示菜单栏窗口

图 2-13

用鼠标单击菜单栏上的某一菜单项，即可打开该菜单，再单击所需的命令，就可执行这条命令。例如，如果要执行"全选"操作，可选择"编辑"/"全选"命令即可。

（2）使用快捷菜单

在对选定对象进行操作又不知道从何处选择功能时，此时最好使用快捷菜单。快捷菜单中只有与被选定对象相关的命令，使用户能够快速地找到所需命令。

① 桌面快捷菜单。鼠标右击桌面的空白处，弹出快捷菜单。通过快捷菜单可以新建文件或文件夹，设置屏幕分辨率、显示小工具、个性化设置等。

② 文件快捷菜单。文件的快捷菜单，在所选对象不同时快捷菜单的内容也有差异，一般右击文件或文件夹，可通过弹出的快捷菜单进行复制、删除、剪切、查看属性等操作。

3. 命令选项的特殊标记

有些菜单命令选项带有特殊标记，Windows 7 规定如下。

（1）灰色字体的命令选项：表示该命令当前暂不能使用。

（2）命令选项前带√：表示该命令在当前状态下已起作用。

（3）命令选项后带…：表示选择该命令后将出现一个对话框，以供用户输入信息或改变某些设置。

（4）命令选项后带 ►：表示选择该命令后将引出一个级联菜单（也称子菜单）。

打开级联菜单的方法，将鼠标指针停留在该命令选项上片刻，其级联菜单将自动打开。

（5）命令选项后带（X）：表示括号内的字母为该命令的热键。

（6）命令选项后带有组合键：表示组合键为该命令的快捷键。

4. 关闭菜单

用户可通过以下两种方法来关闭菜单。

（1）用鼠标单击该菜单外的任意区域。

（2）按 Esc 键来撤销当前菜单。

2.2.6 对话框

对话框是窗口的一种特殊形式，它是用户与程序进行信息交流的窗口，通常包括各种各样的选项。在对话框中可以通过选择某个选项或输入信息以达到某种效果。例如，打开一个 Word 文档，选择"插入"/"字体"命令，系统弹出如图 2-14 所示的"字体"对话框。

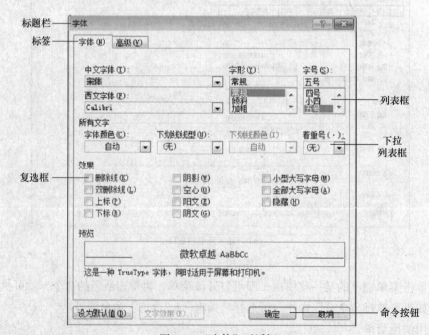

图 2-14 "字体"对话框

　　由于完成的功能不同，对话框的形式多种多样。常用的对话框元素如下。

　　（1）标题栏。标题栏包含了对话框的名称，用鼠标拖动标题栏，可以移动对话框。注意，对话框能够移动位置，但不能改变对话框的大小。

　　（2）标签及选项卡。标签通常位于标题栏的下方，主要用于多个选项卡的切换。不同的标签对应不同的选项卡。例如，在"字体"对话框（见图 2-14）中，"字体"和"高级"就是标签。

　　（3）文本框。文本框用于接收从键盘输入的文本。如图 2-15 中，有一个用于录入姓名的文本框，当鼠标指向文本框时，指针形状变为 I 形，用鼠标单击文本框内部，会出现一个闪烁竖线表示的插入点，输入的文本从该插入点开始。

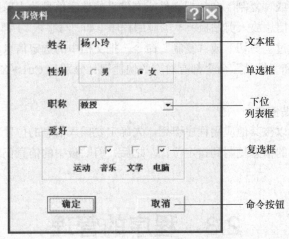

图 2-15　对话框的常用元素

　　（4）命令按钮。命令按钮用来执行某一命令，在图 2-14 和图 2-15 中，"确定"、"取消"都是命令按钮。单击命令按钮可执行其对应的功能。

　　（5）单选框（又称单选按钮）。单选框用于从一组选项中必选一项且只能选中一项。例如，在填写性别时有两种情况可选（见图 2-15），但两者只能选择其一。

　　（6）复选框（又称多选框）。复选框通常用于在多个选项中根据需要选择一项或多项，也可以一项都不选。例如，在图 2-15 中的"爱好"栏中，可能有几种爱好，也可能一种爱好都没有。

　　（7）微调框（又称数字增减按钮）。微调框用于选择一个数值，由文本框和微调按钮组成。在微调框中，单击下箭头的微调按钮，可减少数值；单击上箭头的微调按钮，可增加数值；也可以在文本框中直接输入需要的数值。

　　（8）列表框。列表框用于提供多个选项，以供用户从中选择。例如，在图 2-14 所示的列表框中，用户可通过垂直滚动条来查看列表中内容，再从中选择。如果选项较多，不能一次全部显示，可用系统提供的滚动条查看。

　　（9）下拉列表框。下拉列表框与列表框一样，都含有一系列可供选择的选项，不同的是下拉列表框最初是一个矩形框，显示当前的选项。当单击右边的下箭头按钮时，将打开下拉列表框，此时才能看到所有的选项。如图 2-15 所示的下拉列表框中，当单击右边的向下箭头时，可以打开该下拉列表框（假设其中列有教授、副教授、讲师、助教等内容），然后再从中选择。

　　（10）关闭按钮。单击此按钮（处于对话框的右上角）可以关闭对话框。

2.2.7 剪贴板

剪贴板是内存中的一个临时存储区，它是应用程序内部和应用程序之间交换信息的工具。某些信息从一个程序"剪切"或"复制"下来时，它将存放在剪贴板区，通过"粘贴"命令可以将这些信息复制到另一位置。

1. 将信息放入剪贴板

将所需信息放入剪贴板中，通常有以下几种方法。

（1）复制屏幕内容到剪贴板：按下 Alt + PrintScreen 键可以把当前窗口的内容复制到剪贴板，按下 PrintScreen 键可以把整个屏幕的内容复制到剪贴板上。

（2）通过"剪切"或"复制"命令把文件或文件夹的选定信息放入剪贴板。

（3）把文档中选定信息放入剪贴板：不少应用程序（如"写字板"）都支持剪贴板的功能。在这些应用程序中，可通过"剪切"或"复制"命令，把文档中的选定信息放入剪贴板。

"剪切"、"复制"和"粘贴"命令都有对应的快捷键，分别是 Ctrl + X 组合键、Ctrl + C 组合键和 Ctrl + V 组合键。

2. 从剪贴板中粘贴信息

剪贴板上的信息可以被其他应用程序引用。先确定要插入信息的位置，然后执行"粘贴"命令，就可以把剪贴板上的信息复制到指定位置。之后，剪贴板中的信息仍然被保留，直到有新内容放入剪贴板上。

2.3 程序的管理

Windows 7 只是一个操作系统，虽然它为用户提供了一个很好的工作环境，但是完成大量的日常工作仍需要各种应用程序作为工具。Windows 7 操作系统本身附带大量的实用程序。如"计算器"程序（Calc.exe）、"记事本"程序（Notepad.exe）、"画图"程序（Mspaint.exe）、截图工具（SnippingTool.exe）、便笺（StikyNot.exe）等。除此之外，用户还可以根据自己的需要使用其他的应用程序，如 Office 各组件程序、教务管理程序、考试处理程序等。

程序以文件的形式存放，其扩展名为.exe。通常称程序文件为可执行文件。

2.3.1 程序的启动和退出

1. 程序的启动

使用一个程序，首先要启动它。在 Windows 7 中启动程序的方法有很多种，一般常用的有下面几种。

（1）启动桌面上的应用程序。如果程序或其快捷方式图标放置在桌面上，直接双击该图标即可启动相应程序。

（2）从"开始"菜单中启动程序。单击"开始"按钮，将鼠标指针指向"所有程序"选项，显示"所有程序"子菜单，然后在各级子菜单中移动鼠标指针，找到所需的程序后单击启动。

（3）在"计算机"或资源管理器窗口中启动程序。在"计算机"或资源管理器窗口中找到程序文件，双击其图标即可启动文件。

（4）打开文档启动程序。双击文档文件图标，Windows 7 会自动启动与该类型文档相关联的程序，并在程序窗口中打开该文档。例如，双击一个文本文件（扩展名为.txt）图标，Windows 7 将启动"记事本"程序，并打开该文本文件。

2. 程序的退出

启动的程序都有一个独立的程序窗口，关闭程序窗口就可以关闭程序（也称退出程序）。关闭程序的方法很多，一般常用的有下面几种。

（1）单击窗口右上角的"关闭"按钮。

（2）双击控制菜单按钮。

（3）选择"文件"/"退出"命令（即选择"文件"菜单中的"退出"命令）。

（4）按下 Alt + F4 键。

2.3.2　在程序间进行切换

Windows 7 允许同时运行多个程序。任何时候只有一个程序在前台运行，这个程序称为当前程序。在几个打开的程序之间进行切换当前程序，实际上是在各个任务窗口之间进行切换。

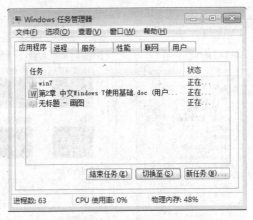

图 2-16　"Windows 任务管理器"对话框

每一个运行中的程序在任务栏中都有一个对应的任务按钮，只要单击这些按钮，就可以切换当前程序。也可以使用快捷键 Alt + Tab 或 Alt + Esc 或 Win + Tab 来快速切换当前程序。

2.3.3　任务管理器

1. 启动任务管理器

任务管理器提供了一种监视系统性能的简便方法。可以通过它来查看计算机中当前正在运行的应用程序、进程、服务及 CPU 和内在的使用，还可以用它来解决应用程序无响应问题。用户可以用多种方法启动"任务管理器"，一般常用的有以下 3 种。

（1）同时按下 Ctrl + Alt + Del 组合键，进入安全桌面，单击"启动任务管理器"按钮。

（2）同时按下 Ctrl + Shift + Esc 组合键。

（3）右击任务栏空白处，在弹出的快捷菜单中选择"启动任务管理器"命令。

启动任务管理器后，系统弹出如图 2-16 所示的对话框。

2. 监视系统性能

（1）监视应用程序

"任务管理器"中的"应用程序"选项卡（如图 2-16 所示）列出所有正在运行的应用程序，

而状态栏上显示应用程序的运行状态："正在运行"或"没有响应"。选中某一程序，单击"结束任务"按钮，就可以强制结束该应用程序的运行。

【提示】由于某种硬件或软件的故障，会造成程序进入"不响应"状态（或称"死机"），此时程序表现为不接受鼠标或键盘动作，计算机速度明显变慢，窗口无法关闭等。要将当前运行中的某些任务强行结束，或将一个发生错误的程序强行结束，可以采用上述强制"结束任务"的方法。

（2）监视"进程"

"任务管理器"中的"进程"选项卡列出所有正在运行的进程，包括 Windows 自身运行的进程，如图 2-17 所示。选中某一进程，单击"结束进程"按钮，可以强制关闭该进程并释放其所占用的资源。

（3）了解系统运行的性能

"任务管理器"的"性能"选项卡中列出 CPU 使用情况及记录曲线、内存使用总量等，如图 2-18 所示。显示的内容是动态更新的，默认的刷新时间间隔为 2 秒。在运行一个应用程序的前后查看和比较这些参数，就能够知道应用程序使用了多少系统资源。

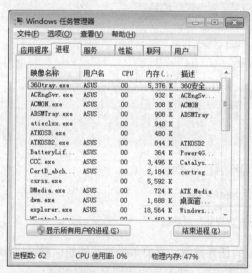

图 2-17　"进程"选项卡

图 2-18　"性能"选项卡

有了系统性能测试工具，人们可以了解系统运行的性能，发现影响系统运行性能的瓶颈，从而进一步对系统进行优化。

3. 强制终止程序

有时，如果打开的程序太多，会使计算机资源严重不足，打开的程序会长时间不再响应用户的操作（如不接受鼠标或键盘动作），即使按下窗口中的关闭按钮，也无法关闭该程序打开的窗口。有时由于某种硬件或软件的故障，也会造成程序进入"不响应"状态。这时，可以利用任务管理器强制将该程序终止。

强制终止程序的操作方法：进入"任务管理器"中的"应用程序"选项卡，选择已经停止响应的程序，然后单击"结束任务"按钮。

4. 关闭异常进程

如果计算机运行速度明显变慢了，很可能是由于某些不要紧的进程或在线监控等占用了大量资源，导致了系统异常。也可能是程序执行了非法操作后出错，却不释放占用的资源。

进入"任务管理器"中的"进程"选项卡，可以看到哪个程序占用了大量内存或 CPU 资源，例如在图 2-17 中，ccc.exe（ATI 公司出品的 ATI 显卡控制中心的一个程序）占用内存较多的资源，它不是必须的程序，可以关闭它。方法是选择此进程，单击"结束进程"按钮，就可以强制结束所选进程和由它直接或间接创建的所有进程。

要注意的是，在关闭进程之前，要清楚该进程的作用，不能随意关闭进程。如果把某些系统默认的进程关闭了，就会使某些程序运行异常，甚至导致整个系统的崩溃。一般来说，带有"system"字样的都是系统需要的进程，不要随意关闭。

2.3.4　文档与应用程序关联

文档与应用程序关联指的是为某类文档指定一个相对应的应用程序，要打开文档时通过此应用程序打开。当某类文档与一个应用程序相关联后，只要双击该类文档，就可以启动与其相关联的应用程序。例如，可以把扩展名为.txt 文档与"记事本"程序相关联，这样，当双击.txt 文档时，系统会自动启动"记事本"程序，再用它打开该文档。

一般情况下文档与应用程序的关联是由 Windows 系统自动创建和管理的，大多数应用程序在安装过程中会将支持的文档类型进行注册。在"我的电脑"或资源管理器中选择"工具"/"文件夹选项"命令，打开"文件类型"选项卡，在"已注册的文件类型"列表中显示了所有已经注册的文件类型，如.docx（与 Word 程序关联）、.xlsx（与 Excel 程序关联）.rtf（与"写字板"程序关联）等。如果需要，用户还可以新建一种新的文件类型、修改已注册的文件类型。

2.4　文件的管理

文件管理是任何操作系统的基本功能之一。文件的管理包括查看、查找、复制、移动、删除等操作。Windows 7 主要通过"计算机"和资源管理器来管理文件和文件夹。

2.4.1　文件和文件夹的概念

用户在使用计算机时会遇到各种信息，为了便于这些信息在计算机中的存储和使用，Windows 7 通过文件和文件夹对它们进行组织。

2.4.1.1　文件及其特性

文件是存储在外存储器（如磁盘）上的相关信息的集合。通常，这些信息最初是在内存中建立的，然后以用户给予的名称转存在磁盘上，以便长期保存。文件的物理存储介质通常是磁盘，光盘也逐步成为常规的存储介质。文件的基本属性包括文件名、（存储容量）大小、类型、创建和修改时间等。文件具有以下特性。

（1）可识别。每个文件都有自己的"文件名"，以便与其他文件相区别。对一个文件所有的操作（如复制、改名、删除等）都是通过文件名进行的。

（2）内容多样。在文件中可以存放文档，如用户编辑的文章、信件、图形等，也可以存放用计算机语言编写的程序，还可以什么都没有（空文件）。

（3）可寻址。文件在硬盘、光盘和网络中有其确定的位置（地址）。在使用过程中，需要指定文件的路径来确定文件的位置。

（4）可复制。文件可以从一张磁盘复制到另一张磁盘，或者从一台计算机上复制到另一台计算机上，可以任意复制无数次而内容不变。

（5）可传输。文件可以通过网络从一个地方传输到另一个地方，也可通过存储设备带到任何地方去。

（6）可修改。文件不是固定不变的，它的内容、名称可以被修改，甚至完全删除。

2.4.1.2 文件的命名及类型

1. 文件名

一个磁盘可以存放许多文件，为了区分它们，对于每一个文件，都必须给它们取名字（即文件名）。当存取某一个文件时，只要在命令中指定其文件名，而不必记住它存储的物理位置，就可以把它存入或取出，实现"按名字存取"。

文件名由主文件名和扩展名两部分组成，它们之间以小数点分隔。格式为：

〈主文件名〉[.〈扩展名〉]

例如文件 abc.txt，其中 abc 是主文件名，.txt 是扩展名。

主文件名是文件的主要标记，而扩展名则用于表示文件的类型。Windows 7 规定，主文件名是必须有的，而扩展名是可选的，不是必须有的。

在 Windows 7 中，文件名命名要遵守以下规则。

（1）文件名最多可达 255 个字符，其中包含驱动器和完整路径信息。

（2）文件名中可以包含有空格。例如：

My first file.docx

这是一个合法的文件名。

（3）文件名中不能包含以下字符：

\ / : * ? " < > |

（4）允许使用多分隔符（即小数点）的名字。例如：

Report.BAS.WIN.docx

只有最后一个分隔符的后面部分（即.docx）才是扩展名。

（5）系统保留用户指定的文件名的大、小写格式，但大、小写没有区别。例如，REPORT.DOCX 与 report.docx 是等价的。

（6）可以使用汉字。例如，可以把一个试题文件命名为"2010 学年第 1 学期试题.docx"。

说明：虽然文件名可以由用户任意指定，但最好选用能反映文件含义且便于记忆的名字，如 gzgl.exe（工资管理程序），个人简历.docx 等。

2. 文件类型

在 Windows 7 中，根据文件存储内容的不同，文件可分为许多不同的类型。文件类型不同时，其显示的图标及描述也不同。常用的文件类型及对应扩展名如下：

位图文件（.bmp）	配置设置文件（.ini）
命令（可执行程序）文件（.com）	MIDI 音乐文件（.mid）
动态链接库文件（.dll）	PowerPoint 演示文稿文件（.pptx）
Word 文档文件（.docx）	系统文件（.sys）
应用程序文件（.exe）	文本文件（.txt）
系统字体文件（.fon）	Excel 工作簿文件（.xlsx）
帮助文件（.hlp）	声音文件（.wav）
Web 页文件（.htm 或.html）	图元文件（.wmf）

3. 文件名通配符

Windows 7 操作系统规定了两个通配符，即问号"？"和星号"*"。当用户查找（搜索）文件或文件夹时，可以使用它们来代替一个或多个字符。其含义如下：

？——代替所在位置上的任一字符

*——代替从所在位置开始的任意一串字符

例如，P?.exe 表示主文件名由两个字符组成，前一个为字符 P，后一个为任意字符，而扩展名为.exe 的一组文件；FILE_1.*表示主文件名为 FILE_1，而扩展名为任意的一组文件；*my*.*表示主文件名中含有 my 的一组文件。

2.4.1.3　文件的命名及类型

1. 文件夹

在 Windows 7 中，使用文件夹对文件进行组织和管理。磁盘中可以存放很多文件，例如，一个大容量的硬盘可以容纳成千上万个文件。为了便于管理，可以把文件存放在不同的"文件夹"中。一个文件夹既可以存放文件，又可以存放其他的文件夹（或称子文件夹）；同样，子文件夹也可以存放文件和下属子文件夹。因此，Windows 7 的文件组织结构是分层次的，即树形结构。

图 2-19 所示是某个 C 盘的文件结构，其根文件夹（也称根目录，记为 C:\）下有 2 个子文件夹 D1，D2 和 1 个文件 t4.txt，D1 子文件夹下有子文件夹 D11 和文件 t1.txt，D11 子文件夹下又有文件 s1.docx 和 s2.docx。D2 子文件夹下又有文件 t2.txt 和 t3.txt。这种文件结构就像棵倒置的树，树根（根目录）在上，子文件夹相当于树枝（还可以"生"出树枝和树叶），而文件相当于树叶（不能"生"出树枝和树叶）。图 2-19 中右图是人们通常采用的表示形式。

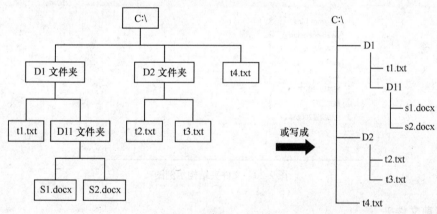

图 2-19　树形文件结构

引入文件夹后，不同的用户可以使用不同的文件夹，这样既便于自己使用，又可防止他人无意中的破坏。即使是个人独用一个磁盘，也可以将不同种类的文件置于不同文件夹下。

（1）每个磁盘都有一个根文件夹，它类似于 DOS 中的根目录。根文件夹用"\"表示，C 盘的根文件夹就表示为"C:\"。根文件夹是在磁盘格式化时自动建立的，而其他一般的文件夹则是由用户按需要来建立的。

（2）文件夹的命名规则与文件名相同，习惯上文件夹名不采用扩展名，如 D1，D2，D11 等。使用中，用户可通过有关命令来创建文件夹，也可进行相应的复制、移动、更名、删除等操作。

（3）在 Windows 7 中，不在同一文件夹下的子文件夹或文件可以同名，但在同一文件夹下不允许有相同的子文件夹名和文件名。

2. 文件的位置（路径）

为了访问一个文件，需要知道这个文件的位置，即它处在哪个磁盘的哪个文件夹中，文件的位置又称为文件的路径。路径是操作系统描述文件位置的一条通路，一个完整的路径包括盘符（或驱动器号），后面是要找到该文件所顺序经过的全部文件夹。文件夹之间用"\"隔开。

盘符用一个英文字母和后随一个冒号"："来表示。软盘一般表示为 A:，硬盘表示为 C:，如果有多于一个硬盘，或硬盘中又有分区（由软件划分），则依次表示为 D:，E:等，光盘编号一般是编排在硬盘符的后面。在图 2-7 中，列出了各个磁盘及其盘符的情况（其中 G:表示光盘）。

例如，"资源管理器"程序文件 Explorer.exe 存放在 C 盘的 Windows 文件夹下，它的路径就是：C:\ Windows\Explorer.exe。又如，图 2-19 所示，文件 s1.docx 的路径是 C:\D1\D11\s1.docx，而文件 t4.txt 的路径是 C:\t4.txt。再如，在图 2-20 所示的文件夹结构中，子文件夹"vb6.0"的路径是 e:\程序设计语言\vb6.0。如果要查找子文件夹"vb6.0"，则查找过程是：先从"计算机"中查找并定位到 E:\，接着查找到"程序设计语言"文件夹，就可以找到文件夹"vb6.0"了。

图 2-20　文件夹结构示例图

3. 当前文件夹

当前文件夹，简单地说，就是当前所在的文件夹。Windows 7 能够记住当前盘，也能记住每个盘上的当前文件夹（或称缺省文件夹）。处理当前文件夹下的文件，可以不指定文件位置。例如，上面提到的文件 s1.docx，如果当前文件夹为 C:\D1\D11，则存取该文件时，只需指定文件名 s1.docx 就行了。

2.4.2　资源管理器

Windows 中的文件与文件夹操作主要是通过"资源管理器"来完成的。资源管理器是 Windows 操作系统中主要的文件管理工具之一，用户可以使用这个工具来对计算机中的文件和文件夹进行管理。资源管理器以分层的方式显示计算机内所有文件的详细图表。使用资源管理器可以更方便地实现浏览、查看、移动和复制文件或文件夹等操作，用户可以不必打开多个窗口，而只在一个窗口中就可以浏览所有的磁盘和文件夹。相对传统的资源管理器来说，Windows 7 的资源管理器具有许多实用的新特性。

1. 资源管理器的启动

启动资源管理器的方法很多，常用的有以下几种。

（1）单击"开始"按钮，选择"所有程序"，从级联菜单中选择"附件"中的"Windows 资源管理器"。

（2）右击"开始"按钮，从快捷菜单中选择"Windows 资源管理器"。

（3）单击任务栏左侧"快速启动"栏中的"Windows 资源管理器"快捷按钮。

启动后，就可以进入资源管理器窗口。

2. 资源管理器的窗口

资源管理器在工作区中设置了双窗格。左窗格也称结构窗格，其中分类显示出收藏夹、库、家庭组、计算机等选项，用户根据需要进行选择；右窗格也称内容窗格，用于显示左窗格所选中选项的内容。资源管理器可以在一个窗口内同时显示出当前文件夹所处的层次及其存放的内容，结构清晰。

通过拖动工作区中间的分隔线可以改变两个窗格的显示大小比例。

3. 查看磁盘文件

（1）基本方法。在资源管理器窗口中，要查看一个文件夹或磁盘的内容，可在左窗格中单击图标；也可以通过双击右窗格中指定文件夹或磁盘来显示其中内容。

如果被选定的某个文件夹有上一级文件夹，则单击工具栏中的"返回"按钮，即可把上一级文件夹确定为当前文件夹并显示其中的内容。

（2）显示格式。资源管理器的右窗格有 8 种显示格式。通过菜单栏上的"查看"命令，或选用"工具栏"上的"查看"按钮的下拉列表选项，可以设置一种文件（或文件夹）显示格式。

（3）排列顺序。要使右窗格中的内容按一定的次序进行排列，可通过"查看"/"排列方式"命令来实现。

2.4.3　文件及文件夹的基本操作

1. 创建文件夹

利用资源管理器来建立子文件夹，首先要确定在哪个盘的哪个文件夹下建立，然后通过有关命令来建立新文件夹。操作步骤如下：

① 打开要新建子文件夹的文件夹或磁盘；

② 选择"文件"/"新建"命令，再选择"新建"级联菜单中的"文件夹"选项，即会出现一个新建的文件夹，其名称被系统暂定为"新建文件夹"，并等待用户键入正式的名称；

③ 键入新文件夹的名称并按回车键，则可将新建的"新建文件夹"更名为用户自己需要的名称。

也可以单击工具栏上"新建文件夹"按钮来创建文件夹。

说明：如果开始打开的是一个磁盘，则新文件夹将建立在该盘的根文件夹下。

2. 选定文件和文件夹

在进行文件和文件夹的复制、移动、删除等操作之前，通常需要选定要操作的对象（一个或多个的文件或文件夹），即"先选定后操作"。被选定的对象将以反白形式显示。具体操作方法如下。

（1）选定一个文件或文件夹。单击要选用的文件或文件夹（即单击其图标）。对于键盘操作，可先把光标移到工作区（可通过按 Tab 键来达到），再按箭头（←，→，↑或↓）来选择。

（2）选定多个相连的文件或文件夹。先单击所要选定的第一个文件或文件夹，再将指针指向最后一个文件或文件夹，然后按住 Shift 键的同时单击鼠标左键。对于键盘操作，可先把光标移到要选定的内容的开始位置，再按住 Shift 键不放和连续按下↓键（↑，←，→，PgDn，PgUp 等键）。按 Ctrl + A 键可以选定当前文件夹下的所有文件和文件夹。

（3）选定多个不连续的文件和文件夹。先单击第一个文件或文件夹，再在按住 Ctrl 键的同时单击下一个文件或文件夹。按照此法依次选定，最后松开 Ctrl 键。注意，在单击下一个文件或文件夹时，如不按住 Ctrl 键，则只选定下一个文件或文件夹，原有的选定内容全部取消。

（4）拖放鼠标选定文件和文件夹。如果所要选定文件和文件夹是连续的，除了采用上面介绍的方法外，也可以使用鼠标拖放拖出一个虚线框，直接将选定的内容框起来，如图 2-21 所示。

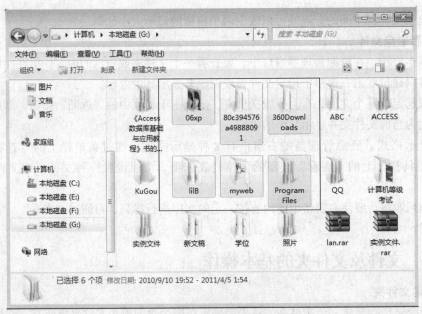

图 2-21　使用鼠标进行框选

（5）取消选定的内容。这里所指的取消，只是不选定而已，并非把内容删除掉。被取消选定的内容，将以正常形式显示。操作方法：将鼠标指针指向窗口工作区的空白处，单击左键。

3. 复制文件和文件夹

在资源管理器中，可以利用窗口菜单命令、工具栏"复制"命令、"发送到"命令以及鼠标拖放等方法来复制文件或文件夹。

（1）利用"发送到"命令复制文件和文件夹

在资源管理器窗口中选定要复制的文件，把鼠标指针移到已选定的文件上，右击鼠标，此时弹出如图 2-22 所示的快捷菜单。从快捷菜单中选择"发送到"选项，再从其级联菜单中选择目标位置（如"文档"），此时系统会按要求进行复制工作。

采用这种方法，只能把文件复制到特定的位置，如优盘、文档文件夹等。

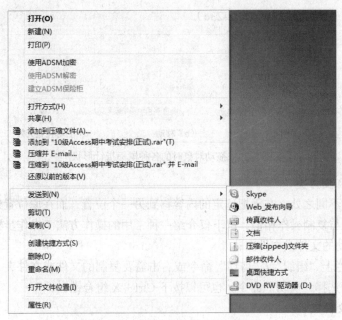

图 2-22　右击文件弹出的快捷菜单

（2）利用工具栏"复制"命令复制文件和文件夹

利用工具栏"复制"命令复制文件和文件夹操作步骤如下：

① 选定要复制的文件或文件夹；

② 选择工具栏上"组织"/"复制"命令或右击需要复制的文件或文件夹，在弹出的快捷菜单（见图 2-22）中选择"复制"命令，也可以按下 Ctrl + C 组合键；

③ 打开目标文件夹；

④ 选择工具栏上"组织"/"粘贴"命令或者在目标文件夹空白处右击鼠标，在弹出的快捷菜单中选择"粘贴"命令，也可以按下 Ctrl + V 组合键。

（3）拖放式复制文件和文件夹

拖放式复制文件和文件夹操作步骤如下：

① 选定要复制的文件和文件夹，然后打开目标文件夹；

② 按住"Ctrl"键的同时，把所选定的文件和文件夹使用鼠标左键（按住鼠标左键不放）拖动到目标文件夹即可。

说明：（1）采用鼠标拖放操作来复制或移动文件，往往需要控制键配合（见表 2-1）。为了便于统一记忆，也可用固定的操作方法：凡是复制操作，均在按住 Ctrl 键的同时拖放；凡是移动操作，均在按住 Shift 键的同时拖放。

表 2-1　　　　　　　　　　　　　　　　拖放操作中使用控制键

	复制文件	移动文件
在同一盘中进行	Ctrl + 拖放	拖放或 Shift + 拖放
在不同盘中进行	Ctrl + 拖放或拖放	Shift + 拖放

（2）拖放操作中用户可根据鼠标指针形状来判断当前进行的是复制还是移动操作。当指针形状中含有"+"号时是复制操作（见图 2-23a），含有"→"时为移动操作（见图 2-23b），含有禁

止符号时表示无效的目标位置（见图 2-23c）。

（a）复制　　　　　　　（b）移动　　　　　　（c）目标位置无效

图 2-23　拖动对象时的各种鼠标指针形状

4. 移动文件和文件夹

移动与复制的不同之处，在于把选定的内容移到另一个位置，而在原位置处不再保留原有内容。移动操作方法与复制操作相似，以下仅介绍一种常用的操作方法。操作步骤如下：

① 选定要移动的文件或文件夹；

② 选择工具栏上"组织"/"剪切"命令或右击需要复制的文件或文件夹，在弹出的快捷菜单（见图 2-22）中选择"剪切"命令，也可以按下 Ctrl + X 组合键；

③ 打开目标文件夹；

④ 选择工具栏上"组织"/"粘贴"命令或者在目标文件夹空白处右击鼠标，在弹出的快捷菜单中选择"粘贴"命令，也可以按下 Ctrl + V 组合键。

5. 重命名文件或文件夹

为文件或文件名改名，常用的操作方法如下几种。

（1）右击要改名的文件或文件夹，在弹出的快捷菜单中选择"重命名"命令，修改名称后按回车（Enter）键确认。

（2）单击要改名的文件或文件夹，按 F2 键后修改名称，然后按回车（Enter）键确认。

（3）单击要改名的文件或文件夹，然后选择工具栏中的"组织"/"重命名"命令，修改名称后按回车（Enter）键确认。

注意：重命名文件时不要轻易修改文件的扩展名，以便使用正确的应用程序来打开。如果确实需要修改文件的扩展名（如 page1.txt 改为 page1.htm），则必须把文件的扩展名显示出来。有时候系统会隐藏已知文件类型的扩展名（Explorer.exe 显示为 Explorer）。将文件类型的扩展名都显示出来的操作是：在"计算机"或资源管理器窗口，选择"工具"/"文件夹选项"命令，从打开的"文件夹选项"对话框中选择"查看"选项卡，然后在"高级设置"列表框不勾选"隐藏已知文件类型的扩展名"即可。

6. 删除文件和文件夹

Windows 系统中的删除操作分为送入"回收站"的逻辑删除和物理删除（也称彻底删除）两种。送入"回收站"的文件或文件夹，需要时还可以恢复；而被执行了物理删除的文件或文件夹，则不能再被恢复。

（1）送入"回收站"的逻辑删除

先选定要删除的文件和文件夹，然后用以下方法之一将其删除。

① 按键盘上的 Delete 键进行删除。

② 选择工具栏上"组织"/"删除"命令，或选择"文件"菜单中的"删除"命令。

③ 右击选定对象，从快捷菜单中选择"删除"命令。

④ 用鼠标直接将它们拖至"回收站"。

采用上述方法把存放在硬盘上的文件或文件夹删除后，系统会把删除的内容存放到"回收站"。以后当需要时，用户可以执行"回收站"的"还原"命令把已被删除的文件或文件夹恢复。但注意，从优盘（或移动硬盘等）上删除的文件是不能恢复的，因为这些文件被删除后不会放入"回收站"。

（2）物理删除

物理删除是真正的删除，物理删除的文件或文件夹不可能再恢复过来。操作方法如下：

选定要删除的文件或文件夹，在用上述（1）送入"回收站"删除的几种方法进行删除操作的同时按下 Shift 键（如同时按下 Shift + Delete 组合键）。

（3）撤销删除

文件或文件夹被删除逻辑后，选择工具栏上的"组织"/"撤销"命令，或选择"编辑"/"撤销"命令，可以撤销刚刚进行的删除，恢复被删除的文件或文件夹。

对于刚刚进行的文件或文件夹的移动、改名等操作，也可以采用"撤销"操作，恢复被处理的文件或文件夹。

7. 查看文件或文件夹的属性

在 Windows 7 中，每个文件和文件夹都有各自的属性，属性信息包括文件或文件夹的名称、位置、大小、创建时间、只读、隐藏、存档等。要查看文件或文件夹的属性，操作步骤如下。

① 选定要查看文件属性的文件或文件夹。

② 选择工具栏上"组织"/"属性"命令，或菜单"文件"/"属性"命令，或右击选定对象，从快捷菜单中选择"属性"命令，系统弹出"属性"对话框。如文件 Notepad.exe，其"属性"对话框如图 2-24 所示。

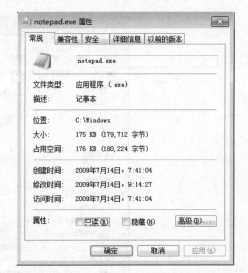

文件"属性"有 3 种：只读、隐藏、存档。其含义如下："只读"表示可以读取，但不允许对其修改和删除；"隐藏"表示一般情况下不能看到它和使用它；一般文件和文件夹的属性为"存档"，"存档"主要提供给某些备份程序使用，通常不需要用户设置。

③ 需要时用户还可对对话框中部分资料（如文件名、属性等）进行修改。例如，若选中了"只读"或"隐藏"复选框，可以使文件或文件夹具有对应的属性。

④ 单击"确定"按钮，确认退出。

图 2-24　文件 Notepad.exe 的"属性"对话框

8. 查找文件和文件夹

在实际操作中往往会遇到这种情况：你想使用某个文件或文件夹，但不知道该文件或文件夹的存放位置，此时可以利用"搜索"命令来查找。

要启动"搜索"命令，有以下两种常用方法。

● 单击"开始"按钮，打开"开始"菜单，在"搜索程序和文件"框中输入要查找的内容。

● 打开"计算机"或资源管理器窗口，在"搜索栏"框中输入要查找的文件或文件夹名称（允许使用通配符？和*）。

启动"搜索"后，系统就会自动开始搜索符合的内容，并显示在窗口下方的列表中，如图 2-25 所示，与搜索内容匹配的文字用黄色高亮突出显示。

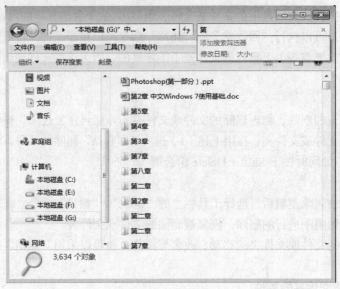

图 2-25　"搜索结果"窗口

为了更加精确地查找想要的内容，用户还可以在搜索时为搜索内容添加筛选器，如图 2-25 所示。在筛选器列表中显示了可以设置的额外的搜索条件，如"修改日期"、"大小"。单击"修改日期"则会在搜索框中添加"修改日期："文字，然后弹出一个日期列表，如图 2-26 所示，用户可以从中选择所需选项进行搜索。

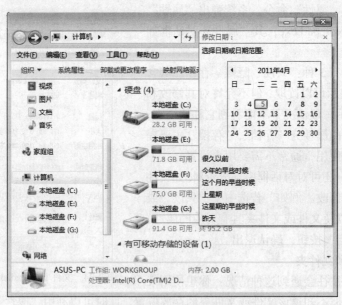

图 2-26　使用筛选器为搜索内容添加额外的限定条件

筛选器可以一次添加多个限定条件，方法是单击搜索框内部，在自动弹出的筛选器列表中单击限定条件，根据选择的条件类型不同，将弹出一个具体的条件列表供用户选择。如图 2-27 所示。

9．创建快捷方式

在"计算机"和资源管理器窗口中，用户可以在指定文件夹下为某一文件或文件夹创建快捷方式。创建快捷方式的操作步骤如下：

①　在"计算机"或资源管理器窗口中，选定要创建快捷方式的
文件或文件夹；

②　右击选定对象，在弹出的快捷菜单中选择"创建快捷方式"
命令，系统就会在当前路径中创建一个快捷方式图标；

③　将创建的快捷方式图标改名并将它移到目标文件夹中。

此外，用户也可以在桌面上为文件或文件夹创建快捷方式，操

图 2-27　添加多个搜索条件

作方法是：右击选定文件或文件夹，在弹出的快捷菜单中选择"发
送到"／"桌面快捷方式"命令，则在桌面创建了一个快捷方式图标，根据需要对其重命名即可。

10. 压缩文件夹

Windows 7 自带了压缩功能，可以对文件或文件夹进行压缩操作，压缩文件夹能够使文件所
占磁盘空间变小，以便腾出更多的磁盘空间。通过该功能，用户可以将一批文件或文件夹压缩为
一个 ZIP 格式文件（方便网上传送），需要时可以通过提取文件功能进行解压缩。

压缩文件夹的操作方法：先选定需要压缩的对象，右击选定对象中的任意一个，在弹出的快捷菜单
中选择"发送到"／"压缩（zipped）文件夹"命令，即可对选定的对象进行压缩并生成一个.zip 文件。

从压缩文件夹中提取文件的操作方法：右击压缩文件并选择"全部提取"命令，在弹出的对
话框中设置解压文件夹的位置（默认将文件解压缩到与压缩包相同的文件夹），然后单击"提取"
按钮，即可完成压缩文件的解压操作。

11. 库的操作

库是 Windows7 中新增的一个重要的特性和功能，可以把本地或局域网中的文件添加到库，
将文件收藏起来。库的功能：①汇总分布在计算机不同位置中的文件或文件夹，将它们集中存放
在库中，便于统一使用和管理；②汇总不同计算机中的数据，便于多个设备中数据的共享，即可
以在同一个窗口中查看多个设备中的数据。

Windows7 中默认已经创建了 4 个库，分别是：文档库、图片库、音乐库、视频库，如图 2-28 所示。

图 2-28　Windows7 中默认的 4 个库

打开"库"窗口的方法有以下两种。

（1）单击"开始"按钮，在弹出的"开始"菜单中选择"文档"。

（2）单击任务栏中"Windows 资源管理器"图标。

可以根据需要将常用文件夹添加到默认库中，也可以在库中创建自己的新库，以及对库进行删除等操作，还可以通过网络库访问其他主机上的共享文件夹。操作方法与创建文件夹类似。

2.5　磁盘的管理和维护

从某种意义上说，PC 最关键的硬件设备不是 CPU，也不是内存，而是磁盘。因为所有有用的程序和数据都是存储在磁盘上的，数据文件损坏所造成的损失远比 CPU、内存等硬件损坏造成的损失大，因此，磁盘的管理和维护是一件十分重要的工作。

在介绍具体操作之前，先说明几个基本概念。

（1）文件系统。目前使用的文件系统有 FAT、FAT32 和 NTFS 3 种。FAT（文件分配表）是早期采用的文件系统，只能管理较小的硬盘；FAT32 是对 FAT 的改善，可以管理较大的硬盘；NTFS 具有前两种文件系统的所有基本功能，并具有更好的磁盘压缩性能和安全性，能管理最大达 2TB 的大硬盘，支持多重启动等。所谓多重启动，是指在同一台机上安装有多操作系统（如 Windows 7 和 Windows XP），并允许用户选择要启动的操作系统。Windows 7 只支持 NTFS 文件系统。

（2）磁盘分区。在物理磁盘上，没有划分为分区的磁盘空间是不能使用的。磁盘分区就是将物理磁盘分割成几个部分，每一个部分可以单独使用，这些单独部分称为逻辑磁盘。例如，若在硬盘上建立 3 个分区，这 3 个磁盘分区分别是一个逻辑盘，各自占据物理硬盘的一部分。这 3 个逻辑盘通常的名称为 C，D，E 盘。

磁盘分区需要专门的程序，一般是在对一个全新的磁盘安装操作系统之前进行。

（3）格式化磁盘。硬盘被分区之后，必须对各分区分别进行格式化。格式化的目的是使硬盘具有可读/写数据的格式，并在格式化的磁盘上建立文件分配表（NTFS）和文件目录表，为存储文件做准备。在安装 Windows 7 时，用户可按照系统提示进行磁盘格式化，也可在安装了系统后再对有关分区进行格式化。用过的磁盘也可以格式化，此时将删除磁盘上原有的信息。

2.5.1　查看磁盘空间

在使用计算机过程中，掌握计算机的磁盘空间信息是非常必要的。如在安装比较大的软件时，首先要检查有没有足够的磁盘空间。查看磁盘空间的具体操作如下：打开"计算机"窗口，选择显示格式为"详细信息"，即可在右窗格中看到各磁盘驱动器的总存储容量（总大小）及可用空间。

另一种查看方法是：在"计算机"或资源管理器窗口中，右击要查看的驱动器，从快捷菜单中选择"属性"命令，打开"属性"对话框，从对话框中也可以查看到磁盘的容量、可用空间等信息，也可以对磁盘进行查错、备份等操作。

2.5.2　格式化磁盘

利用"计算机"或资源管理器可以对硬盘和可移动磁盘进行格式化操作。格式化磁盘的操作步骤如下：

① 插入要格式化的可移动磁盘，并打开资源管理器；

② 选中要进行格式化操作的可移动磁盘，或选定要格式化的某一磁盘分区（C 盘除外）；

③ 选择"文件"/"格式化"命令（或者右击选定对象，在弹出的快捷菜单中选择"格式化"命令），系统弹出"格式化磁盘"对话框；

④ 在对话框中，设置文件系统、分配单元大小、卷标及"格式化选项"等选项；

⑤ 单击"开始"按钮。

2.5.3　磁盘清理

在 Windows 工作过程中会产生许多临时文件，时间一长，这些临时文件会占据大量的磁盘空间，造成空间浪费。这些文件包括系统生成的临时文件、回收站内的文件，从 Internet 下载的文件等。为此，可利用 Windows 7 提供的"磁盘清理"程序进行清理，回收硬盘空间。"磁盘清理"程序命令设置在"附件"的"系统工具"中。

2.5.4　磁盘碎片整理

一般来说，在一个新磁盘中保存文件时，系统会使用连续的磁盘区域来保存文件内容。但是当以后用户修改文件内容时，由于删除内容所产生的空白区域可能放不下新增加的内容，所以系统只好将多出来的内容放到磁盘的其他区域中，当修改次数增多时，就会使文件的内容东一个西一个，位置不连续，这样的磁盘空间称为磁盘碎片。

大量的磁盘碎片会降低系统读写的速度。因为当系统读取位置可能相隔很远的不同簇时，必然改变磁头的位置，而磁头移动属于机械动作，速度相对比较慢，这就严重地影响了系统的总体性能。除此之外，大量的磁盘碎片还有可能导致文件链接错误、程序运行出错等。

"磁盘碎片整理程序"命令设置在"附件"的"系统工具"中，其作用是把整个磁盘空间重新排列，使得同一个文件和文件夹的所有簇都排列在连续的硬盘空间上，从而提高了磁盘的使用性能，在实际使用中，必须定期（一般每月一次）整理硬盘空间。

2.6　控　制　面　板

"控制面板"中包含了一系列的工具程序，如"系统"、"显示"、"程序和功能"、"文件夹选项"、"网络和共享中心"、"鼠标"等，用户利用它可以直观、方便地调整各种硬件和软件的设置，还可以用它安装或删除硬件和软件。单击"开始"按钮，从"开始"菜单中选择"控制面板"命令，即可打开"控制面板"，进入"控制面板"窗口。

2.6.1　显示属性

桌面显示属性设置是用户个性化工作环境最重要的体现。通过对桌面显示属性的设置，用户可以根据自己的爱好和需要选择美化桌面的背景图案，设置桌面背景、屏幕显示分辨率等。在"控制面板"窗口中双击"显示"图标，在打开"显示"对话框中按需要对"调整分辨率"、"调整亮度"、"调整 ClearType 文本"等选项进行设置。

还可以通过右击桌面空白处，从快捷菜单中选择"个性化"命令，在弹出的"个性化"对话框中对"桌面背景"、"窗口颜色"、"更改桌面图标"、"更改鼠标指针"等选项进行设置。

2.6.2　文件夹选项

在"控制面板"窗口中双击"文件夹选项"图标，或在"计算机"窗口单击"组织"/"文件夹和搜索选项"命令，弹出"文件夹选项"对话框，如图 2-29 和图 2-30 所示。用户可以通过"文件夹选项"对话框来设置文件夹的显示属性、规定打开文件夹的方式等。例如下面的设置。

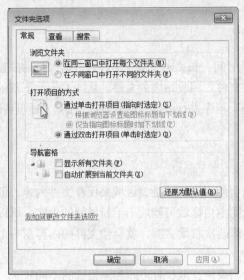 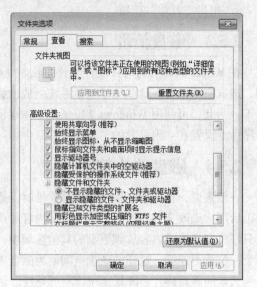

图 2-29　"常规"选项卡　　　　　图 2-30　"查看"选项卡

- 是否显示所有文件和文件夹，还是不显示隐藏的文件和文件夹：若选中"不显示隐藏的文件和文件夹"选项，则在"计算机"等窗口中不显示具有"隐藏"属性的文件。若选中"显示所有文件和文件夹"选项，则在"计算机"等窗口中将显示包括具有"隐藏"属性的所有文件。

- "隐藏已知文件类型的扩展名"：选中该项，在"计算机"等窗口中将不显示程序文件（.exe）、文本文件（.txt）等的扩展名，如 Explorer.exe 显示为 Explorer，mytxt.txt 显示为 mytxt。不选该项，将把这些文件的扩展名显示出来。

- 可以选择在打开所选文件夹内的文件夹时，是打开一个窗口还是层叠窗口。

2.6.3　设置任务栏

1. 改变任务栏的位置

Windows 7 任务栏的默认位置是桌面的底部，不过用户可以根据自己的操作习惯改变其位置，方法是：将鼠标指针指向任务栏的空白处，再按下左键并拖动到桌面的左端、右端或顶部，然后松开，就可以把任务栏移到这些地方。如果要恢复到默认位置，只要把它拖动到桌面底部即可。

2. 设置任务栏属性

在"控制面板"中双击"任务栏和[开始]菜单"图标，或右击任务栏空白处，在快捷菜单中选择"属性"命令，系统弹出"任务栏和[开始]菜单属性"对话框，选择"任务栏"选项卡，便可在对话框中设置任务栏有关属性，如"锁定任务栏"、"自动隐藏任务栏"、"屏幕上任务栏的位置"、"使用 Aero Peek 预览桌面"及通知区域显示的图标等。

3. 为"快速启动"栏增加选项

在默认情况下，"快速启动"栏上有 2 个选项（见图 2-4），用户也可以为该工具栏增加选项（如把 Word 2010 图标放入该栏中），操作方法是：从桌面、文件夹、"开始"菜单等处把指定对象拖放到"快速启动"栏。

要删除"快速启动"栏上选项，可选中该选项，用鼠标将其拖动到任务栏空白处，再关闭该选项即可。

2.6.4　查看系统设备

在"控制面板"窗口中双击"系统"图标，或右击桌面"计算机"图标，从快捷菜单中选择"属性"命令，系统打开"系统"对话框。

（1）查看计算机基本情况：在打开"系统"对话框中右窗格，列出了计算机安装的操作系统、CPU、内存，以及计算机名称、域和工作组设置的有关信息。

（2）查看系统设备：单击"系统"对话框左窗格中的"设备管理器"按钮，系统弹出"设备管理器"对话框。在对话框中，用户可以看到所有已经安装在系统中的硬件设备。

2.6.5　添加/删除程序

1. 安装程序

为了扩大计算机的功能，用户会安装各种各样的应用程序。目前大部分软件的安装都是智能化的，只需将安装光盘放到光驱中，安装程序即可自动运行，用户按照安装向导的提示一步步操作即可。

对于不能自动安装的软件，可以使用安装软件中的安装程序（如"setup"、"install"、"installer"、"installation"等）进行安装。

2. 删除程序

用户如果想删除不再使用的应用程序，通常情况下使用软件自带的卸载工具，或双击"控制面板"中"程序和功能"图标，在打开的窗口中选定要删除的程序，再单击窗口中的"卸载"按钮即可删除程序。

除此之外，还可以用一些专用的工具软件来卸载程序，如 360 安全卫士、优化大师等。

3. 添加 Windows 组件

Windows 7 在安装时就已经包含了大量的应用程序，但仍有部分组件需要用户自行安装。要添加 Windows 组件，可以在"程序和功能"窗口中单击左侧的"打开或关闭 Windows 功能"超链接，再在打开的"Windows 功能"对话框中勾选要添加的功能组件，单击"确定"按钮即可。

2.7　汉字输入法

在 Windows 7 系统安装时，已经预置了全拼、微软拼音、郑码、微软拼音 ABC 等输入法，用户也可以根据自己的需要安装其他输入法（如"五笔字形输入法"）。

1. 选用输入法

启动 Windows 7 后，默认的状态是英文输入状态，在任务栏的右侧会出现一个"语言栏"图标。单击"语言栏"上的"输入法"图标，弹出如图 2-31 所示的输入法菜单，从中选择一种需要的输入法。

也可以使用键盘切换输入法：

（1）按 Ctrl + <空格键>可以启动或关闭输入法；

（2）按 Ctrl + Shift 键可在英文或各种中文输入法之间进行切换。

2. 输入法状态

当选定一种汉字输入法后，系统就会弹出一个输入法状态栏。例如，微软拼音输入法的状态栏如图 2-32 所示。

图 2-31　输入法菜单

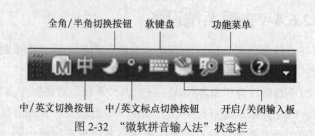

图 2-32　"微软拼音输入法"状态栏

在状态栏上有 6 个按钮，它们的作用如下。

（1）中/英文切换按钮。单击该按钮，可以在中文和英文输入法之间进行切换。

（2）全角/半角切换按钮。单击该按钮可以切换半角/全角输入状态。

说明：字符输入状态分半角和全角两种。在半角状态下，每个英文字母、数字等只占半个汉字位置（或 1 个字符位置）；而在全角状态下，任何字符都占一个汉字位置（即 2 个字符位置）。

只有英文字母及数字有全角和半角之分。例如："ABCD1234"为半角字符，而"Ａ Ｂ Ｃ Ｄ １ ２ ３ ４"为全角字符。

利用键盘也可以切换全角和半角状态，默认的组合键是 Shift + Space。

（3）中/英文标点切换按钮。单击该按钮，可以切换中文和英文标点符号的输入。

要利用键盘切换中/英文标点，默认的组合键是 Ctrl + .。

图 2-33 所示的是该状态栏的 3 种设置示例。

图 2-33　三种设置示例

中文标点符号与键位对照表见表 2-2。

表 2-2　　　　　　　　　　　　　中文标点符号与键位对照表

中文符号	键位	中文符号	键位	中文符号	键位
。（句号）	.	，（逗号）	,	〈《	<
？	?	！	!	〉》	>
（	(	—（破折号）	-	、	\
）	)	￥	$	：	:
……（省略号）	^	；（分号）	;	''	'
—（连接号）	&	""（双引号）	"	·（间隔号）	@

（4）"软键盘开关"按钮。右击"输入法状态栏"上的"软键盘开关"按钮，弹出一个快捷菜单，如图 2-34 所示。选择某一选项，即显示出相应符号的"软键盘"，单击软键盘上某一键，可取得相应符号。不用时再次单击"软键盘"按钮即可隐藏它。

（5）开启/关闭输入板。单击该按钮（见图 2-32），可打开"输入板—字典查询"对话框，用户可根据需要查找不会输入的汉字。

（6）功能菜单。单击该菜单，可打开如图 2-35 所示的功能菜单选项

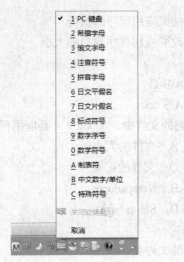

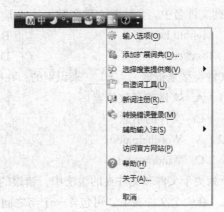

图 2-34　"软键盘"功能菜单　　　　　　图 2-35　"功能菜单"选项

习　题　2

一、单选题

1. 在 Windows 7 环境下，整个显示屏幕称为（　　　）。

　　A. 窗口　　　　　　　　B. 桌面　　　　　　C. 对话框　　　　　　D. 资源管理器

2. 为了正常退出 Windows 7，用户的操作是（　　　）。

　　A. 在任何时刻关掉计算机的电源

　　B. 单击"开始"菜单中的"关机"按钮

　　C. 在没有运行任何应用程序的情况下关掉计算机的电源

　　D. 在没有运行任何应用程序的情况下按 Ctrl + Alt + Del 组合键

3. 当机器出现"死机"时，应该最先考虑使用的操作方法是（　　　）。

　　A. 关闭电源，重新开机　　　　　　　　B. 按 Reset 键（主机箱面板上的一个按钮）

　　C. 按 Enter 键　　　　　　　　　　　　D. 按 Ctrl + Alt + Del 组合键

4. 当一个窗口已经最大化后，下列叙述中错误的是（　　　）。

　　A. 该窗口可以被关闭　　　　　　　　　B. 该窗口可以移动

　　C. 该窗口可以最小化　　　　　　　　　D. 该窗口可以还原

5. 将运行中的应用程序窗口最小化以后，应用程序（　　　）。

　　A. 还在继续运行　　　　　　　　　　　B. 停止运行

　　C. 被删除掉　　　　　　　　　　　　　D. 出错

6. 对话框外形和窗口差不多，（　　　）。

　　A. 也有菜单栏　　　　　　　　　　　　B. 也有标题栏

　　C. 也有最大化、最小化按钮　　　　　　D. 也允许用户改变其大小

7. 以下对话框元素中，只有（　　　）中能输入文本。

　　A. 文本框　　　　　B. 单选框　　　　　C. 复选框　　　　　D. 列表框

8. Windows 7 任务栏不可用于（　　　）。

  A. 启动应用程序   B. 结束应用程序的执行

  C. 切换当前应用程序窗口   D. 改变应用程序窗口的大小

9. 下列文件名中，合法的文件名是（ ）。

  A. Myhtml.html   B. A\B\C

  C. Text*.txt   D. A/S.docx

10. 文件类型是根据 ___(1)___ 来识别的；在所列的文件中，___(2)___ 是应用程序文件。

  （1）A. 文件的存放位置   B. 文件的大小

      C. 文件的用途   D. 文件的扩展名

  （2）A. Wordhelp.docx   B. Netepad.exe

      C. Windows.txt   D. Setup.bmp

11. 下列关于文件和文件夹的说法中，错误的是（ ）。

  A. 在一个文件夹下，可包含一个与之同名的文件夹

  B. 在一个文件夹下，不能存在两个同名的文件夹

  C. 文件夹下不能包含文件夹，但能包含其他文件

  D. 文件夹下可包含文件和文件夹

12. 用鼠标选定几个位置连续的文件的方法是（ ）。

  A. 用鼠标从第一个文件名开始拖动到最后一个文件名

  B. 单击第一个文件名后，按下 Shift 键的同时单击最后一个文件名

  C. 单击第一个文件名，再单击最后一个文件名

  D. 按住 Shift 键的同时，用鼠标从第一个文件名开始拖动到最后一个文件名

13. 在 Windows 7 中，如果进行了多次剪切或复制操作，则剪贴板中的内容是（ ）。

  A. 第一次剪切或复制的内容   B. 最后一次剪切或复制的内容

  C. 所有剪切或复制的内容   D. 什么内容也没有

14. "回收站"是（ ）的一块区域；剪贴板是（ ）的一块区域。

  A. 内存中   B. 光盘上   C. 硬盘上   D. CPU 中

15. 在 Windows 7 的"回收站"中，存放的是（ ）。

  A. 只能是硬盘上被删除的文件或文件夹

  B. 只能是优盘上被删除的文件或文件夹

  C. 可以是硬盘或优盘上被删除的文件或文件夹

  D. 可以是所有外存储器中被删除的文件或文件夹

16. 下列关于快捷方式的说法中，正确的是（ ）。

  A. 对象的快捷方式只能在桌面上创建

  B. 双击指定对象的快捷方式图标，便能打开它所"链接"的对象

  C. 在桌面上创建应用程序的快捷方式，就是把该程序文件从原位置移动到桌面

  D. 删除桌面上应用程序的快捷方式，则删除该程序文件

二、多选题

1. 要启动应用程序，正确的操作是（ ）。

  A. 双击应用程序的图标

  B. 双击应用程序的快捷方式图标

  C. 选定应用程序，再按回车键

D. 双击文档，即可启动该类文档所关联的应用程序

E. 选择"开始"/"运行"命令，在"运行"对话框中输入要启动的应用程序的路径及文件名，再确认

F. 右击应用程序的图标，再按回车键

G. 选定应用程序，再执行"打开"命令

2. 要关闭应用程序窗口可用（　　　）。

A. 单击"关闭"按钮 　　　　　B. 双击控制菜单按钮

C. 拖动滚动条 　　　　　　　D. 执行控制菜单中的"关闭"命令

E. 执行"文件"/"退出"命令 　F. 按下 Alt + F4 键

G. 执行控制菜单中的"还原"命令

3. 在已打开的多个应用程序之间进行切换，方法是（　　　）。

A. 使用 Alt + Tab 键 　　　　B. 使用 Alt + Esc 键

C. 使用 Ctrl + Tab 键 　　　　D. 使用 Win + Tab 键

E. 单击要切换到的应用程序窗口的任何部分

F. 单击任务栏上指定应用程序的任务按钮

4. 在资源管理器中，假设已选定某个文件，下列操作中能更改该文件名的是（　　　）。

A. 执行"文件"/"重命名"命令，再输入新文件名后按回车键

B. 再单击该文件图标，然后输入新文件名后按回车键

C. 再单击该文件名，然后输入新文件名后按回车键

D. 用鼠标右击该文件图标后，然后从快捷菜单中选择"重命名"命令，再输入新文件名后单击"确定"按钮

E. 直接输入新文件名后单击"确定"按钮

F. 按 F2 键后，再输入新文件名后按回车键

5. 在资源管理器中，当选定文件后，下列操作中能删除该文件的是（　　　）。

A. 在键盘上按 Delete 键

B. 在键盘上按 Shift + Delete 组合键

C. 在"文件"菜单中选择"删除"命令

D. 单击工具栏上"组织"按钮，在其下拉列表中选择"撤销"命令

E. 单击工具栏上"组织"按钮，在其下拉列表中选择"删除"命令

F. 用鼠标右击该文件，再从快捷菜单中选择"删除"命令

6. 在下列叙述中，正确的是（　　　）。

A. Windows 7 平时存储在磁盘中，因此它的启动和运行都是在磁盘上进行

B. Windows 7 中多任务是指一个应用程序可以完成多项任务

C. 应用程序在其运行期间，独占内存直至退出

D. 用户要想使用一个应用程序，首先要启动它

E. 由于计算机存储器具有记忆功能，因此所有的存储器都可以保存文件

F. 在同一个文件夹中不允许同时存在 my.docx 和 MY.DOCX 两个文件

7. 在下列叙述中，正确的是（　　　）。

A. 在资源管理器窗口中，左窗格显示的是所有已打开的文件夹

B. 双击标题栏，可使窗口最大化或还原

C. 对指定文件改名后，其文件的内容保持不变

D. 文件被删除并移入"回收站"后，就不再占用磁盘空间

E. 当优盘处于写保护状态时，不能改变优盘中文件的名称或删除其中文件

三、填空题

1. Windows 7 中大致有_____、_____、_____和_____ 4 类菜单。

2. 当任务栏被隐藏时，用户可以按_____键来打开"开始"菜单。

3. 应用程序窗口中工具栏上的每一个按钮都代表一个_____。

4. 文件名一般由_____和_____两部分构成，但_____是必选部分。

5. 在图 2-19 所示的文件结构中，文件 t2.txt 的路径是_____，文件 s2.docx 的路径是_____。

6. 在资源管理器窗口中，若已单击了第 1 个文件，再按住 Ctrl 键的同时单击了第 4 个和第 5 个文件，则有_____个文件被选定。

7. 在资源管理器窗口中，双击扩展名为.txt 的文件，将启动_____程序。

8. 若已选定了所有文件，如果要取消其中几个文件的选定，则应按住_____键的同时，再依次单击各个要取消选定的文件。

9. 在 Windows 7 中，用鼠标左键将一个文件夹拖动到同一个磁盘的另一个文件夹，系统执行的是_____操作。

10. 在 Windows 7 中，拖动鼠标执行复制操作时，拖动指针的箭头尾部带有_____号。

11. 如果在资源管理器窗口的底部没有状态栏，则添加状态栏的操作是：选择_____菜单中的"细节窗格"命令。

上机实验

实验 2-1　窗口及程序的基本操作

一、实验目的

（1）掌握程序的基本操作（启动、切换等）。

（2）掌握窗口的基本操作（打开、移动、最大化、最小化、关闭等）。

（3）掌握对话框的基本操作。

二、实验内容

1. 程序的使用及切换

① 打开"开始"菜单，选择"所有程序"/"附件"/"计算器"，即可启动"计算器"程序，进入"计算器"窗口。

② 计算 3 × 27/9 + 10-15 的值。

③ 从"查看"菜单中选择"程序员"命令，再分别把 193、32767 转换为十六进制。

④ 从"查看"菜单中选择"日期计算"命令，计算 2010 年 1 月至 2011 年 3 月的差值。

⑤ 按照上述①的方法，再分别启动"记事本"和"写字板"两个程序。

⑥ 程序的切换。采用 2.3.2 节介绍的方法，在打开的程序之间进行切换当前程序。

⑦ 按照 2.2.4 节介绍的方法，分别使这 3 个程序窗口按层叠和并排显示两种方式排列。

⑧ 关闭这 3 个程序窗口。

2. 窗口基本操作

① 在桌面上双击"计算机"图标，可进入"计算机"窗口。

② 单击窗口的"最大化/还原"按钮，稍后再单击该按钮一次，观察窗口有何变化。最后使该按钮处于"最大化"状态。

③ 把鼠标指针指向标题栏，再按下左键把它拖动到另一新位置。

④ 把鼠标指针移动到该窗口的边框或 4 个边角位置，当指针形状变成双向箭头时，拖动鼠标来改变窗口的大小。

⑤ 单击"最小化"按钮，可把"计算机"窗口缩小成图标，并置于任务栏上。在任务栏上单击"计算机"任务按钮，可在桌面上显示"计算机"窗口。

⑥ 单击"关闭"按钮来退出"计算机"。

3. 对话框基本操作

设置系统的日期及时间，例如，把当前日期改为 2010 年 1 月 1 日，当前时间改为 12:30:30，操作步骤如下：

① 把鼠标指针移到任务栏右侧的"时钟"按钮（见图 2-1），单击左键，系统将打开"日期时间"显示窗口，单击显示窗口中的"更改日期和时间设置…"按钮，弹出如图 2-36 所示的"日期和时间"对话框；

② 单击"日期和时间"对话框中的"更改日期和时间"按钮，弹出如图 2-37 所示的"日期和时间设置"对话框，在该对话框中进行相关设置即可。

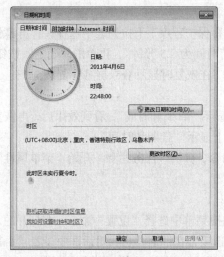

图 2-36 "日期和时间"对话框

图 2-37 "日期和时间设置"对话框

实验 2-2 桌面、显示器及任务栏的设置

一、实验目的

（1）掌握桌面、显示器及任务栏的设置方法。

（2）使用 Windows 的帮助系统。

二、实验内容

1. 重新排列桌面上的图标

在桌面空白处单击鼠标右键，系统弹出桌面的快捷菜单，在快捷菜单上选择"排序方式"选项，再在其级联菜单中选择选择"名称"、"大小"、"项目类型"和"修改日期"中的一种选项，对桌面上的图标进行重新排列。

在不选定"自动排列图标"情况下通过鼠标拖放可以移动桌面上图标的位置。

在桌面的快捷菜单中，选择"查看"选项，再在其级联菜单中选定"自动排列图标"选项，则可由系统自动排列图标位置。

2. 显示器的设置

（1）设置桌面主题

① 右击桌面空白处，在弹出的快捷菜单中选择"个性化"命令，弹出"个性化"窗口。

② 在该窗口中间的列表中可以看到许多主题方案，要求将桌面主题改为"风景"。Windows 7 操作系统使用的默认主题名为"Windows 7"。

（2）更换桌面背景

① 右击桌面空白处，在弹出的快捷菜单中选择"个性化"命令，弹出"个性化"窗口，单击底部的"桌面背景"超链接。

② 弹出"桌面背景"窗口，从列表框中勾选自己喜欢的多张图片（至少两张以上），设置"图片位置"选项为"填充"，"更换图片时间间隔"为 10 秒。

③ 单击"保存修改"按钮，完成设置后，以后每隔 10 秒，桌面背景将自动切换到下一张所选图片。

（3）设置屏幕保护

① 右击桌面空白处，在弹出的快捷菜单中选择"个性化"命令，弹出"个性化"窗口，单击底部的"屏幕保护程序"超链接。

② 弹出"屏幕保护程序设置"对话框。在"屏幕保护程序"下拉列表中选择一种屏幕保护程序，如选择"彩带"，在"等待"文本框中设置等待时间为"5 分钟"，再单击"确定"按钮。

如果希望用密码保护屏幕保护程序，可以选中"在恢复时显示登录屏幕"复选框。

3. 任务栏的设置

（1）先设置任务栏为自动隐藏和不在任务栏上显示"日期和时间"，看到效果后，再恢复原来的设置状态（即设置任务栏为正常显示和在任务栏上显示"日期和时间"）。

【提示】在任务栏的快捷菜单中选择"属性"命令，弹出"任务栏和『开始』菜单属性"对话框，再进行设置。

（2）隐藏或显示任务栏上的"输入法指示器"。

【提示】右击任务栏上的"语言栏"图标，在快捷菜单中选择"设置"命令，在打开的"文本服务和输入语言"对话框中，单击"语言栏"标签选项，在"语言栏"对话框中设置"语言栏"为"隐藏"即可隐藏语言栏，设置为"停靠于任务栏"则可在任务栏上显示语言栏。

4. 使用 Windows 的帮助系统

在桌面按 F1 键，或通过打开"计算机"，执行"帮助"/"查看帮助"命令，打开"Windows 帮助和支持"窗口。用户可以根据自己的需要在搜索栏中输入要帮助的关键字，即可获取所需的帮助信息。

实验 2-3　使用资源管理器

一、实验目的

掌握"资源管理器"的使用。

二、实验内容

（1）在桌面上双击"计算机"图标，以此来启动"计算机"。

（2）查看本机的磁盘空间信息，了解各磁盘驱动器的总存储容量（总大小）及可用空间。

【提示】以"详细信息"的显示方式。

（3）在"计算机"窗口中查看系统盘（通常为 C 盘）中的内容，要求如下。

① 分别采用"大图标"、"小图标"、"列表"、"详细信息"、"平铺"和"内容"等 6 种显示格式来查看内容。

【提示】在工具栏上单击"更换您的视图"按钮，从下拉列表中选择所需显示方式。

② 改换排列顺序，先按"大小"，后按"项目类型"，再按"名称"来显示内容。

【提示】选择"查看"/"排序方式"命令，从其级联菜单中选择一种选项。

（4）隐藏和显示已知文件类型的扩展名

【提示】选择"工具"/"文件夹选项"，或者选择"组织"/"文件夹和搜索选项"，打开"文件夹选项"对话框，再选择"查看"选项卡，然后在"高级设置"中不选定"隐藏已知文件类型的扩展名"，单击"确定"按钮后查看"我的文档"文件夹中文件名显示情况。重复上述操作步骤，选定"隐藏已知文件类型的扩展名"，单击"确定"按钮后再查看系统文件夹中文件名显示情况。

（5）进入系统文件夹（通常为 c:\Windows），查找"记事本"程序文件 Notepad.exe（或只显示 Notepad）。

（6）查看"记事本"程序文件属性。

（7）启动"记事本"程序（双击），然后退出该程序窗口中。

（8）使用"资源管理器"，在 Windows 系统文件夹下查找资源管理器程序文件 Explorer.exe，然后在桌面上创建资源管理器的快捷方式，快捷方式名为"我的资源管理器"。使用该快捷方式启动资源管理器。

（9）在资源管理器窗口中，浏览文件夹及其内容。

【提示】在左窗格内单击某一文件夹，则在右窗格内会显示该文件夹的内容。

（10）采用以下两种方法来分别查看"我的文档"文件夹中的内容：①在左窗格中选择"库"/"文档"/"我的文档"，再以"列表"方式查看其中的内容；②查找"我的文档"文件夹（通常处于 C:\用户\用户名\我的文档），找到后采用"详细信息"方式查看该文件夹中的内容。

实验 2–4　文件的管理和操作

一、实验目的

（1）掌握文件、文件夹的常用操作，如进行文件及文件夹的创建、复制、移动、删除、重命名和快捷方式等操作。

（2）掌握查找文件及文件夹的方法。

二、实验内容

1. 创建文件夹和文件

（1）使用"资源管理器"，在用户文件夹下建立如图 2-38 所示的文件夹结构。

（2）选择"开始"/"所有程序"/"附件"/"记事本"命令，启动"记事本"程序，在"记事本"窗口的工作区中输入以下 5 行内容：

英文符号：\ ^ $ " .

中文符号：、…… ￥ "。

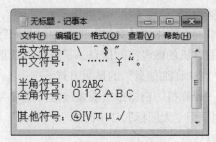

图 2-38　要建立的文件夹　　　　　　图 2-39　"记事本"窗口

半角符号：012ABC

全角符号：０１２ＡＢＣ

其他符号：④Ⅳπμ√

如图 2-39 所示。其中：①中、英文符号选自表 2.2，通过键盘直接输入；②其他符号通过"软键盘"输入，符号④Ⅳ为数学序号，πμ为希腊字母，√为数学符号。

输入完毕，把输入内容以 mytxt.txt 为文件名，保存在"第 2 章\ dira\txt1"文件夹下。然后关闭"记事本"窗口。

2.　文件和文件夹的创建、复制、删除等

（1）使用菜单命令（或工具栏的命令按钮）中的"复制"和"粘贴"命令，把上述生成的文件 mytxt.txt 复制到"第 2 章"文件夹下。

（2）使用快捷键 Ctrl + C 和 Ctrl + V，把上述的文件 mytxt.txt 复制到"第 2 章\dira\txt2"文件夹下。

（3）采用拖放方法，把"第 2 章\dira\txt1"文件夹下的文件 mytxt.txt 移动到"第 2 章\dirb\dat1"文件夹下。

（4）删除"第 2 章"\dira 文件夹下的子文件夹 txt1。

（5）把"第 2 章"文件夹下的 mytxt.txt 文件改名为 mybas.bas(把扩展名.txt 改成.bas)。

【提示】若无显示文件的扩展名，可通过"文件夹选项"对话框进行设置。

（6）查看"第 2 章\dirb\dat1"文件夹下的文件 mytxt.txt 的属性，并把它设置为"只读"和"隐藏"。

（7）在"第 2 章\dirb"文件夹下建立"记事本"程序的快捷方式，快捷方式名为"记事本快捷方式"。

3.　查找文件

（1）打开"计算机"窗口，并选择"C:\Windows"文件夹，在"搜索"栏中输入要搜索的文件名为"??nt*.exe"，搜索符合条件的文件和文件夹。搜索完成后，将搜索内容以"详细信息"显示，再从搜索到的文件中找出一个容量最小的文件，把它复制到用户文件夹下的"第 2 章"文件夹中。

（2）在上述搜索条件的基础上，单击"添加搜索筛选器"列表中的"大小"搜索条件，再在打出的"大小"列表选项中选择"小（10-100KB）"，然后进行搜索。搜索完成后，选择"文件"/"保存搜索"命令（或单击工具栏上"保存搜索"按钮），把搜索条件以"至少 100KB.fnd"为文件名，保存在用户文件夹下的"第 2 章"文件夹中。

4.　拷贝图形

使用剪贴板的命令（见 2.2.7 节），把"个性化"对话框及桌面背景以图形方式拷贝下来，并分别保存在 Word 文档中，文件名为"显示属性对话框.docx"和"桌面背景.docx"，保存位置为用户文件夹下的"第 2 章"文件夹中。

【提示】复制"个性化"对话框的操作步骤：打开"个性化"对话框后，按 Alt + PrintScreen(有的键盘显示为 Prt Sc)组合键，可将当前对话框以图形方式拷贝到剪贴板上，然后启动 Word 程序，执行"粘贴"命令，把剪贴板上的内容复制到 Word 空白文档中，再以指定的文件名保存该文档。

拷贝桌面背景的操作方法：单击任务栏最右侧的"显示桌面"按钮，可将当前桌面上打开的窗口最小化，然后按 PrintScreen 键，再采用类似于保存"显示属性"对话框图形的操作，把桌面背景图形保存起来。

第3章
文字处理软件 Word 2010

3.1 办公信息处理

办公信息处理系统又称为办公自动化系统（OAS）或办公自动化（OA），它以先进的办公设备、智能化的办公工具和管理软件、畅通的网络通信，达到充分利用信息、提高办公效率和质量的目的。

早期的 OA 实际上是办公室自动化，20 世纪中期以后，计算机被应用于办公信息和管理信息的加工和存储，使 OA 的内涵得到充实和扩展。随着网络和通信技术的发展和应用，办公信息的传输和交换能通过网络来实现，因而将办公室的概念进一步扩充，使人们可以忽略办公的地理位置。现阶段人们在极力推动办公手段现代化的同时，更强调在办公活动中有效地利用所获得的信息，这就形成了当前完整的办公信息系统的概念，即所谓办公自动化。

麻省理工学院的著名教授 Zisman 为办公自动化下过这样的定义："办公自动化是将计算机技术、通信技术、系统科学、行为科学应用于传统的数据处理的数量大而结构又不明确的业务活动的一项综合技术"。

现代办公所使用的信息形式很多，包括传统的文字、数字、表格、图表、图形、图像、声音、动画、视频剪辑等。进行办公信息处理，除了配备必要的办公设备，如计算机、打印机、扫描仪、摄像机等，还必须有软件的支持。办公自动化软件大致有 3 大类：用于常用的办公事务处理的办公集成软件，包括文字处理、表格处理、图形图像处理等工具软件；用于数据处理的数据库技术工具软件，如数据库管理系统（DBMS）；用于数据通信的通信软件，如电子邮件、视频会议、网络电话等。

现在有很多办公自动化软件，国内有红旗公司的红旗 Office、金山公司的 WPS，国外有微软公司的 Office、Lotus1-2-3 软件、SUN 公司的 Star Office 6.0 等。这些办公自动化软件一般都具有数据库处理、文字处理、电子表格、文稿演示、邮件管理和日程管理等功能。

微软公司的 Office 是目前影响最大、使用最广泛的办公自动化软件，它的用途几乎涵盖了办公室工作的各个方面。Office 由多个不同办公信息处理应用程序组件组成，这些应用程序组件的用户界面统一，功能强大，使用方法一致，数据交换途径多，各个应用程序之间还可以协同工作，以实现单个应用程序所无法完成的工作，例如，可以将 Word 中的文档、Excel 中的电子表格以及 Access 中的数据库合并成一篇演示文稿。利用 Office 及其所携带的工具，可以实现数据处理、文字处理和各种通信功能一体化，从而充分利用设备和人力，以最大限度地提高办公效率。

虽然 Office 组件越来越趋向于集成化，但各个组件仍有着比较明确的分工。表 3-1 所示列出了 Office 几个组件的名称和主要用途。

表 3-1　　　　　　　　　　　　　　　　Office 组件用途

组件名称	Office 组件用途
Word 2010	输入、编辑、排版、打印文字文档，进行文字（或文档）的处理，如公函、通知、报告等
Excel 2010	可以进行各种数据的处理、统计分析和辅助决策操作，处理需要计算的数据文档，如成绩表、财务预算表、数据统计报表等。广泛地应用于管理、统计财经、金融等领域
PowerPoint 2010	制作、编辑演示文稿，常用于讲座、产品展示等幻灯片制作，可有效帮助用户演讲、教学和产品演示等，更多的应用于企业和学校等
Access 2010	进行数据的收集、存储、处理等，实现数据管理
Outlook 2010	进行桌面信息管理，用来收发邮件、个人信息（管理联系人、记日记、安排日程、分配任务、备忘录）等
Sharepoint Designer 2010	用于构建和自定义在 Microsoft SharePoint Foundation 2010 和 Microsoft SharePoint Server 2010 上运行的网站。用户可以创建数据丰富的网页，构建支持工作流的强大解决方案，以及设计网站的外观

Office 2010 是微软公司推出的最新版本的办公软件，它在 Office 2007 版本的基础上增强了部分功能，提供了一些更强大的新功能，改进了 Ribbon（功能区）界面，带来了基于浏览器的 Word、Excel、PowerPoint 作为 Office 网络应用服务，可以轻松实现在线翻译、屏幕取词、抓图、背景处理等功能，让用户可以在办公室、家里或学校通过计算机、使用基于 Windows Mobile 的 Smartphone 或 Web 浏览器更高效地工作，让工作任务化繁为简，创造出高效率的工作成果。

下面分别介绍 Office 2010 的 3 个常用组件 Word，Excel 和 PowerPoint 的使用方法，组件 SharePoint Designer 2010 将在第 8 章介绍。

3.2　概　　述

文字处理是指利用计算机来编制各种文档，如文章、简历、信函、公文、报纸和书刊等，这是计算机在办公自动化方面一个重要的应用。要使计算机具有文字处理的能力，需要借助于一种专门的软件——文字处理软件，目前我国常用的文字处理软件有 Word，WPS，WordPerfect 等。

Word 2010（以下简称 Word）是微软公司推出的 Microsoft Office 套装软件中的一个组件。它利用 Windows 良好的图形用户界面，将文字处理和图表处理结合起来，实现了"所见即所得"（即在屏幕上见到的与用打印机输出的效果完全相同），易学易用，并设置 Web 工具等。Word 2010 与以往的老版本相比，文字和表格处理功能更强大，外观界面设计得更为美观，功能按钮的布局也更合理，还可以通过自定义外观界面、自定义默认模板、自定义保存格式等操作来进行更改。Word 2010 增添了不少新功能，如导航体验、为文本添加视觉效果新增的 SmartArt 图形图片布局、新增艺术效果、插入屏幕截图和利用增强的用户体验等完成更多工作等。

3.2.1　Word 的启动

在安装了 Office 套装软件后，可通过如下步骤启动 Word：单击"开始"按钮，从"开始"菜单中选择"所有程序"，再选择其级联菜单中的"Microsoft Word"选项，即可启动 Word。当然，还可以在桌面上建立 Word 的快捷方式，这样，就可以直接在桌面上双击 Word 图标来启动它。启动后，屏幕上显示 Word 窗口，如图 3-1 所示。

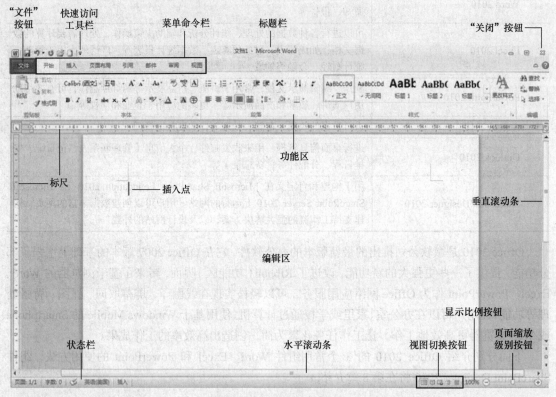

图 3-1　Word 2010 主窗口

3.2.2　Word 窗口

Word 窗口主要由以下几部分组成。

（1）快速访问工具栏。快速访问工具栏中包含部分按钮，代表 Word 最常用的一些命令。单击这些按钮可以快速执行该按钮命令。

（2）标题栏。标题栏位于窗口的最上方中间，用来显示应用程序名"Microsoft Word"和正在被编辑的文档名称。

（3）菜单命令栏。菜单命令栏位于快速访问工具栏的下方，其中包含 8 个菜单项，每个菜单项下对应一系列功能区按钮。

（4）功能区。包含用于在文档中工作的命令集，取代了经典菜单栏和工具栏的位置，用图标按钮代替了以往的文字命令。

（5）文档编辑区。这是 Word 窗口下半部分的一块区域，通常占据了窗口的绝大部分空间，主要用来放置 Word 文档。文档编辑区包括以下内容。

①　插入点：即当前光标位置，它是以一个闪烁的短竖线来表示的。插入点指示出文档中当前的字符插入位置。

②　选定栏：编辑区的左边有一个没有标记的栏，称为选定栏。利用它可以对文本内容进行大范围的选定。虽然它没有标记，但当鼠标指针处于该区域时，指针形状会由 I 形变成向右上方的箭头形↗。

（6）滚动条。通过移动滚动条，可以在编辑区显示文本各部分的内容。

（7）状态栏。用于提供编辑过程中的有关信息，包括：

①　当前所在的页码、字数、语言和插入/改写方式。

②　视图切换按钮。位于状态栏右下方，用来进行视图方式的切换，它们依次为"页面视图"、"阅读版本视图"、"Web 版式视图"、"大纲视图"和"草稿" 5 种视图方式。通常使用的是"页面视图"方式。

③　"页面缩放级别"按钮。拖动此按钮，可以调整页面显示比例的大小。

④　"显示比例"按钮。拖动显示比例按钮，可以完成页面显示比例大小的设置。

3.2.3　Word 退出

如果想退出 Word，可以选择"文件" / "退出"命令，或单击窗口右上角的"关闭"按钮。

在执行上述命令时，如果有关文档中的内容已经存盘，系统则立即退出 Word，并返回 Windows 操作状态；如果还有已被打开并作过修改的文档没有存盘，Word 就会弹出"是否保存"对话框，如果需要保存则单击"是"按钮，否则单击"否"按钮。

3.3　文档的创建、保存和打开

3.3.1　创建新文档

创建新文档方法有很多种，如可以通过访问桌面快捷图标、菜单命令、快速访问工具栏等。

1. 创建新文档

创建新文档的方式有如下 3 种。

（1）运行 Word 软件，打开后即为一个新文档。鼠标左键选择"开始" / "所有程序" / "Microsoft Office" / "Microsoft Word 2010"选项，系统将自动打开一个名为"文档 1"的空白文档（见图 3-1），并为其提供一种称为"空白文档"的文档格式（又称模板），其中包括一些简单的文档排版格式，如五号字、宋体等。如图 3-1 所示。

（2）打开一 Word 文档，选择"文件" / "新建"命令，再在右边的"可用模板"框中选择"空白文档"，即可创建名为"文档 1"的空白文档。

（3）打开一 Word 文档，单击"快速访问工具栏"中的"新建"按钮，可创建名为"文档 1"的空白文档。

2. 从模板创建文档

单击"文件"按钮，在展开的菜单中单击"新建"命令，再选择所需要的模板样式，然后再单击"创建"按钮即可。

此外，Office.com 中的模板网站为许多类型的文档提供了模板，如简历、求职信、商务计划、名片和 APA 论文等，操作步骤如下。

（1）单击"文件"选项卡。

（2）单击"新建"选项。

（3）在"可用模板"下，执行下列操作之一：

① 单击"可用模板"以选择提供的可用模板；

② 单击 Office.com 下的链接之一。如图 3-2 所示。

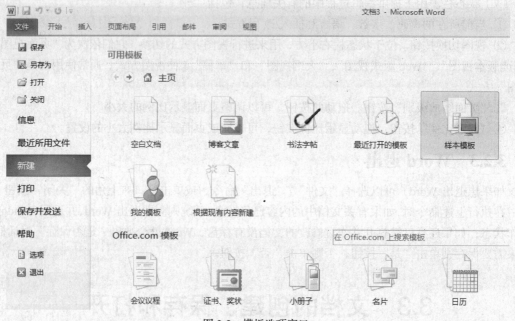

图 3-2　模板选项窗口

（4）双击所需模板。

3.3.2　输入文本

创建新文档或打开已有文档之后，就可以输入文本了。这里所指的文本，是数字、字母、符号、汉字等的组合。

（1）录入文本。在文档编辑窗口中有一个闪烁着的插入点，它表明可以由此开始插入文本。输入文本时，插入点从左向右移动，这样用户可以连续不断地输入文本。Word 会根据页面的大小自动换行，即当插入点移到行右边界时，再输入字符，插入点会移到下一行行首位置。

Word 还提供"即点即输"功能。在"页面"视图方式下，当把鼠标指针移到文档编辑区的任意位置上双击鼠标时，即可在该位置开始输入文本。

（2）要生成一个段落，可以按回车键，系统就会在行尾插入一个"↵"符号，称为"段落标记"符或"硬回车"，并将插入点移到新段落的首行处。

如果需要在同一段落内换行，可以按 Shift + Enter 键，系统就会在行尾插入一个"↓"符号，称为"人工分行"符或"软回车"。

要把"段落标记"符、"人工分行"符等显示出来，可单击"常用"工具栏上的"显示/隐藏编辑标记"按钮，或选择"视图"菜单中的"显示段落标记"命令。

（3）中/英文输入。输入英文时，可直接敲击键盘。输入汉字时，先要启用 Windows 7 提供的汉字输入法。

3.3.3　保存文档

文档录入或修改之后，屏幕上看到的内容只是保存在内存之中，一旦关机或关闭文档，都会使内存中的文档内容丢失。为了长期保存文档，需要把当前文档存盘。此外，为了防备在用机过程中突然断电、死锁等意外情况的发生而造成文档的丢失，还有必要在编辑过程中定时保存文档。

保存文档分为按原名保存（即"保存"）和换名保存（即"另存为"）两种方式，根据处理的对象，又有保存新文档和保存旧文档两种情况。

1. 保存新文档

要保存新文档，操作步骤如下。

① 单击"文件"按钮，在展开的菜单中单击"保存"或"另存为"命令，系统弹出如图 3-3 所示的对话框。

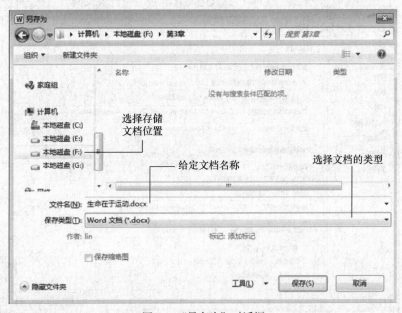

图 3-3　"另存为"对话框

② 在弹出的"另存为"对话框中，设置文件保存的位置，在"文件名"文本框中输入要保存的文件名。单击"保存类型"右侧三角形下拉箭头，在下拉列表中选择需要保存的文件类型。Word 文档的扩展名为.docx。

说明：在"保存类型"框中，Word 提供了多种文件格式，如.docm（启用宏的 Word 文档）、.doc（Word97～Word 2003 文档）、.dotx（Word 模板）、.TXT（文本文档）、.RTF（Rich Text ForMAT）、网页（.HTM 或.HTML）等，当用户按不同格式保存文档时，就实现了对文档格式的转换。例如，采用.HTM 格式保存，则把 Word 文档转换成网页格式。

"另存为"功能：用户对已有的文档进行编辑后，如果想要保存该文档并保留原来的文档，则可以使用"另存为"功能，即选择"文件"菜单中的"另存为"命令，然后设置文件名称和保存路径即可，文件名不能与原文件同名。

③ 单击"保存"按钮。

2．保存旧文档

要将已有文件名的文档（即通过"打开"命令打开的文档）存盘，有以下两种操作方法。

（1）若采用原文件名保存，则单击"文件"按钮，在展开的菜单中单击"保存"命令（或按 Ctrl + S 键）。

（2）若更换文件名保存，则单击"文件"按钮，在展开的菜单中单击"另存为"命令，系统右侧弹出"另存为"对话框，再按上述操作方法（要输入新文件名），即可改名保存当前文档内容。

3．设置保存选项

对于 Word 文档的保存，还可根据需要进行各种不同的特殊保存设置。设置方法：单击"文件"按钮，在展开的菜单中单击"选项"命令，打开"Word 选项"窗口，切换到"保存"选项卡，根据需要进行设置，如可以设置 Word 文件的保存格式，以及保存自动恢复信息时间间隔等，如图 3-4 所示。

图 3-4　"保存"选项对话框设置

3.3.4　关闭文档

在完成了一个 Word 文档的编辑工作后，即可关闭该文档。关闭文档有以下两种方法。

（1）使用菜单命令关闭文档。选择"文件"/"关闭"命令。

（2）使用控制按钮关闭文档。单击窗口右上角的"关闭"按钮。

如果用户对文档进行了修改，没有保存且直接关闭，则会弹出提示框，提示用户是否保存更改后的文档。单击"是"按钮，则对修改的内容进行保存并关闭该文档；如果单击"否"按钮，则不保存所做的修改并关闭该文档；如果单击"取消"按钮，则返回至文档中。

注意：Word 的退出与 Word 文档的关闭是两个不同的概念，"关闭" Word 文档指关闭已打开的文档，但不是退出 Word；而"退出" Word 则不仅关闭文档，还结束 Word 的运行。

3.3.5　打开文档

如果用户要对已保存在磁盘中的文档进行处理，那么就必须先打开这个文档。所谓打开文档，就是在 Word 编辑区中开辟一个文档窗口，把文档从磁盘读到内存，并显示在文档窗口中。

1. 使用"打开"命令打开文档

① 选择"文件"/"打开"命令（或单击快速访问工具栏中的"打开"按钮），系统弹出如图 3-5 所示的对话框。

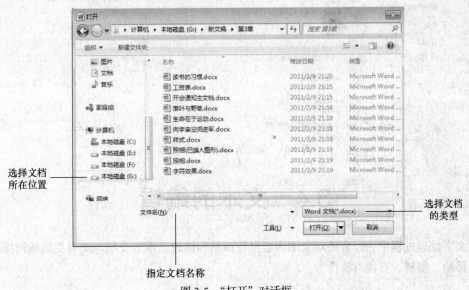

图 3-5　"打开"对话框

② 在"打开"对话框左侧窗格中指定要打开文档所在文件夹的位置，在"文件名"框中输入文件名，也可以直接在"文件名"框中输入要打开的文档文件的位置及文件名。文件类型可采用系统缺省的"所有 Word 文档"。若要打开其他类型文件，可单击"所有 Word 文档"右侧下拉箭头进行选择。

③ 单击"打开"按钮。

在"打开"对话框中打开文档的一种快速方法是，先在在"打开"对话框左侧窗格中指定要打开文档所在文件夹的位置，然后在文件列表框（中间部分）中查找所需的文档文件，找到后双击该文件图标即可。

2. 使用"文件"按钮中"最近所用文件"选项来打开最近使用过的文档

在"文件"菜单按钮下拉列表中的"最近所用文件"选项中，随时保存着最近使用过的若干个文档名称，如图 3-6 所示。用户可以从这个文档名列表中选择要打开的文档。操作方法是：单击"文件"按钮中的"最近所用文件"选项，即可见到最近使用过的若干文档名，再单击所需打开的文档名即可。如果所要打开的文档不在文档名列表中，则必须执行"打开"命令打开文档。

文档被打开后，其内容将显示在 Word 窗口的编辑区中，供用户进行编辑、排版、打印等。

在 Word 中允许先后打开多个文档，使其同时处于打开状态。凡是打开的文档，其文档按钮都会放在桌面的任务栏上，用户可单击文档按钮来切换当前文档。

图 3-6 "最近所用文件"列表框

3.4 文本的编辑

在文字处理过程中，经常要对文本内容进行调整和修改。本节介绍与此有关的编辑操作，如修改、移动、复制、查找与替换等。

3.4.1 基本编辑技术

1. 插入点的移动

在指定的位置进行修改、插入或删除等操作，就先要将插入点移到该位置，然后才能进行相应的操作。

（1）使用鼠标。如果在小范围内移动插入点，只要将鼠标的指针指向指定位置，然后单击。或利用滚动条内的上、下箭头，或拖动滚动块，也可以将显示位置迅速移动到文档的任何位置。

（2）使用键盘。使用键盘的操作键，也可以移动插入点，表 3-2 所示列出了各操作键及其功能情况。

表 3-2　　　　　　　　　　　　　　　移动插入点的操作键

操作键	功能	操作键	功能
←	左移一个字符	Ctrl + ←	右移一个词
→	右移一个字符	Ctrl + →	左移一个词
↑	上移一行	Ctrl + ↑	移至当前段段首
↓	下移一行	Ctrl + ↓	移至下段段首
Home	移至插入点所在行行头	Ctrl + Home	移至文档首
End	移至插入点所在行行尾	Ctrl + End	移至文档尾
PgUp	上移一屏	Ctrl + PgUp	移至当前页顶部
PgDn	下移一屏	Ctrl + PgDN	移至当前页下一页顶部

（3）使用“查找”按钮。用户可以使用“开始”功能区“编辑”组“查找”下拉列表中的“转到”命令，将插入点移动到文档较远的位置。

2．文本的修改

在录入文本过程中，经常会发生文本多打、打错或少打等，遇到这种情况时，可通过下列方法来解决。

（1）删除文本所用的操作键。

Delete　　删除插入点之后的一个字符（或汉字）

Backspace（退格键）　　删除插入点之前的一个字符（或汉字）

Ctrl + Delete　　删除插入点之后的一个词

Ctrl + <退格键>　　删除插入点之前的一个词

（2）插入文本的操作。插入文本必须在插入状态下进行。当状态栏只有“插入”标记时，表示当前是插入状态；当状态栏只有“改写”标记时，表示当前是改写状态。Word 默认状态为插入状态。可以通过按 Insert 键或双击状态栏中的“插入”按钮转换当前插入或改写状态。

当在插入状态下输入字符时，该字符就被插入到插入点的后面，而插入点右边的字符则向后移动，以便空出位置。

（3）改写文本的操作。在改写状态下，当输入字符时，该字符就会替换掉插入点右边的字符。

3．拆分和合并段落

（1）拆分段落。当需要将一个段落拆分为两个段落，即从段落某处开始另起一段时（实际上就是在指定处插入一个段落标记），操作方法如下：把插入点移到要分段处，按回车键。

（2）合并段落。当需要将两个段落合并成一个段落时（实际上就是删除分段处的段落标记），操作方法如下：把插入点移到分段处的段落标记上，按 Delete 键（或退格键）删除该段落标记，即完成段落合并。

3.4.2　文本的选定、复制、移动和删除

1．文本的选定

“先选定，后操作”是 Word 重要的工作方式。在 Word 中常常需要选择文本内容或段落内容进行操作时，首先应选定该部分，然后才能对这部分内容进行复制、移动和删除等编辑操作。给选定的文本作上标记，使其反白显示，这种操作称为“选定文本”。常见文本的选定情况有：自定义选择所需内容、选择一个词语、选择文本、选择段落文本、选择全部文本等。

（1）使用鼠标来选定文本。

① 选择所需文本。打开文档，将光标移至需要选定文本的前面，按住鼠标左键不放，并根据需要拖动鼠标至目标位置后释放鼠标，即可选定鼠标拖动时经过的文本内容。如图 3-7 所示。

例 3-1　如图 3-7 所示，选定所需文本“自从发明……照相了。”

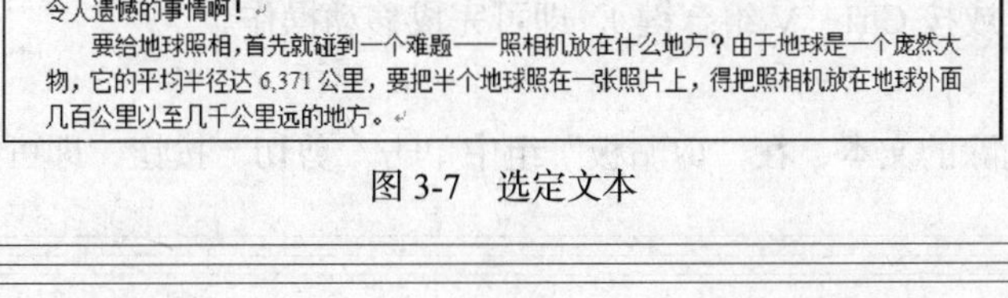

给地球照相

自从发明了望远镜和照相机，人类就能给太阳、星星和月亮照相了。但是，在很长一段历史时期里，人类却没有办法给自己居住的星球——地球照一张“全身像”。这是一件多么令人遗憾的事情啊！

要给地球照相，首先就碰到一个难题——照相机放在什么地方？由于地球是一个庞然大物，它的平均半径达 6,371 公里，要把半个地球照在一张照片上，得把照相机放在地球外面几百公里以至几千公里远的地方。

图 3-7　选定文本

② 选择一个词语。在需要选择的词语处双击鼠标，可以选定该词语，即选定双击鼠标处的词语。

③ 选择一行文本。除了使用拖动方法选择一行文本外，还可以将光标移至该行文本的左侧，当光标变成向右的白色箭头 ⁄ 时单击鼠标，即可选择此行文本。

④ 选择段落文本。方法一：在需要选择段落的任意位置处连续三击鼠标左键，即可选中该段文本。方法二：将光标移动至该段文本的前面，按住鼠标左键不放，拖动鼠标至该段文本的最后，释放鼠标即可选中该段落。

⑤ 选择多行文本。按住鼠标左键不放，沿着文本的左侧向下拖动至目标位置后释放鼠标，即可选中拖动时经过的多行文本。

⑥ 选择文档中所有文本。方法一：用鼠标拖动的方法从文档最前拖至文档最后；方法二：在"开始"选项卡下"编辑"组中单击"选择"按钮，在展开的下拉列表中选择"全选"按钮，即可选定所有文本；方法三：将光标移至文本左侧，当光标变成向右的白色箭头时连续三击鼠标左键即可。

（2）使用键盘选定文本。先将插入点移到所要选的文本之前，按住 Shift 键不放，再使用箭头键、PgDn 键、PgUp 键等来实现。按住 Ctrl + A 组合键可以选定整个文档。

（3）撤销选定的文本。要撤销选定的文本，只需单击编辑区中任一位置或按键盘上任一箭头键，就可以完成撤销操作，此时原选定的文本即恢复正常显示。

2. 复制文本

在 Word 中复制文本的基本做法是：先将已选定的文本复制到 Office 剪贴板上，再将其粘贴到文档的另一位置。

（1）选中需要复制的文本，选择"开始"命令，在展开的功能区"剪贴板"组中单击"复制"按钮（或按 Ctrl + C 组合键），如图 3-8 所示。

图 3-8 "剪贴板"组中的"复制"按钮

（2）粘贴文本。将鼠标定位至文档所需放置复制内容的位置处，单击"剪贴板"组中"粘贴"按钮（或按 Ctrl + V 键），即可完成复制操作。

复制文本可以"一对多"进行，即剪贴板中的剪贴内容可以任意多次地粘贴到文档中。

3. 移动文本

移动文本的操作步骤与复制文本基本相同。常用以下两种操作方法。

（1）打开文档，选中所需要移动的文本，将光标移至所选择文本中；当光标变成白色向左箭头形状时按住鼠标左键进行拖动，拖至目标位置后释放鼠标，即可完成文本移动。

（2）选中需要复制的文本，选择"开始"命令，在展开的功能区"剪贴板"组中单击"剪切"按钮（或按 Ctrl + X 组合键），再将鼠标定位至文档所需放置移动内容的位置处，单击"剪贴板"组中"粘贴"按钮（或按 Ctrl + V 组合键），即可完成移动操作。

4. 删除文本

（1）选中需要删除的文本，在"剪贴板"组中单击"剪切"按钮，即可完成文本删除。

（2）选中所需删除的文本，按下 Delete 键进行删除。

3.4.3　合并文档

在编辑文档的过程中，经常需要引入其他文档中的内容，即所谓的文档合并。合并文档常用以下两种方法。

（1）使用复制方法合并文档

分别打开需要编辑的文档（称为主文档）和提供内容的文档（称为被合并文档），从被合并文档中"复制"所需的内容，再"粘贴"到主文档中需要插入内容的位置。

（2）利用插入命令合并文档

在主文档中把插入点移到需要插入内容的位置，选择"插入"命令，在展开的功能区"文本"组中单击"对象"右侧下三角按钮，选择其下拉列表中"文件中的文字"命令，打开"插入文件"对话框，选择（或者输入）被合并文档的文件名，再单击"插入"命令即可。

3.4.4　查找与替换

用户可以对文档中需要改进和文本内容进行查找与替换，从而简化修订的工作。

1．查找文本

当一个文档很大时，要查找某些文本是很费时的，在这种情况下，用户可以用查找命令来快速搜索指定文本或特殊字符。查找到后，插入点将定位于被找到的文本位置上。操作步骤如下。

① 打开文档，将插入点定位于文档的开始位置处，选择"开始"命令，在展开的功能区"编辑"组中单击"查找"按钮右侧下拉箭头，在其下拉列表中选择"高级查找"选项。系统弹出如图 3-9 所示的对话框。

图 3-9　"查找和替换"对话框的"查找"选项卡

② 在"查找"选项卡的"查找内容"文本框中输入需要查找的文本，或者单击该框右侧的下拉箭头，从其下拉列表框（存放前面用来查找的一系列文本）中选择要查找的文本。

③ 如果对查找有更高的要求，可以单击对话框中的"更多"按钮，系统将在对话框中显示更多的选项，如"搜索"（包括"全部"、"向上"和"向下"）、"区分大小写"、"全字匹配"、"使用通配符"（通配符有？、*）、"同音（英文）"等，供用户选用。

④ 单击"查找下一处"按钮，即可开始在文档中查找。找到后，Word 将高亮显示查找到的文本。若要继续查找，可再次单击"查找下一处"按钮。

⑤ 结束查找时，单击"取消"按钮关闭对话框。

2．替换文本

如果需要替换当前查找的内容，则执行"替换"命令，就可以在当前文档中用新的文本替换指定文本。

例 3-2　在上述的"照相"文档（见图 3-7）中，把"照相机"全部替换成"照像机"。操作步骤如下：

①选择"开始"命令，在展开的功能区"编辑"组中单击"替换"按钮，系统弹出"查找和替换"对话框；

② 在"查找内容"框中输入要替换的内容"照相机"，在"替换为"框中输入要替换的内容"照像机"；

③ 单击"全部替换"按钮，系统即可实现将文档中的"照相机"一词全部替换为"照像机"；完成后系统显示出替换了多少处内容；

④ 在对话框中单击"关闭"按钮。

3. 查找与替换特殊字符

除了可以查找与替换文档中的文本内容外，还可以对文档中的特殊字符进行查找与替换。

在"查找和替换"对话框中单击"更多"按钮，然后从更多的选项中选择"特殊字符"，系统弹出"特殊格式"的特殊符号列表，供用户选择。其他操作与一般的查找与替换操作相同。

3.4.5　撤销与恢复

在编辑文档中，如果出现操作错误则可以运用撤销与恢复功能返回错误操作之前的状态。

1. 撤销

当执行上述删除、修改、复制、替换等操作后，有时会发现操作错误，需要取消上一步或上几步的操作，此时可以使用 Word 的"撤销"命令。操作方法是：单击快速访问工具栏上的"撤销"按钮，或按 Ctrl + Z 组合键。

例 3-3　若要撤销例 3-2 所进行的替换操作，可单击快速访问工具栏上的"撤销"按钮，此时可见全部"照像机"已被还原成"照相机"。

撤销命令可以多次执行，以便把所有的操作按从后往前的顺序一个一个地撤销。如果要撤销多项操作，可单击快速访问工具栏上的"撤销"按钮右侧的下拉箭头，打开其下拉列表框，再从中选择要撤销的多项操作。

2. 恢复

"恢复"用于被"撤销"的各种操作。操作方法是：单击快速访问工具栏中"恢复粘贴选项"按钮，或按 Ctrl + Y 组合键。

3.5　文档的排版

在完成文本录入和基本编辑之后，接下来就要对文档进行排版了。所谓排版，就是按照一定要求设置文档外观的一种操作。

在 Word 中的排版有 3 个层次：第一层次是对字符进行排版，也就是字符格式设置，也称字符格式化；第二层次是对段落进行编排，设置段落的一些属性，也称段落格式化；第三层次是页面设置，设置文档页面的外观等。

3.5.1　字符格式化

对字符格式化，包括选择字体、字号、字形、颜色、字距等。

1. 字体、字号和字形

字体是字符的一般形状，Word 提供的西文字体有 Arial、Times New Roman 等几十种字体，中文字体有宋体、仿宋、黑体、楷体、隶书、幼圆等 20 多种。字形包括常规、倾斜、加粗倾斜 4 种。字体的大小（字号）用来确定字符的高度和宽度，一般以"磅"或"号"为单位，1 磅为 1/72 英寸。字号从大到小分为若干级，例如小五号字与 9 磅字大小相当。对于列表框中没有的磅值，可以直接在"字号"框中填入（如 15，17 等），然后按 Enter 键确认。

一般情况下，创建新的文档时，Word 对字体、大小和字形的缺省设置分别为"宋体"、"五号"和"常规"。用户也可以根据需要对其重新设置。字符格式设置操作既可以用"开始"选项卡下的"字体"组中的有关选项来设置。

例 3-4 设置"照相"文档的标题文字格式，将字体、字形和字号分别设置为"楷体"、"加粗"和"小二"号。

方法一：使用"字体"对话框进行字符格式化，操作步骤如下。

① 打开文档，选中文档中需要进行字符格式化的文本并右击鼠标，在弹出的快捷菜单中单击"字体"命令；或选定文本，选择"开始"命令，在展开的功能区"字体"组中单击右下方"字体"对话框启动器。

② 弹出"字体"对话框，如图 3-10 所示。在"字体"选项卡下单击"中文字体"右侧下拉按钮，在展开的下拉列表中选择需要的字体，如"楷体"选项。

③ 在"字形"列表框中选择所需字形选项，如"加粗"等。在"字号"列表框中选择所需字号选项，如"小二"等。

④ 单击"确定"按钮。

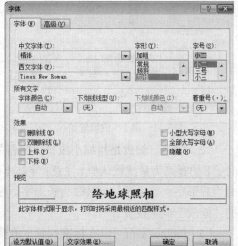

图 3-10 "字体"对话框

方法二：使用"开始"命令功能区下的"字体"组进行设置。操作步骤如下。

① 打开文档，选中文档中需要进行字符格式化的文本。

② 选择"开始"命令，在展开的功能区"字体"组中，单击"宋体"字体右侧下拉按钮，在展开的下拉列表中选择所需字体，如"楷体"。

③ 在"开始"命令功能区"字体"组中，单击"五号"字号右侧下拉按钮，在展开的下拉列表中选择所需字号，如"小二"。

④ 在"开始"命令功能区"字体"组中，单击"加粗"按钮（或按 Ctrl + B 键）。

2. 字符的修饰效果

使用图 3-10 所示的"字体"对话框，还可以为字符设置各种修饰的效果，包括下划线（有多种线型）、着重号、字体颜色、删除线、上标、下标等。

3. 字符的间距、缩放和位置

（1）间距。字符间距是指相邻两个字符之间的距离。

例 3-5 在例 3-4 的基础上，要求将标题的字符间距调整为加宽 2 磅。操作步骤如下。

① 选定标题文本。

② 选择"开始"命令，在展开的功能区"字体"组中，单击右下方"字体"对话框启动器，打开"字体"对话框。

③ 切换至"高级"选项卡下，单击"间距"下三角按钮，在展开的下拉列表中选择所需选项，在"间距"框中选择"加宽"，在"磅值"文本框中设置所需要的间距值，如"2 磅"，如图 3-11 所示；同时可在"预览"框中看到实际效果。

④ 单击"确定"按钮。执行效果如图 3-12 所示。

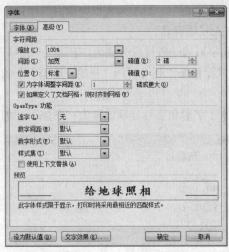

图 3-11　例 3-5 的设置情况　　　　　　图 3-12　例 3-5 的执行效果

（2）缩放。缩放是指缩小或扩大字符的宽、高的比值，用百分数来表示。当缩放值为 100% 时，字的宽高为系统默认值（注意：字体不同，字的宽高比默认值也不相同）。当缩放值大于 100% 时为扁形字，当小于 100% 时为长形字。字的缩放可以通过"字体"对话框的"高级"选项卡中的"缩放"框来设置。

（3）位置。字符可以在标准位置上升降，字符的位置升降可以通过"字体"对话框的"高级"选项卡中的"缩放"框来设置。

对字符格式化，除了上述介绍之外，还有其他格式设置，例如，给文本添加边框或底纹、插入水平线和设置文字动态效果（在"字体"对话框下方的"文字效果"中设置）等。

3.5.2　段落格式化

段落是文档中的自然段。输入文本时，每当按下回车键就形成了一个段落。每一个段落的最后都有一个段落标记（↵）。

段落格式化主要包括段落缩进、文本对齐方式、行间距及段间间距等。段落格式化操作只对插入点或选定文本所在的段落起作用。

1.　段落缩进

段落缩进是指段落中的文本到正文区左、右边界的距离，包括段落左缩进、右缩进和首行缩进，其操作步骤如下。

① 打开文档，选定文档中需要进行段落缩进处理的文本并右击鼠标，在弹出的快捷菜单中单击"段落"命令；或选定段落，选择"开始"命令，在展开的功能区"段落"组中，单击右下方"段落"对话框启动器。

② 在弹出的"段落"对话框"缩进和间距"选项卡下的"左侧"和"右侧"文本框中，设置段落左、右缩进的大小；在"特殊格式"下拉列表中选择"首行缩进"或"悬挂缩进"，并在其右边的"度量值"框中输入所需距离值，如图 3-13 所示。

③ 单击"确定"按钮。

2．对齐方式

段落对齐的方式通常有两端对齐、左对齐、居中、右对齐和分散对齐 5 种方式。分散对齐是使段落中各行的字符等距排列；对于纯中文的文本，两端对齐相当于左对齐。

（1）使用"开始"选项卡"段落"组按钮。操作步骤如下：

① 打开文档，将插入点定位于文档所需排版的段落处（或选定要进行对齐处理的段落）；

② 根据需要，在"开始"命令功能区下的"段落"组中单击所需选项，如"居中"按钮等。

（2）使用"段落"对话框。本操作方法与设置段落缩进相似，所不同的是本操作使用"段落"对话框的"对齐方式"框中有关选项。

图 3-13　"段落"对话框

例 3-6　如果要把图 3-12 所示的标题居中，可以先选定该段落，再单击"开始"选项卡下的"段落"组中的"居中"按钮，显示结果如图 3-14 所示。

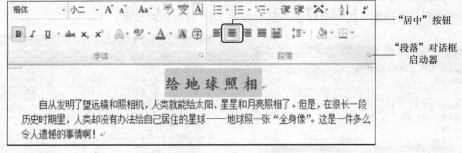

图 3-14　段落居中对齐

3．设置间距

设置间距包括段落中的行间距，以及本段落与前段（段前）、本段落与后段（段后）的间距的设置。

本操作方法与设置段落缩进相似，所不同的是本操作使用"段落"对话框的"间距"框中有关选项（包括"段前"、"段后"及"行距"）。

行距通常有单倍行距、1.5 倍行距、2 倍行距、最小值、固定值和多倍行距 5 种选择。

3.5.3　页面设置

在完成了文档中字符和段落格式化之后，有时还要对页面格式进行专门设置，诸如纸张大小、页边距、页码、页眉/页脚等。若从制作文档的角度来讲，设置页面格式应当先于编制文档，这样才利于文档编制过程中的版式安排。但由于创建一个新文档时，系统已经按照默认的格式（模板）设置了页面。例如，"空白文档"模板的默认页面格式为 A4 纸大小，上下页边距为 2.54cm，左右页边距为 3.18cm，每页有 44 行，每行 39 个汉字等，因此，在一般使用场合下，用户无需再进行页面设置。

纸张大小和页边距决定了正文区的大小。其关系如下：

正文区宽度 = 纸张宽度－左边距－右边距

正文区高度 = 纸张高度－上边距－下边距

1. 设置纸张大小

Word 支持多种规格纸张的打印，如果当前设置的纸张大小与所用打印纸的尺寸不符，可以按如下方法重新设置。

（1）使用"页面设置"对话框设置纸张大小。操作步骤如下：

① 打开文档，选择"页面布局"命令，在展开的功能区"页面设置"组中，单击右下方"页面设置"对话框启动器，系统弹出"页面设置"对话框；

② 切换至"纸张"选项卡标签，显示如图 3-15 所示的对话框；

③ 在"纸张大小"下拉列表框中选择所需要的一种纸张规格；

④ 单击"确定"按钮。

（2）使用"页面布局"选项卡"页面设置"组按钮设置纸张大小。

打开文档，选择"页面布局"命令，在展开的功能区"页面设置"组中，单击"纸张大小"按钮，在弹出的下拉列表框中选择所需要的一种纸张规格。

2. 设置页边距

页边距是指正文至纸张边缘的距离。在纸张大小确定以后，正文区的大小就由页边距来决定。

（1）使用"页面设置"对话框设置页边距。操作步骤如下：

① 打开文档，选择"页面布局"命令，在展开的功能区"页面设置"组中，单击右下方"页面设置"对话框启动器，系统弹出"页面设置"对话框；

② 切换至"页边距"选项卡标签，显示如图 3-16 所示的对话框；

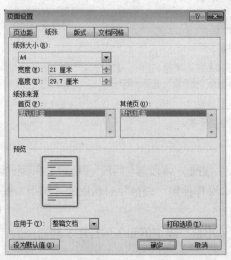 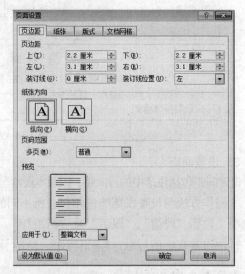

图 3-15 "页面设置"对话框的"纸张"选项卡　图 3-16 "页面设置"对话框的"页边距"选项卡

③ 在"页边距"选项中的上、下、左、右微调框中选择或键入合适的值；

④ 单击"确定"按钮。

（2）使用"页面布局"选项卡"页面设置"组按钮设置页边距。

打开文档，选择"页面布局"命令，在展开的功能区"页面设置"组中，单击"页边距"按钮，在弹出的下拉列表框中选择所需要的页边距规格。

在默认情况下，Word 将页边距设置应用于整篇文档。如果用户想对预先选定的部分（段落、节或页面）设置页边距，则按上述同样操作步骤，并在"页边距"选项卡中设置"应用于"为"所选文字"即可。

3．插入页码

输出多页文档时，往往需要插入页码。操作步骤如下：

① 打开文档，选择"插入"命令，在展开的功能区"页眉和页脚"组中，单击"页码"按钮，弹出如图 3-17 所示下拉列表。

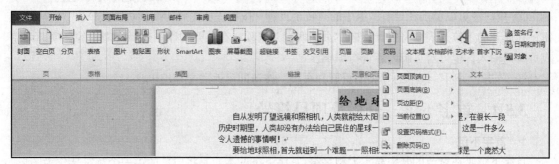

图 3-17 页码设置选项

② 在打开的"页码"下拉列表中选择页码所需放置的位置，如"页面底端"，并在其右侧显示的浏览库中选择所需的页码格式。

③ 如需设置页码格式，则单击"页码"下拉列表中"设置页码格式"按钮，然后在"页码格式"对话框中选择合适的页码格式，再单击"确定"按钮。

插入页码后，如果想删除它，可在打开的"页码"下拉列表中，单击"删除页码"按钮。

4．页眉和页脚

页眉和页脚是出现在每张打印页上部（页眉）和底部（页脚）的文本或图形。通常，页眉和页脚包含章节标题、页号等，也可以是用户录入的信息（包括图形）。它们只能在"页面视图"方式下显示出效果。

（1）格式设置。一般情况下，Word 在文档中的每一页显示相同的页眉和页脚。然而，用户也可以设置成首页打印一种页眉和页脚，而在其他页上打印不同的页眉和页脚，或者可以在奇数页上打印一种页眉和页脚，偶数页上打印另一种。操作步骤如下。

① 打开文档，选择"插入"命令，在展开的功能区"页眉和页脚"组中，单击"页眉"按钮，并在弹出的下拉列表中选择"编辑页眉"命令。

② 在"页眉和页脚工具"标签的"设计"选项"选项"组中，按需要选择"首页不同"和"奇偶页不同"复选框，如图 3-18 所示。

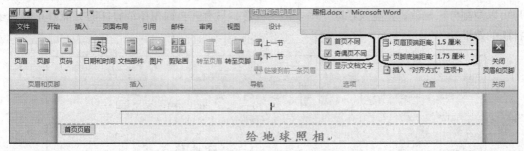

图 3-18 "页眉和页脚工具"中"设计"选项

③ 在"设计"选项"位置"组中，设置"页眉顶端距离"和"页脚底端距离"右侧微调框中的值，这两个值分别表示页眉（上边）到纸张上边缘的距离和页脚（下边）到纸张下边缘的距离。

④ 完成设置后，单击"关闭"组中的"关闭页眉和页脚"按钮即可返回文档编辑状态。

（2）内容设置。操作步骤如下。

① 如图 3-18 所示，在"页眉和页脚"组中单击"页眉"按钮，在展开的库中选择"空白"选项，此时页眉的区域被激活，在其中输入需要设置的页眉内容，并对其进行字体格式的设置即可。在"插入"组中，还包括"日期和时间"、"图片"和"剪贴画"等按钮，可帮助用户进行内容设置。

② 用户还可以单击"导航"组中的"转至页脚"按钮，从页眉切换到页脚。单击"页码"按钮，在展开的下拉列表中将指针指向"页面底端"选项，在展开的库中选择所需要的选项即可完成页脚的输入，也可对页脚内容进行编辑。

③ 单击"关闭"组中的"关闭页眉和页脚"按钮即可返回文档编辑状态。

3.5.4 首字下沉、分栏及项目符号

1. 首字下沉

首字下沉是在章节的开头显示大型字符。首字下沉的本质是将段落的第一个字符转化为图形。创建首字下沉后，可以像修改任何其他图形元素一样修改下沉的首字。

打开文档，将插入点定位于要设置首字下沉的段落中，选择"插入"命令，在展开的功能区"文本"组单击"首字下沉"按钮，然后再选择"首字下沉选项"选项，在弹出的"首字下沉"对话框的"位置"选项区域中显示了下沉和悬挂两种下沉方式，单击"下沉"选项，并在"字体"下拉列表中选择下沉文字字体，在"下沉行数"文本框中设置下沉的行数，单击"确定"按钮即可完成首字下沉设置。首字下沉的效果图如图 3-19 所示。

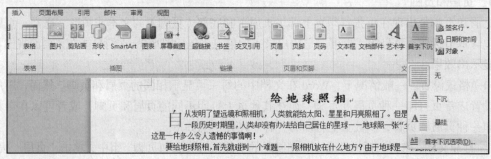

图 3-19 首字下沉效果图

2. 分栏

分栏通常应用在简讯、小册子和类似的文档中，如图 3-20 为三栏式文档的示例。在 Word 中，用户可以控制分栏栏数、栏宽及栏间距等。但要注意，只有在页面视图或打印时才能真正看到多栏排版的效果。

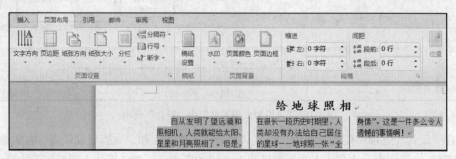

图 3-20 段落分栏效果图

打开文档，选定要分栏的段落，选择"页面布局"命令，在展开的功能区"页面设置"组中单击"分栏"按钮，在展开的下拉列表中选择所需要的分栏样式。也可以单击下拉列表中的"更多分栏"选项，在弹出的"分栏"对话框中进行具体设置，完成效果如图 3-20 所示。

3. 项目符号

为了提高文档的可读性，通常在文档的各段落之前添加项目符号或编号，图 3-21 所示的是两个示例。如果这些项目符号或编号是作为文本的内容来录入，那么既增加了用户输入工作量，且不易插入或删除。为此 Word 提供了自动建立项目符号或编号的功能。

（1）对已有的文本添加项目符号。操作步骤如下：

① 打开需要编辑的文档，并选定段落文本；

② 选择"开始"命令，在展开的功能区"段落"组中单击"项目符号"右侧下三角按钮，在打开的项目符号库中选择所需要的项目符号，完成后可以看到所编辑的文档段落前都添加了所选的项目符号。

（2）对已有的文本添加项目符号。操作步骤如下：

① 打开需要编辑的文档，并选定段落文本；

② 选择"开始"命令，在展开的功能区"段落"组中单击"编号"按钮右侧下三角按钮，在打开的编号库中选择所需要的编号样式，完成后可以看到所编辑的文档段落前都添加了所选的编号。

（3）自定义项目符号和编号。

在使用项目符号和编号功能时，除了可以使用系统自带的项目符号和编号样式外，还可以对项目符号和编号进行自定义设置。操作步骤如下。

① 打开文档，选定需要编辑的段落文本，在"段落"组中单击"项目符号"右侧下三角按钮，在打开的项目符号库中选择"定义新项目符号"选项。

② 弹出如图 3-22 所示的"定义新项目符号"对话框，单击"图片"按钮，选择自定义图片项目符号。

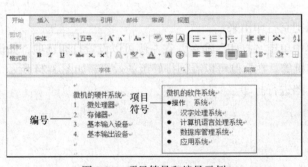

图 3-21　项目符号和编号示例

图 3-22　"定义新项目符号"对话框

③ 在弹出"图片项目符号"对话框中，选择新项目符号的样式，单击"确定"按钮，即可将所选图片作为项目符号插入到所选段落文本前。

④ 打开"定义新编号格式"对话框。在"段落"组中单击"编号"下三角按钮，在展开的编号库中选择"定义新编号格式"选项。

⑤ 在弹出"定义新编号格式"对话框的"编号样式"下拉列表框中选择所需要的样式，在"编号格式"文本框中设置编号格式，单击"确定"按钮，即可应用了自定义设置的编号格式。

3.5.5 封面设计

Word 提供了一个封面库，其中包含预先设计好的各种封面，可根据需要选择任一封面，无论光标在文档什么位置，都不影响封面插入在文档开始处的位置。

设置封面。操作步骤如下：

① 选择"插入"命令，在展开功能区"页"组中，单击"封面"按钮，如图 3-23 所示；

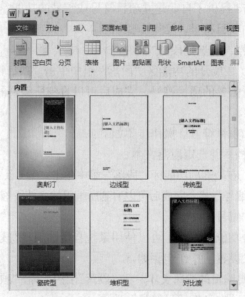

图 3-23　内置"封面"选项库

② 选择"封面"选项库中的封面布局；

③ 插入封面后，可以在封面标题和文本区域中输入自己所需内容，完成封面设计。

3.5.6 打印文档

完成文档的录入和排版后，就可以把它打印出来。

单击"文件"按钮，在展开的菜单中单击"打印"命令，在左侧可以设置打印选项，如设置打印文档的份数，选择需要使用的打印机等。在右侧可以看到排好版的效果，如图 3-24 所示。设置完成后，单击"打印"按钮即可对文档进行打印。

图 3-24　设置"打印"选项

3.6　文档格式的复制和套用

在文档的排版过程中，经常会遇到多处文本或段落具有相同格式的情况，有时还要编排许多页面格式基本相同的文档，为了减少重复的排版操作，保证格式的一致性，Word 提供了格式刷、样式和模板等工具，以便实现字符格式、段落格式及文档格式的复制和套用。

3.6.1　格式刷

当设置好某一文本块或段落的格式后，可以使用"开始"选项卡下"剪贴板"组中的"格式刷"按钮，将设置好的格式快速地复制到其他一些文本块或段落中。

1. 复制字符格式

要复制字符格式，操作步骤如下：

① 选定已经设置好格式的文本；

② 选择"开始"命令，在展开的功能区"剪贴板"组中，单击"格式刷"按钮，此时鼠标指针变成"刷子"形状 ⌁；

③ 把鼠标指针移到要排版的文本区域之前；

④ 按住鼠标左键，在要排版的文本区域拖动（即选定文本）；

⑤ 松开左键，可看到被拖过的文本也具有新的格式。

采用上述操作方法，只能将格式复制一次，如果要将格式连续复制到多个文本块，则应将上述第②步的单击操作改为双击操作（此时"格式刷"按钮变成按下状态），再分别选定多处文本块。完成后单击"格式刷"按钮，则可还原格式刷。

2. 复制段落格式

由于段落格式保存在段落标记中，可以只复制段落标记来复制该段落的格式。操作步骤如下：

① 选定含有复制格式的段落或选定该段落标记；

② 选择"开始"命令，在展开的功能区"剪贴板"组中，单击"格式刷"按钮，此时鼠标指针变成"刷子"形状；

③ 把鼠标指针拖过要排版的段落标记，以便将段落格式复制到该段落中。

3.6.2　样式

样式是用样式名表示的一组预先设置好的格式，如字符的字体、字形和大小，文本的对齐方式、行间距和段间距等。用户只要预先定义好所需的样式，以后就可以对选定的文本直接套用这种样式。如果修改了样式的格式，则文档中应用这种样式的段落或文本块将自动随之改变，如缩进、对齐方式、行间距等。

1. Word 内置样式

Word 内置了很多样式，如"标题"、"标题 2"、"标题 3"等，用户可以很容易地将它们应用在自己的文档编排中。操作步骤是：先选定要格式化的文本，再单击"开始"选项卡"样式"组中所显示的样式名，则所选定的文本将会按照选定的样式重新格式化。

2. 创建新样式

如果在 Word 内置样式中没有所需要的样式，用户可以自己创建新样式。

例 3-7 有一个学校通信录，现要求建立名称为"校名"的段落样式，样式中定义的格式为：幼圆字体、小四号、加粗、倾斜、蓝色和两端对齐。操作步骤如下：

① 选定某一校名（如"北京大学"）所在段落；

② 选择"开始"命令，在展开的功能区"样式"组中，单击右下方"样式"对话框启动器，系统弹出"样式"对话框；

③ 单击"样式"对话框下面的"新建样式"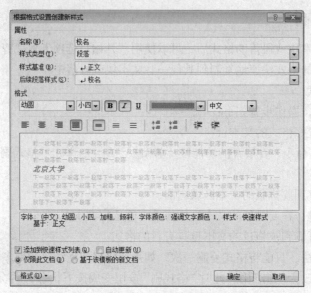按钮，弹出"根据格式设置新样式"对话框，根据要求设置"属性"、"格式"等项，如图 3-25 所示。

图 3-25 "根据格式设置创建新样式"对话框

④ 设置完成后，单击"确定"按钮关闭该对话框。

新样式建立后，会出现在"开始"命令功能区"样式"组中和"样式"对话框中，如图 3-26 所示。

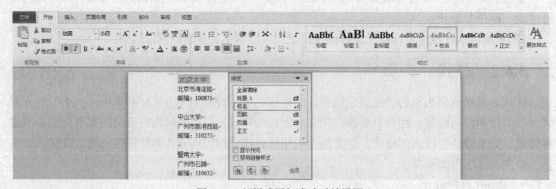

图 3-26 新样式添加成功后效果图

3. 应用样式

创建一个样式，实质上就是定义一个格式化的属性。可以应用它来对其他段落或文本块进行格式化。

例 3-8 利用已建立的"校名"样式，对文档中的其他校名进行格式化处理。操作步骤如下：

① 选定要处理的段落（如"中山大学"所在段落）；

② 选择"开始"命令，在展开的功能区"样式"组中，单击"校名"样式；或者选择"开始"按钮，在展开的功能区"样式"组中，单击右下方"样式"对话框启动器，在弹出的"样式"对话框中选择"校名"样式。

此时，被选定的段落就会自动按照样式中定义的属性进行格式化。再重复上述步骤，即可完成其他校名的格式化。编排后的效果如图 3-27 所示。

图 3-27　编排后的效果

4. 修改样式

在 Word 中，用户可以对系统提供的样式和自定义的样式进行修改。修改了样式后，所有套用该样式的文本块或段落将自动随之改变，以反映新的格式变化。

例 3-9　对图 3-27 所示的一批校名，添加下划线。操作步骤如下：

① 右键单击"开始"选项卡上"样式"组中要更改的样式（本例为"校名"样式），从快捷菜单中选择"修改"命令，系统弹出"修改样式"对话框；

② 单击"格式"按钮打开菜单，从中选择"字体"、"段落"等格式命令之一，均可打开一个对话框用以设置相应的样式格式；对于本例，可在"字体"对话框中设置"下划线"；

③ 单击"确定"按钮来确认所做的操作。

5. 删除样式

Word 不允许删除内置样式，但对于不再需要的自定义样式，可单击"开始"命令功能区中"样式"组右下方"样式"对话框启动器，右键单击打开的"样式"对话框中所要删除的样式名称，在弹出的快捷菜单中选择"删除"命令，即可删除自定义样式。

3.6.3　模板和向导

上面所介绍的样式，适合于设置文档中多个相同格式的文本块或段落。当编排具有相同格式的文档时，则要使用模板。

模板是一种用来产生相同类型文档的标准化格式文件，它包含了某一类文档的相同属性，可用作建立其他相同格式文档的模型或样板。事实上，每个 Word 文档都是基于某一种模板建立的。

Word 提供了不少常用的模板（又称内置模板），如会议议程、证书、奖状、名片、日历、小册子等，用户可以使用这些模板来快速创建文档。Word 提供的默认的模板为"空白文档"（即 Normal 模板）。模板文件的扩展名为.dotx。

除了使用系统提供的模板外，用户也可以创建自己的模板。创建新模板最常用的方法是利用文档来创建。以下举例说明。

例 3-10 建立一个名为"楷 2 文字模板"的新模板。其中包含楷体二号字体、加粗、蓝色的文字属性。操作步骤如下：

① 按照一般方法创建一个新文档，并设置字符格式为"楷体"、"二号"字、"加粗"和"蓝色"；

② 选择"文件" / "另保存"命令，系统弹出"另存为"对话框；

③ 在对话框中选择"保存类型"为"文档模板"，再输入新模板名"楷 2 文字模板"，然后单击"保存"按钮以保存模板。

当再次执行"文件" / "新建"命令时，在右侧"可用模板"中单击"根据现有内容新建"，即可在打开的对话框中看到刚创建的模板。如果需要，还可以利用它来生成具有相同文字属性的文档。

3.7 图 文 混 排

在 Word 中，可以插入多种格式的图形、艺术字以及文本框，实现图文混排。Word 还提供一个"绘图"工具栏，供用户制作各种所需的图形。

3.7.1 插入图片

1. 插入剪贴画

Word 在自带的剪辑库中提供了大量的图片，从花草到动物，从建筑物到风景名胜等，用户可以从中选择所需的图片，并插入到文档中。常用操作步骤如下：

① 打开文档，将插入点移到要插入图片的位置；

② 选择"插入"命令，在展开的功能区"插图"组中，单击"剪贴画"按钮；

③ 在右边出现的"剪贴画"任务窗格中单击"搜索"按钮，再单击所需的剪贴画，或者右键单击所需剪贴画，在弹出的快捷菜单中再单击"插入"按钮，即可将图片插入到指定位置。

图 3-28 所示为插入"天气"类别中"raining（下雨）"剪贴画的情况。

图 3-28 插入"raining（下雨）"剪贴画

2. 使用"屏幕截图"功能

"屏幕截图"是 Word 2010 新增内置功能，使用这个屏幕截图功能，可以随心所欲地将活动窗口截取为图片插入 Word 文档中。

（1）快速插入窗口截图

Word 的"屏幕截图"可以智能监视活动窗口（打开且没有最小化的窗口），可以很方便地截取活动窗口的图片插入正在编辑的文章中。操作步骤如下：

① 选择屏幕窗口；

② 选择"插入"命令，在展开的功能区"插图"组中，单击"屏幕截图"按钮，在打开的"可视窗口"库中选择当前打开的窗口缩略图，选择所需要的图片，Word 自动截取窗口图片并插入文档中，如图 3-29 所示。

图 3-29   可截取的活动窗口缩略图

（2）自定义屏幕截图

用 Word 写文章过程中，除了需要插入软件窗口截图，更多时候需要插入的是特定区域的屏幕截图，Word 的"屏幕截图"功能可以截取屏幕的任意区域插入文档中。操作步骤如下：

① 选择"插入"命令，在展开的功能区"插图"组中，单击"屏幕截图"按钮，并在打开的库中选择"屏幕剪辑"选项；

② 将光标定位在需要截取图片的开始位置按住鼠标左键进行拖动，拖至合适位置处释放鼠标即可完成自定义截取的图片。

3. 插入图形文件

在 Word 中，可以插入其他图形文件中的图片，如.bmp，.jpg，.gif 等类型。插入图形文件的操作步骤如下：

① 把插入点移到要插入图片的位置；

② 选择"插入"命令，在展开的功能区"插图"组中，单击"图片"按钮，系统弹出"插入图片"对话框；

③ 在对话框中选择要用的图形文件；作为示例，我们可以选择"插入图片"对话框图片库中的"示例图片"文件夹中的"菊花.jpg"；

④ 单击"插入"按钮。

4. 插入"自选图形"

Office 提供的"形状"包括的图形类型有：线条、基本形状、箭头总汇、流程图、标注、星与旗帜等。这些图形可以调整大小、旋转、着色以及组合成更复杂的图形。

选择"插入命令"，在展开的功能区"插图"组中单击"形状"按钮，打开"形状"下拉列表，再从列表中选择所需的一种形状图形。

选定所需的形状图形后，鼠标指针会变成十字形，把鼠标指针移到要插入图形的位置，按下左键拖动鼠标即可完成自选图形的绘制。

5. 利用剪贴板插入图片

用户可以利用剪贴板来"剪切"或"复制"其他应用程序制作的图片，然后"粘贴"到文档的指定位置。

3.7.2　图片格式设置

插入了图片之后，还可以对它进行格式设置，如设置文字环绕、缩放、剪裁、添加填充色和边框等。

1. 设置文字环绕方式

所谓文字环绕，是指图片周围的文字分布情况。在 Word 文档中插入图片有两种方式：嵌入式和浮动式。嵌入式直接将图片放置在文本中，可以随文本一起移动及设定格式，但图片本身无法自由移动；浮动式使图片被文字环绕，或者将图片衬于文字下方或浮于文字上方，图片能够在页面上自由移动，但当移动图片时会使周围文字的位置发生变化，甚至造成混乱。

Word 默认的插入图片方式为嵌入式，若要更改默认的文字环绕方式，操作步骤如下：

① 双击要修改的图片，此时在快速访问工具栏上出现"图片工具"选项；

② 单击"图片工具"的"格式"上下文选项卡，在"排列"组中单击"自动换行"按钮（或者右击图片，在快捷菜单中选择"自动换行"命令），在打开的下拉列表中选择所需选项，如"四周型环绕"，效果如图 3-30 所示。

图 3-30　"四周型环绕"效果

设置文字环绕方式后，Word 会自动将图片的"嵌入式"改为"浮动式"。

2. 移动图片

要移动浮动式图片，操作步骤如下：

① 选定要移动位置的图片；

② 把指针移至图片上方，当指针变成十字箭头形状按住鼠标左键进行拖动，拖至目标位置后释放鼠标，即可完成图片位置的移动。

3. 缩放图片

缩放图片的操作步骤如下：

① 打开文档，选中需要缩放的图片；

② 将指针移至图片 8 个控点中的任一个，当指针变成双向箭头形状时按住鼠标左键进行拖动。拖至目标大小后释放鼠标即可完成对图片的大小的改变。

如果要对图片大小作精确调整，可以单击"图片工具"的"格式"上下文选项卡，在"大小"组中"高度"和"宽度"框中输入具体数值即可。

4. 裁剪图片

当只需图片其中一部分时，可以把多余部分隐藏起来。操作步骤如下：

①选择需要裁剪的图片，切换至"图片工具"的"格式"上下文选项卡下；

②在"大小"组中单击"裁剪"下三角按钮，选择"裁剪"选项，拖动所选图片边缘出现的裁剪控制手柄至合适位置，释放鼠标并按下 Enter 键，完成图片的裁剪。

如果要恢复被裁剪掉的部分，只要按照上述操作步骤，并用鼠标在要恢复的部分向图片外部拖动即可。

5. 应用图片样式

Word 提供了图片样式，用户可以通过选择图片样式对图片进行设置，操作步骤如下：

① 选择图片并切换至"图片工具"的"格式"选项卡，单击"图片样式"组中的快翻按钮，在展开的库中选择"柔化边缘椭圆"样式；

② 应用该样式，完成效果如图 3-31 所示。

图 3-31 "柔化边缘椭圆"样式效果图

6. 调整图片效果

Word 为用户新增了图片效果功能，包括删除图片背景、重新设置图片颜色、为图片应用艺术效果等内容。

（1）删除图片背景

删除图片背景颜色的操作步骤如下：

① 选定要处理的图片；

② 切换至"图片工具"的"格式"上下文选项卡，在"调整"组中单击"删除背景"按钮。拖动图片中出现在保留区域的控制手柄，以调整要保留的区域。

③ 在"优化"组中单击"标记要保留的区域"按钮，在图片中单击鼠标标记保留区域，设置好保留区域后，按下 Enter 键完成对图片背景的删除。

（2）为图片应用艺术效果

Word 为用户提供了多种图片艺术效果，用户可以直接选择所需的艺术效果对图片进行调整，操作步骤如下：

① 选定要进行艺术效果设置的图片；

② 切换至"图片工具"的"格式"上下文选项卡，在"调整"组中单击"艺术效果"按钮，在展开的库中选择所需要的艺术效果即可完成图片艺术效果的应用。

7. 设置图片边框

设置图片边框的操作步骤如下：

① 右键单击要处理的图片，在打开的快捷菜单中选择"设置图片格式"命令；

② 在弹出的"设置图片格式"对话框中选择"线型"选项，并按要求对右侧的"线型"参数进行设置，如图 3-32 所示。

同样，还可对图片进行"阴影"、"线条颜色"、"三维格式"等格式设置。

8. 调整重叠图形的层次关系

插入到文档的多个浮动式图形对象可以重叠。重叠的对象就形成了重叠的层次，即上面的对象部分地遮盖了下面的对象。可以调整重叠对象之间的层次关系，操作步骤如下：

① 选定要调整层次关系的对象。如果该图形被遮盖在其他图形的下方，可以按 Tab 键向前循环选定；

② 右击鼠标，从快捷菜单中选择"置于顶层"或"置于底层"命令，再从其级联菜单中

图 3-32 "设置图片格式"对话框

选择"上移一层"、"浮于文字上方"或"下移一层"、"衬于文字下方"等选项。

9. 组合图形对象和取消组合

当需要对多个浮动式图形对象进行同种操作时，可将这多个对象组合在一起，以后把它们作为一个对象来使用。

（1）组合图形对象。选定要组合的图形对象（在按住 Shift 键的同时，分别单击要组合的图形对象）后，松开 Shift 键，在选定区域内右击鼠标，从快捷菜单中选择"组合"命令；或者在"排列"组中单击"组合"按钮，在展开的下拉列表中选择"组合"选项。

（2）取消组合。选定要取消组合的图形后，右击鼠标，从快捷菜单中选择"组合"命令，再从其级联菜单中选择"取消组合"命令即可完成取消选定图形的组合。

3.7.3 插入 SmartArt 图形

SmartArt 图形是信息和观点的视觉表示形式，是为文本设计的，通过从多种不同布局中进行选择来创建 SmartArt 图形，形象直观，能够快速、轻松、有效地传达信息。

1. 创建 SmartArt 图形

创建 SmartArt 图形，操作步骤如下。

① 打开文档，选择"插入"命令，在展开的功能区"插图"组中，单击 SmartArt 按钮。

② 弹出"选择 SmartArt 图形"对话框，切换至"循环"选项面板，在其中选择需要的 SmartArt 图形样式，如图 3-33 所示，单击"确定"按钮，即可在文档中显示所选类型的 SmartArt 图形，并出现"SmartArt 工具"选项卡。

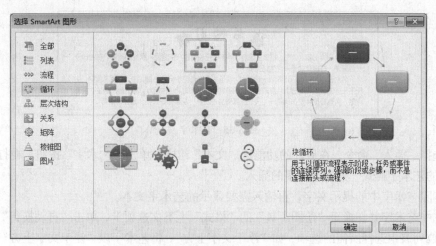

图 3-33　"选择 SmartArt 图形"对话框

③ 分别单击 SmartArt 图形中的文本占位符，依次输入需要的内容。

④ 选中所需形状，在"SmartArt 工具"的"设计"上下文选项卡下，单击"创建图形"组中的"添加形状"按钮，在展开的下拉列表中选择"在后面添加形状"选项。

⑤ 此时在所选形状的后面添加了一个相同形状，在"文本窗格"中显示了添加的新项目，输入需要添加的项目内容即可。还可以利用快捷菜单添加文字。

2. 设置 SmartArt 图形格式

设置 SmartArt 图形格式的操作步骤如下。

① 选中 SmartArt 图形并在"SmartArt 样式"组中，单击"更改颜色"按钮，在展开的库中选择需要的颜色，完成对 SmartArt 图形颜色的更改。

② 在"SmartArt 工具"的"设计"上下文选项卡下，单击"SmartArt 样式"组中的快翻按钮，在展开的库中选择所需要的图形样式。

③ 切换至"SmartArt 工具"的"格式"上下文选项卡，单击"艺术字样式"组中的快翻按钮，在展开的库中选择需要的艺术字样式。

④ 选择 SmartArt 图形并右击，在弹出的快捷菜单中单击"设置对象格式"命令。

⑤ 在"填充"选项面板中选中"渐变填充"单选按钮，单击"预设颜色"按钮，在展开的库中选择所需预设颜色选项，如"雨后初晴"。

⑥ 在"渐变光圈"选项区域中选择"停止点 2"渐变光圈，在"位置"文本框中设置其结果位置，如设置为 30%。

⑦ 选择"停止点 3"渐变光圈，单击"颜色"按钮，在展开的面板中选择所需要的颜色，如"黄色"选项。完成对 SmartArt 图形格式的设置后，效果如图 3-34 所示。

图 3-34　SmartArt 图形格式设置效果图

3.7.4　插入艺术字

利用 Word 2010 的艺术字设计功能，可以方便地为文字建立艺术效果，如旋转、变形、添加修饰等。例如，要给一篇短文添加艺术字"读书的习惯"（见图 3-35），操作步骤如下。

① 打开文档，将插入点移到文档中需要插入艺术字的位置。

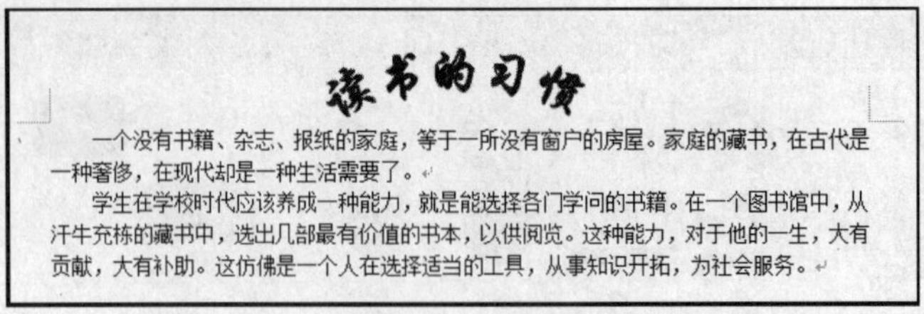

图 3-35　艺术字

② 选择"插入"命令，在展开的功能区"文本"组中，单击"艺术字"按钮，在打开的库中选择需要的艺术字样式，完成艺术字的插入。

③ 删除艺术字中的提示文字，再输入需要显示的艺术字文本。

④ 选中艺术字并切换至"绘图工具"的"格式"上下文选项卡，单击"自动换行"按钮，在展开的下拉列表中选择所需的选项，如"浮于文字上方"，将艺术字以"浮于文字上方"的方式显示在文档中。再选中艺术字，单击"段落"组中的"居中"按钮，完成将艺术字以居中嵌入的方式显示到文档中指定的设置。

⑤ 选定艺术字并切换至"绘图工具"的"格式"上下文选项卡，单击"艺术字样式"组的对话框启动器按钮。

⑥ 切换至"三维格式"选项面板，单击"顶端"按钮，在展开的库中选择所需要的三维效果，完成对艺术字三维效果的设置。

3.7.5　使用文本框

文本框是一个可以独立处理的矩形区域，其中可以放置文本、表格、图形等内容。它的最大方便之处在于，其中的内容可以随文本框框架的移动而移动。

1．插入文本框

要插入一个空的文本框，操作步骤如下。

① 打开文档，选择"插入"命令，在展开的功能区"文本"组中，单击"文本框"按钮，再在打开的库中选择"绘制文本框"（或"绘制竖排文本框"）选项，在文档目标位置按住呈十字形状的鼠标左键不放，并拖动至目标位置处释放鼠标，完成文本框的绘制。

② 插入文本框后，将插入点移入文本框内，再往框内加入需要显示的文本、图形等内容，并完成对文本的字体格式和图形格式的设置。

图 3-36 所示为在文本框中输入文本内容后的效果。

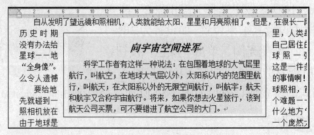

图 3-36　在文本框中输入文本

2．文本框的基本操作

文本框的操作状态分为一般、选定和编辑 3 种，如图 3-37 所示。

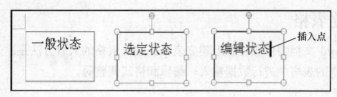

图 3-37　文本框的三种形状

一般状态下，文本框上没有出现 8 个控点。在这种状态下，用户不能对它执行什么操作。

选定状态下，文本框周围出现 8 个控点。在这种状态下，可以对文本框进行缩放、移动、复制和删除操作（操作方法与图片操作类似）。

编辑状态下，文本框周围出现 8 个控点，在框内还有一个插入点（见图 3-37）。在这种状态下，可以在框内输入和编辑文本、表格或图形。

这 3 种状态的切换操作：单击文本框的边框时进入选定状态；单击文本框内文本时可进入文本编辑状态；单击文本框以外的页面位置，可将文本框从另外两种状态切换到一般状态。

3. 文本环绕方式

文本框与周围的文字之间的环绕方式有嵌入型、四周型、紧密型、穿越型、上下型、浮于文字上方、衬于文字下方等。设置环绕方式的操作是：先选定文本框，在"绘图工具"的"格式"上下文选项卡，单击"自动换行"按钮，在展开的下拉列表中选择合适的"环绕方式"即可。

4. 设置文本框填充效果和轮廓

文本框填充效果和轮廓设置的操作步骤如下：

① 选中文本框，在"绘图工具"的"格式"上下文选项中，单击"形状填充"按钮，在展开的下拉列表中选择"无填充颜色"选项即可；

② 在"绘图工具"的"格式"上下文选项中，单击"形状样式"组中的"形状轮廓"按钮，在展开的下拉列表中选择"无轮廓"选项，完成后可发现文本框已经取消了颜色和轮廓线条。

3.8　表格处理

制作表格是人们进行文字处理的一项重要内容。Word 2010 提供了丰富的制表功能，它不仅可以建立各种表格，而且允许对表格进行调整、设置表格和对表格中的数据计算等。

图 3-38 所示方框就是一个 Word 表格，它由水平的行和竖直的列组成。表格中的每一小格子称为单元格，在单元格内可以输入文字、数字、图形等。单元格相对独立，每个单元格都有"段落标记"。用户可以分别对每个单元格进行输入和编辑操作。

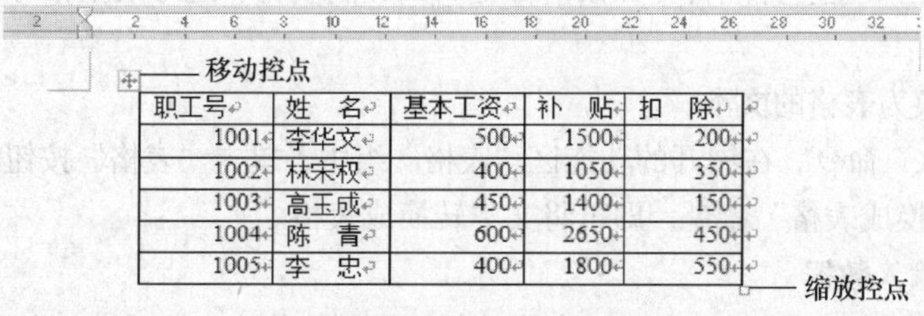

移动控点

职工号	姓　名	基本工资	补　贴	扣　除
1001	李华文	500	1500	200
1002	林宋权	400	1050	350
1003	高玉成	450	1400	150
1004	陈　青	600	2650	450
1005	李　忠	400	1800	550

缩放控点

图 3-38　Word 表格

3.8.1 建立表格

用户可以在 Word 文档的任意位置上建立表格。建立表格的大致方法是：先插入一个空的表格框，然后在这个空的表格中进行数据输入、编辑和格式调整等。

1. 插入表格框

在文档中插入表格有以下 4 种常用方法。

（1）通过"插入表格"对话框创建表格

例 3-11 插入如图 3-41 所示的表格框。操作步骤如下：

① 打开文档，将插入点定位在需要插入表格的位置，选择"插入"命令，在展开的功能区"表格"组中，单击"表格"按钮，在打开的下拉列表中选择"插入表格"选项；

② 在弹出"插入表格"对话框中的"表格尺寸"选项区域的"列数"和"行数"文本框中分别输入需要建立表格的行和列的值，如图 3-39 所示；

③ 单击"确定"按钮即可建立表格。

至此，已经定义一个 6 行 5 列的空表格。

（2）通过快速表格模板创建表格

① 将插入点定位在需要插入表格的位置并切换至"插入"选项卡，在"表格"组中单击"表格"按钮，在展开的下拉列表中将指针指向第 1 个方格并按住鼠标左键进行移动，如图 3-40 所示。

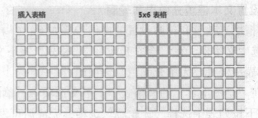

图 3-39 "插入表格"对话框　　　　　　　图 3-40 快速创建表格

② 拖动至需要的行、列数位置时释放鼠标左键，则可完成表格的建立。

（3）使用表格模板

可以使用表格模板并基于一组预先设好格式的表格来插入一张表格。操作步骤如下：

① 将插入点移到要插入表格的位置；

② 选择"插入"命令，在展开的功能区"表格"组中单击"表格"按钮，在打开的下拉列表中选择"快速表格"命令，再在内置的表格样式库单击需要的模板；

③ 使用所需的数据替换模板中的数据。

（4）将文本转换成表格

用户可以利用已设置有分隔符（如段落标记、Tab 制表符、逗号或空格等）的文本转换成表格，操作步骤如下：

① 选定要转换为表格的文本；

② 选择"插入"命令，在展开的功能区"表格"组中，单击"表格"按钮，在打开的下拉列表中选择"文本转换成表格"命令，即可将文本转换成表格。

2. 在表格中输入数据

定义了一个空表后，可将插入点置于表格的任一个单元格内，然后，在此单元格中输入文本。

其输入方法与输入一般文本的方法基本相同。

移动插入点的常用方法有：①直接单击要移到的单元格；②按 Tab 键使插入点移到下一单元格；③按箭头键←，→，↑，↓可使插入点向左、右、上、下移动。

要删除单元格中的内容，可使用 Delete 键或退格键来消除字符，也可以选定单元格后按 Delete 键。

由于 Word 将每个单元格视为独立的处理单元，因此，在完成该单元格录入后，不能按回车键表示结束，否则就会将内容都输入在该单元格内。

除了在表格内输入文本之外，Word 还允许在表格内插入（或粘贴）图形或其他表格（即生成嵌套表格）。

3. 表格的移动、缩放和删除

在 Word 中，用户可以像处理图形一样，对表格进行移动、复制、缩放或删除等操作。在操作之前，先要选定表格，方法是：单击表格区，此时在表格的左上角会出现一个"移动控点"，在右下方会出现一个"缩放控点"（见图 3-38）。对已选定的表格，可进行如下操作：

（1）移动。把鼠标指针移到"移动控点"上，当指针头部出现四头箭头形状时，再按住左键拖动鼠标，即可把表格移动到所需的位置。

（2）缩小及放大。把鼠标指针移到"缩放控点"上，当指针变成斜向的双向箭头形状时，按住鼠标左键进行拖动，即可调整整个表格的大小。

（3）删除。方法①：切换至"表格工具"/"布局"选项卡，单击"行和列"组中的"删除"按钮，在打开的下拉列表中选择所需命令，如"删除表格"命令。方法②：右键单击要删除的表格，在快捷菜单中选择"删除表格"命令，根据需要进行对应操作。

3.8.2　调整表格

建立表格后，Word 允许对它进行调整，包括插入或删除若干单元格、行或列、调整行高或列宽，合并或拆分单元格等。

1. 选定单元格、行或列

在进行表格编辑之前，一般先要选定要编辑的单元格、行或列。被选定的对象以反白显示。

（1）选定单元格。每个单元格左边都有一个选定栏，当把鼠标指针移到该选定栏时，指针形状会变成向右上方箭头，此时单击即可选定该单元格，如图 3-41 所示。

（2）选定单元格区域。先将鼠标指针移至单元格区域的左上角，按下鼠标左键不放，再拖动到单元格区域的右下角。

（3）选定一行或若干行。将鼠标指针移至行左侧的文档选定栏，单击可选定该行。拖动鼠标则可选定多行。

（4）选定一列或若干列。将鼠标指针移至列的上边界，当鼠标指针变为向下箭头形状时，单击可选定该列，如图 3-42 所示。拖动鼠标则可选定多列。采用这种方法也可以选定整个表格。

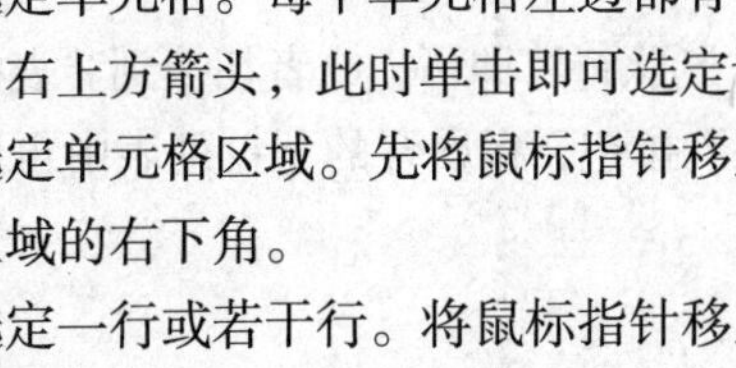

图 3-41　选定单元格

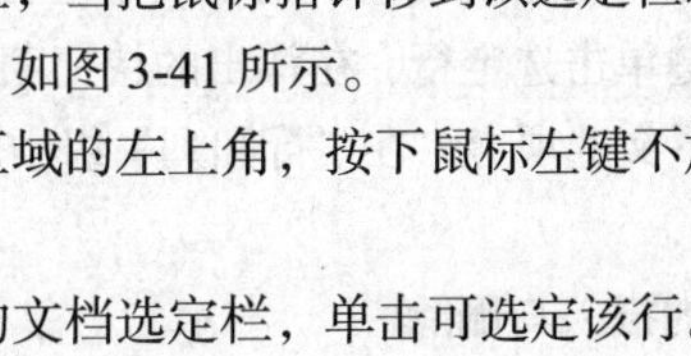

图 3-42　选定一列

（5）选定整个表格。当选定所有列或所有行时也即选定整个表格。单击表格左上角的"移动控点"也可以选定整个表格。

2. 行的插入与删除

（1）在某行之前插入若干行

例 3-12 在图 3-41 所示的表格中，要求在"林宋权"之前插入两个空行。操作步骤如下：

① 选定"林宋权"所在行及以下的若干行（本例要求插入两个空行，就选定两行，以此类推）；务必使所选的行数等于需插入的行数，如图 3-43 所示；

② 切换到"表格工具"的"布局"上下文选项卡，在"行和列"组中单击"在上方插入"按钮（或单击"在下方插入"按钮），如图所示。即可在指定位置插入所需要的行。

执行后即可在当前行处插入所选行数的空行，如图 3-44 所示。

（2）在最后一行的后面追加若干行

操作步骤如下：

① 将插入点移到表格最后一行处；

② 单击鼠标右键，在弹出的快捷菜单上，指向"插入"，然后单击"在下方插入"，即可在选定行的上方或下方添加一新行；也可用"表格工具"的"布局"上下文选项卡中的"行和列"组的"在下方插入"按钮完成插入新行。

③ 按需要重复执行步骤②，即可完成要插入若干行的操作。

（3）行的删除

例 3-13 删除例 3-12 所插入的两个空行（见图 3-44），操作步骤如下：

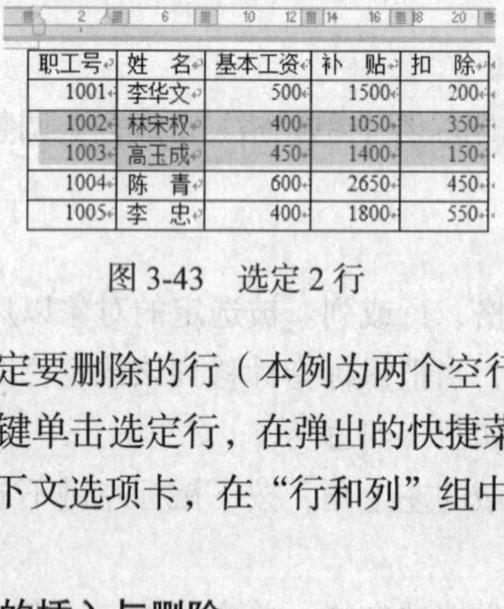

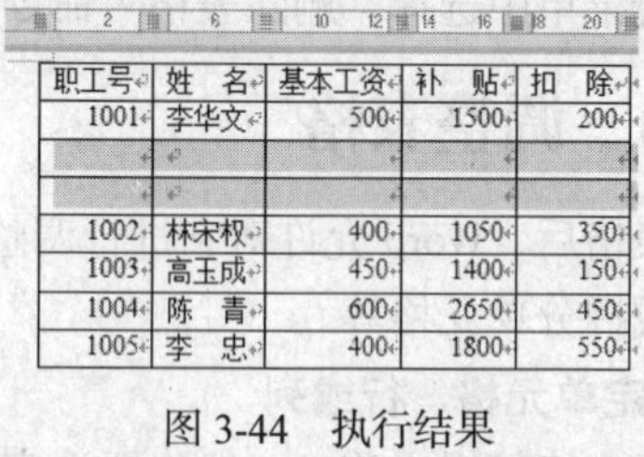

图 3-43　选定 2 行　　　　　　　　图 3-44　执行结果

① 选定要删除的行（本例为两个空行）；

② 右键单击选定行，在弹出的快捷菜单上单击"删除行"即可；或者切换到"表格工具"的"布局"上下文选项卡，在"行和列"组中单击"删除"按钮，在展开的下拉列表中再选择"删除行"即可。

3. 列的插入与删除

列的插入与删除的操作方法，与行的插入与删除的操作方法相似。

4. 列宽和行高的调整

创建表格时，如果用户没有指定列宽和行高，Word 则使用默认的列宽和行高。用户也可根据需要对其进行调整。

（1）指定具体的行高（或列宽）。操作步骤如下：

① 选择要改变行高的行（或要改变列宽的列）；

② 切换到"表格工具"的"布局"上下文选项卡，在"行和列"组中单击"单元格大小"启动器按钮，在弹出的"表格属性"对话框中选择"行"标签卡，如图 3-45 所示，并在"指定高度"框中输入所需要的值。同理，切换到"列"标签卡，在"指定宽度"框中输入所需要的值。

③ 单击"确定"按钮，完成行和列具体值的设置。

（2）拖动鼠标调整行高（或列宽）。操作方法如下：在"页面"视图方式下，将鼠标指针移到水平标尺的表格标记位置处，当指针变成双向箭头形状时拖动鼠标，拖至合适位置后再释放鼠标，即可完成对单元格列宽的调整。同理，将指针移至垂直标尺的表格标记位置处，当指针变成双向箭头形状时拖动鼠标，拖至合适位置后再释放鼠标，即可完成对单元格行高的调整。

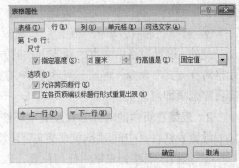

图 3-45　"表格属性"对话框"行"选项卡设置

5. 单元格的合并与拆分

（1）单元格的合并

单元格的合并是指将相邻若干个单元格合并为一个单元格。操作方法是：

方法①：选定要合并的多个单元格，切换到"表格工具"的"布局"上下文选项卡，在"合并"组中单击"合并单元格"按钮，完成对单元格的合并；

方法②：选定要合并的多个单元格，右键单击，在快捷菜单中选择"合并单元格"命令。

（2）单元格的拆分

单元格的拆分是指将一个单元格分割成若干个单元格。操作方法是：

方法①：选定要拆分的单元格，切换到"表格工具"的"布局"上下文选项卡，在"合并"组中单击"拆分单元格"按钮，打开"拆分单元格"对话框，在"列数"和"行数"框中分别输入所需数值，再单击"确定"按钮，完成对单元格的拆分；

方法②：选定要合并的多个单元格，右键单击，在快捷菜单中选择"拆分单元格"命令，打开"拆分单元格"对话框，在"列数"和"行数"框中分别输入所需数值，再单击"确定"按钮，完成对单元格的拆分。

6. 表格的拆分与合并

（1）表格的拆分。有时，需要将一个大表格拆分成两个表格，以便在表格之间插入一些说明性的文字。

操作方法如下：在将作为新表格第一行的行中设置插入点，切换到"表格工具"的"布局"上下文选项卡，在"合并"组中单击"拆分表格"按钮，完成表格的拆分。

（2）表格的合并。只要将两个表格之间的段落标记删除，这两个表格便合二为一。

3.8.3　设置表格格式

1. 表格中文本排版

编排表格中的文本，如改变字体、字号、字形等，均可按照一般字符格式化的方法进行。

表格中文本的对齐方式分为水平对齐方式和垂直对齐方式两种。设置水平对齐方式可按段落对齐方法进行。设置表格的垂直对齐方式，操作步骤如下：

① 选定要改变文本垂直对齐方式的单元格；

② 切换到"表格工具"的"布局"上下文选项卡，在"表"组中单击"表格属性"按钮，系统弹出"表格属性"对话框；

③ 选择"单元格"选项卡，在"垂直对齐方式"框中选择"靠上"、"居中"和"靠下"之一

选项；

④ 选择完成后，单击"确定"按钮。

此外，设置表格中文本的对齐方式的方法还有：右击已选定的单元格，从快捷菜单中选择"单元格对齐方式"命令，再从其级联菜单中选择"靠上两端对齐"、"靠上居中对齐"、"靠上右对齐"等所需选项即可。

2. 表格在页中的对齐方式及文字环绕方式

设置表格在页中的对齐方式及文字环绕方式，操作步骤如下：

① 把插入点移到表格中任何位置（以此来选定表格）；

② 切换到"表格工具"的"布局"上下文选项卡，在"表"组中单击"表格属性"按钮，系统弹出"表格属性"对话框；

③ 选择"表格"选项卡，在"对齐方式"框中选择一种对齐方式，如"左对齐"、"居中"或"右对齐"；若为"左对齐"方式，则可在"左缩进"组合框中选择或键入一个数字，用以设置表格从正文区左边界缩进的距离；在"文字环绕"框中选择所需环绕方式；

④ 单击"确定"按钮。

3. 表格的自动套用格式

创建一个表格之后，可以利用"表格工具"的"设计"选项卡的"表格样式"库中的样式进行快速排版，它可以把某些预定义格式自动应用于表格，包括字体、边框、底纹、颜色、表格大小等。操作步骤如下：

① 把插入点移到表格中任何位置；

② 切换到"表格工具"的"设计"选项卡的"表格样式"组中的快翻按钮，在展开的库中选择需要的表格样式即可。

4. 重复表格标题

若一个表格很长，跨越了多页，往往需要在后续的页上重复表格的标题，操作方法如下：

① 选定要作为表格标题的一行或多行文字，其中应包括表格的第一行；

② 右键单击表格，在快捷菜单中选择"表格属性"命令，打开"表格属性"对话框；

③ 切换至的"行"选项卡，如图 3-45 所示，勾选"在各页顶端以标题行形式重复出现"前复选框；

④ 单击"确定"按钮。

5. 设置斜线表头

用户将插入点移到表头位置，切换至"表格工具"的"设计"选项卡，单击"表格样式"组中的"边框"右侧下拉按钮，在展开的下拉列表中选择"斜下框线"来设置斜线表头。

6. 表格边框的设置

有时要求表格有不同的边框，例如，有的外边框加粗，有的内部加网格等。除了可利用"表格样式"库中的内置样式外，还可以在"表格属性"对话框中单击"边框和底纹"按钮，打开"边框和底纹"对话框，然后利用该对话框来直接改变边框。

3.8.4 公式计算和排序

Word 的表格具有计算功能。对于有些需要统计后填写的数据，可以直接把计算公式输入在单元格中，由 Word 计算出结果。但 Word 毕竟是一个文字处理软件，所以在这里只能进行少量的简单计算，而对那些含有复杂计算的表格，应通过插入 Excel 电子表格的方法来完成。

Word 表格中的计算功能，是通过定义单元格的公式来实现的，即指定单元格值的计算公式。输入公式的方法如下：

① 在表格中选定单元格，或将插入点移到指定单元格中；

② 切换到"表格工具"的"布局"上下文选项卡，在"数据"组中单击"*fx* 公式"按钮，系统弹出"公式"对话框，如图 3-46 所示；

③ 该对话框中除有一个公式输入行用来输入公式外，还有两个下拉框：一个是编号格式框，用来确定计算结果的显示格式；二是粘贴函数框，可以将其中的函数直接插入到公式中。

图 3-46　"公式"对话框

输入公式时必须以等号"="开头，后跟公式的式子。公式中要用到单元格的编号，单元格的列用字母表示（从 A 开始），行用数字表示（从 1 开始），因此第 1 行第 1 列的单元格编号为 A1，第 2 行第 3 列的单元格编号为 C2。对于一组相邻的单元格（矩形区域），可用左上角与右下角的单元格编号来表示，如 A1:C3，B2:B7 等。Word 还采用 LEFT，RIGHT 和 ABOVE 来分别表示插入点左边、右边和上边的所有单元格。

Word 提供了一系列计算函数，包括求和函数 SUM、求平均值函数 AVERAGE、求最大值函数 MAX 等。例如把插入点左边的所有单元格的数值累加，采用的公式为"=SUM（LEFT）"。

Word 还能够对整个表格或所选定的若干行进行排序，例如按成绩从高到低对表格中学生的资料重新排序，排序的依据可以是字母、数字和日期。排序的方法是：选定要排序的行，切换到"表格工具"的"布局"上下文选项卡，在"数据"组中单击"排序"按钮，在弹出的"排序"对话框中按要求进行设置即可。

习　题　3

一、单选题

1. 设已经打开了一个文档，编辑后进行"保存"操作，该文档（　　）。

    A. 被保存在原文件夹下　　　　　　　　B. 可以保存在已有的其他文件夹下

    C. 可以保存在新建文件夹下　　　　　　D. 保存后文档被关闭

2. 打开文档文件是指（　　）。

    A. 为文档开设一个空白编辑区

    B. 把文档内容从内存读出，并显示出来

    C. 把文档文件从盘上读入内存，并显示出来

    D. 显示并打印文档内容

3. 关闭 Word 窗口后，被编辑的文档将（　　）。

    A. 从磁盘中消除　　　　　　　　　　　B. 从内存中消除

    C. 从内存或磁盘中消除　　　　　　　　D. 不会从内存和磁盘中消除

4. 在编辑区中录入文字，当前录入的文字显示在（　　）。

    A. 鼠标指针位置　　　　　　　　　　　B. 插入点

    C. 文件尾部　　　　　　　　　　　　　D. 当前行尾部

5. Word 文字录入时有插入和改写两种方式，当按下键盘上的（　　）键时可以对这两种状

态进行切换。

    A. Caps Lock   B. Delete   C. Insert   D. Backspace

6. 单击"开始"选项卡下的"剪贴板"组中"粘贴"按钮后，（   ）。

    A. 被选定的内容移到插入点   B. 剪贴板中的某一项内容移动到插入点

    C. 被选定的内容移到剪贴板   D. 剪贴板中的某一项内容复制到插入点

7. 在"开始"选项卡下的"剪贴板"组中的"剪切"和"复制"按钮项呈灰色而不能被单击时，表示的是（   ）。

    A. 选定的文档内容太长，剪贴板放不下

    B. 剪贴板里已经有了信息

    C. 在文档中没有选定任何信息

    D. 刚单击了"复制"按钮

8. 在 Word 文档窗口中，若选定的文本块中包含有几种字号的汉字，则"开始"选项卡下的"字体"组中的字号框中显示（   ）。

    A. 空白   B. 文本块中最大的字号

    C. 首字符的字号   D. 文本块中最小的字号

9. 删除一个段落标记符后，前、后两段将合并成一段，原段落格式的编排（   ）。

    A. 没有变化   B. 后一段将采用前一段的格式

    C. 后一段格式未定   D. 前一段将采用后一段的格式

10. 已经在文档的某段落中选定了部分文字，再进行字体设置和段落设置（如对齐方式），则按新字体设置的是（   ），按新段落设置的是（   ）。

    A. 文档中全部文字   B. 选定的文字

    C. 插入点所在行中的文字   D. 该段落中的所有文字

11. 在 Word 中，为了确保文档中段落格式的一致性，可以使用（   ）。

    A. 样式   B. 模板   C. 向导   D. 页面设置

12. 对插入的图片，不能进行的操作是（   ）。

    A. 放大或缩小   B. 从矩形边缘裁剪

    C. 移动位置   D. 修改其中的图形

13. 下列操作中，（   ）不能在 Word 文档中生成 Word 表格。

    A. 在"插入"选项卡的"表格"组中，单击"表格"按钮，在展开的下拉列表中再用鼠标拖动

    B. 使用绘图工具画出需要的表格

    C. 在"插入"选项卡的"表格"组中，单击"表格"按钮，在展开的下拉列表中选择"文本转换成表格"命令

    D. 在"插入"选项卡"表格"组中，单击"表格"按钮，在展开的下拉列表中选择"插入表格"选项

二、多选题

1. 下列操作中，（   ）能选定全部文本。

    A. 在"开始"选项卡下"编辑"组中单击"选择"按钮，在展开的下拉列表中选择"全选"按钮

    B. 按 Ctrl + A 键

C. 将鼠标指针移至选定栏，连续三击

D. 将鼠标指针移至选定栏，按住 Ctrl 键的同时单击

E. 将鼠标指针移至选定栏，连续双击后按回车键

2. 下列叙述中，正确的是（　　）。

A. 在 Word 中一定要有"常用"和"格式"工具栏，才能对文档进行编辑排版

B. 如果连续进行了两次"插入"操作，当单击一次"常用"工具栏上的"撤销"按钮后，则可将两次插入的内容全部取消

C. Word 不限制"撤销"操作的次数

D. Word 中的"恢复"操作仅用于"撤销"过的操作

E. 模板是由系统提供的，用户自己不能创建

F. 格式刷不仅能复制字符格式，也能复制段落格式

3. 下列叙述中，正确的是（　　　）。

A. 单击"开始"选项卡下的"剪贴板"组中的"复制"按钮，可将已选定的文本复制到插入点位置

B. 在 Word 表格中可以填入文字、数字和图形，也可以填入另一个表格

C. 按 Delete 键可以删除已选定的 Word 表格

D. Word 可以将文本转换成表格，但不能将表格转换成文本

E. 页眉页脚的内容在各种视图下都能看到

F. 一个文档中的各页可以有不同内容的页眉和页脚

4. 下列叙述中，正确的是（　　）。

A. 利用"计算机"可以删除已经被 Word 打开的文档文件

B. Word 可以先后打开同一个文档，使该文档分别在不同编辑窗口中编辑排版

C. 在打开多个文档的情况下，单击"文件"/"关闭"命令，则可以关闭所有文档

D. 一个文档经"文件"/"另存为"命令改名保存，原文档仍存在

E. 通过设置，Word 文档在保存时可以自动保存一个备份文件（.wbk）

F. 在 Word 文档中插入超链接，可以链接到本机磁盘上的另一 Word 文档

三、填空题

1. 假设当前编辑的是 C 盘中的某一个文档，要将该文档复制到优盘，应该使用"文件"菜单中的_____命令。

2. 新建一个 Word 文档，默认的文档名是"文档 1"，文档内容的第一行标题是"通知"，对该文档保存时没有重新命名，则该文档的文件名是_____.docx。

3. 要将 Word 文档转存为"记事本"程序能处理的文档，应选用_____文件类型。

4. 删除插入点光标以左的字符，按_____键；删除插入点光标以右的字符，按_____键。

5. 段落标记是在键入_____键之后建立的。

6. 当打开多个 Word 文档而使得任务栏上不足以显示这些文档按钮时，系统会将这些文档按钮合并为一个任务按钮，并在其中显示打开的文档列表。如果要同时关闭这多个文档，操作方法是：右击任务栏上该任务按钮，然后选择快捷菜单中的_____命令。

注：在"任务栏和［开始］菜单属性"对话框中选中"分组相似任务栏按钮"，可使系统具备上述功能。

7. Word 进行段落排版时，如果对一个段落操作，只需在操作前将插入点置于_____；若

是对 *n* 个段落操作，首先应当_____，再进行各种排版操作。

8. 页边距是_____至_____的距离。

9. 要将某文档插入到当前文档的当前插入点处，应选择_____菜单中的_____命令；要插入图形文件，应选择_____菜单中的_____命令。

上机实验

实验 3–1　文档的基本操作及排版

一、实验目的

（1）掌握 Word 文档建立、保存与打开的方法。

（2）掌握文档编辑的基本操作。

（3）掌握字符格式化、段落格式化和页面设置方法。

二、实验内容

1. 建立文档。

（1）进入 Word，新建一个空文档。

（2）先录入如图 3-47 所示文档中的文字，然后按以下要求进行编辑排版。

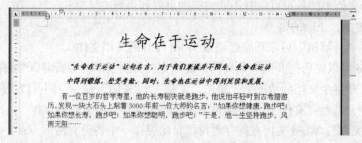

图 3-47　要完成的文档

各部分的格式要求如下。

① 标题：28 磅"楷体_GB2312"字，"阴影"效果，居中。

② 第 1 段文字："小四"号"仿宋_GB2312"，加粗，倾斜；左、右缩进各 3 个字符；首行缩进 1 个字符，两端对齐；段前、段后间距各 0.5 行；1.5 倍行距。

③ 第 2 段文字："小四"号宋体；首行缩进 2 个字符，两端对齐，单倍行距。

（3）文档编辑完成后，以 w1.docx 为文件名存放在用户文件夹下的"第 3 章"子文件夹中，然后关闭文档。

2. 修改文档。

在文档 w1.docx 的基础上，进行以下修改操作。

① 把所有的文字"跑步"替换成"游泳"。

② 为第 1 段文字加上蓝色边框和"浅绿"色底纹（应用于"段落"）。

③ 把第 2 段文字改为 11.5 磅幼圆字。

文档修改完成后，改换另一文件名 w2.docx 存放在用户文件夹下的"第 3 章"子文件夹中，然后关闭文档。

3．页面设置。

（1）打开用户文件夹下的"第 3 章"子文件夹中的 w1.docx 文档（上述 1 中建立的文档）。

（2）把第 2 段文字（即"有一位……"）复制到剪贴板后，把插入点移至文档末尾的下一个空行处，再连续"粘贴"12 次（即生成 12 个新段落）。

（3）对整篇文档进行"页面设置"：设置上、下页边距各为 3cm，左、右页边距各为 3.5cm，页眉、页脚各 1cm 高度。

（4）在页眉内居中加入文字"生命篇"，在页脚内右侧插入页码（数字格式），起始页码为 1。

4．通过单击"文件"按钮，切换至"打印"选项，在右侧的打印预览窗口右下角调整"显示比例"按钮，以"多页"方式观察页面设置效果。

5．把文档以 w3.docx 为文件名保存在用户文件夹下的"第 3 章"子文件夹中，然后关闭文档。

实验 3–2　图文混排及设置文字特殊效果

一、实验目的

（1）掌握在文档中插入图片及设置图片格式的方法。

（2）掌握分栏排版、"首字下沉"等操作。

二、实验内容

制作如图 3-48 所示的文档，操作步骤如下。

图 3-48　实验 3-2 要制作的文档

1．在文档中插入图片。

（1）打开用户文件夹下的"第 3 章"子文件夹中的 w1.docx 文档（实验 3-1 建立的文档）。

（2）单击"插入"选项卡的"插图"组中的"剪贴画"按钮，在打开的"剪贴画"任务窗格中搜索"fencers（击剑）"剪贴画，并将其插入到文档中，按以下要求设置该剪贴画的格式。

① 文字环绕方式为"四周型环绕"，文字环绕设置为"两边"。

【提示】设置文字环绕为"两边"的操作：右键单击所要设置的图片，在快捷菜单中选择"大小和位置"命令，再在打开的"布局"对话框中，切换至"文字环绕"选项卡进行设置。

② 大小设置为 1.9cm × 3.2cm（高 × 宽）。

【提示】在打开的"布局"对话框的"大小"选项卡中设置。若不是按图片原来的比例缩放，需取消"锁定纵横比"（不选中）。

③ 位于页面的（9，6）cm 处。

【提示】要设置图片的精确位置，在打开的"布局"对话框的"位置"选项卡中，对"水平"

和"垂直"选项进行"绝对位置"设置。

④ 为剪贴画添加淡蓝色的填充色。

2. 合并文档后增、删文字。

（1）把插入点移至文档末尾的下一个空行处，选择"插入"/"文件"命令，把用户文件夹下的"第 3 章"子文件夹中的 w2.docx 文档（实验 3-1 建立的文档）插入到当前文档的末尾。

（2）在刚插入的文档内容中，删除标题"生命在于运动"及第 1 段文字，对原第 2 段文字进行如下处理："首字下沉"2 行，分三栏。

【提示】先选定要分栏的文字，再进行"分栏"设置。

实验结果如图 3-48 所示。

3. 把文档以 w4.docx 为文件名保存在用户文件夹下的"第 3 章"子文件夹中，然后关闭文档。

实验 3-3　图形处理及公式编辑

一、实验目的

（1）学会图形的复制及剪裁操作方法。

（2）掌握"绘图"工具栏的使用方法。

（3）掌握文本框、公式编辑器等使用方法。

二、实验内容

1. 制作如图 3-49 所示的图形。

图 3-49　要制作的第 1 个图形

（1）新建一个 Word 空文档。

（2）制作两个"任务栏"图形。

① 按下 PrintScreen 键，把当前屏幕画面复制到剪贴板上，再执行"粘贴"操作，可把画面复制到当前文档中。利用"插入"选项卡"插图"组中的"屏幕截图"按钮，完成"任务栏"这一部分的图形。把该图形设置为"四周型环绕"方式。

② 通过"裁剪"操作，切除"任务栏"之外的部分图形，并适当调整"任务栏"图形的大小。再复制生成另一个相同的图形。

③ 设置两个"任务栏"水平对齐方式为"居中"。

（3）插入艺术字。

① 在两个"任务栏"图形中间插入艺术字"Word 图形处理"，采用"艺术字"库中的第 4 行第 1 列的艺术字式样，36 磅华文琥珀。

【提示】选择艺术字的"文本效果"/"转换"选项，效果设置为"跟随路径"框中的"上弯弧"效果。

② 设置艺术字格式：环绕方式为"四周型"，水平对齐方式为"居中"。

（4）插入自选图形的"笑脸"。

在艺术字的左侧，插入"绘图"工具栏上自选图形的"笑脸"，再把该图形复制到右侧，并改为"哭脸"图（见图 3-49）。

【提示】选定"笑脸"的嘴巴往上拖动，可改为"哭脸"。

（5）按照 3.7.2 节之 9 介绍的方法，把各部分图形组合起来，并使组合起来的图形居中显示。

（6）以 w5.docx 为文件名，把文档存放在用户文件夹下的"第 3 章"子文件夹中，然后关闭文档。

2. 制作如图 3-50 所示的图形。

（1）新建一个 Word 空文档。

（2）利用"绘图"工具栏上的"自选图形"绘制如图 3-50 所示的图形（即"程序流程图"）。

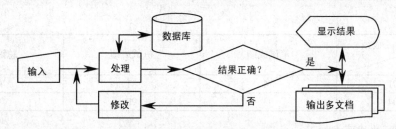

图 3-50 要制作的第 2 个图形

【提示】① 在绘制过程中，为使图形对象定位更为精确，在拖动图形对象时可同时按 Alt 键。也可选择"绘图"工具栏上"绘图"的"绘画网格"命令来设置网格线间距。

② 为使某些文字（如图中的"是"、"否"）容易定位，可把这些文字放入采用白色框线（看不到框线）的文本框中。

③ 通过对象的快捷菜单的"叠放次序"命令处理好重叠对象的叠放次序问题。

（3）把各部分图形组合起来，并使组合起来的图形居中显示。

（4）以 w6.docx 为文件名，把文档存放在用户文件夹下的"第 3 章"子文件夹中，然后关闭文档。

3. 编辑数学式。

（1）新建一个 Word 空文档。

（2）插入两个文本框，在框内分别编辑如图 3-51 所示的数学式。

$$\int_0^1 \frac{1+x^2}{1+x^4}\,\mathrm{d}x = \frac{\pi}{4}\sqrt{2}$$

·······························分页符·······························

$$Sx = \sqrt[3]{\frac{1}{n-1}\left(\sum_{i=1}^{n} x_i^2 - nx^2\right)}$$

图 3-51 要编辑的数学式

【提示】进入公式编辑器的方法：切换至"插入"选项卡，在"符号"组中单击"公式"按钮，在展开的下拉列表中选择所需公式样式；或者在展开的下拉列表中选择"插入新公式"命令，再录入所需的数学式。

（3）在两个文本框之间插入"分页符"，即把第 2 个文本框放置在第 2 页上。

【提示】选择"插入"/"分隔符"/"分页符"命令，可以插入"分页符"。

（4）以 w7.docx 为文件名，把文档存放在用户文件夹下的"第 3 章"子文件夹中，然后关闭文档。

实验 3-4　表格的制作

一、实验目的

掌握简单表格的制作。

二、实验内容

（1）新建一个 Word 空文档。

（2）创建如表 3-3 所示的表格并录入其中的数据。

表 3-3

成绩 学号	笔试成绩	机试成绩	总评成绩
974001	74	81	78
974004	93	90	91

表格居中，格式要求如下：

- 第 1 列列宽 4cm，其余各列列宽 3cm。
- 第 1 行行高 2cm，其余各行行高 1cm。
- 左上角单元格采用斜线表头，所有单元格中的文字及数字均采用"中部居中"对齐方式。

其他格式由读者自行设定。

（3）表末补充两名学生的学号及成绩，其内容是：974003，64，69，67 和 974006，95，100，98。

（4）按总评成绩从小到大顺序进行排序。

（5）以 w8.docx 为文件名，把文档存放在用户文件夹下的"第 3 章"子文件夹中，然后关闭文档。

第4章
电子表格软件 Excel 2010

在日常办公事务中，人们经常要"写"和"算"。"写"（写通知、写报告等）可通过文字处理软件进行，而"算"（计算、统计数字等）则应使用电子表格来实现。

Excel 之所以被称为电子表格，是因为它采用表格的方式来管理数据。Excel 以二维表格作为基本操作界面，具有表格处理、数据库管理和图表处理三项主要功能，它被广泛地应用于财务、金融、经济、审计和统计等方面。

4.1 概　　述

4.1.1 Excel 窗口

启动 Excel 2010（以下简称 Excel）后，屏幕上显示如图 4-1 所示的 Excel 主窗口。

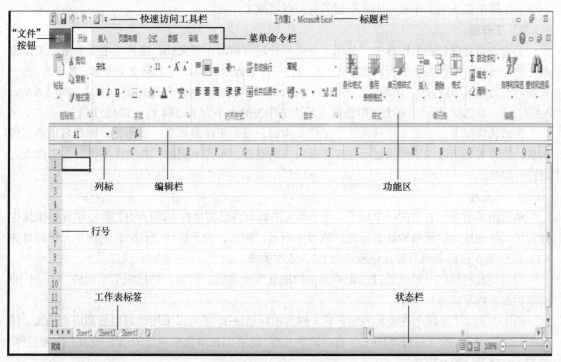

图 4-1　Excel 2010 主窗口

在编辑区中，通常展示的是工作簿中的某一页工作表——由虚线网格构成的表格。当鼠标指针处理编辑区时形状变为"⬧"符号。

工作簿编辑区的最左一列和最上一行分别是行号栏和列号栏，分别表示工作表单元格的行号和列标。在编辑区的下方还显示了工作表标签 Sheet1，Sheet2 等。

Excel 在功能区的下方设置一个编辑栏，它包括名称框、数据编辑区和一些按钮。名称框显示当前单元格或区域的地址或名称，数据编辑区用来输入或编辑当前单元格的值或公式。

在单元格中输入数据时，键入的内容会同时出现在单元格和编辑栏中，如图 4-2 所示。

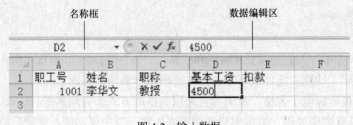

图 4-2　输入数据

数据编辑区的左侧有 3 个按钮，"×"为取消按钮，"√"为确认按钮，"*fx*"为编辑公式按钮。单击"√"按钮表示接收输入项，单击"×"按钮表示不接收输入项，而单击"*fx*"按钮后可以打开"插入函数"对话框。

4.1.2　工作簿、工作表和单元格

1. 工作簿

新建的 Excel 文件就是一个工作簿，工作簿由一至多个相关的工作表组成。在默认情况下，一个工作簿中有 3 个工作表，用户根据需要可以增减工作表。

2. 工作表

工作表总是存储在工作簿中，是用于存储和处理数据的主要文档，也称为电子表格。工作表由行和列组成，工作表中的行以数字 1，2，3，……来表示，列以一个英文字母 A，B，C，……来表示，当超过 26 行时，用两个字母 AA，AB，……，AZ 表示，当超过 256 行时，则用 AAA，AAB，……，ZZZ 表示。每个工作表最大可达工作表的大小为 16 384 列 × 1048576 行。

在默认情况下，一个工作簿由 3 个工作表构成，每个工作表都有一个标签，标签名也是工作表名，工作表标签以按钮形式显示在工作簿窗口的底部，单击不同的工作表标签可以在工作表之间进行切换。

3. 单元格

单元格是指工作表中的一个格子，每个单元格都有自己的坐标（即行列位置），单元格坐标也称为单元格地址。单元格地址表示为：列号＋行号。例如，位于第 1 行第 1 列的单元格地址为 A1，位于第 3 行第 2 列的单元格地址为 B3，依次类推。

引用单元格时，一般是通过指定单元格的地址来实现的。例如，要把两个单元格 A1 和 B3 的值相加可以写成 A1＋B3。

使用中，除了采用上述地址表示方式（称为相对地址），还可以采用绝对地址和混合地址，详见 4.3.2 节。此外，为了区分不同工作表中的单元格，还可以在单元格地址的前面增加工作表名称，如 Sheet1!A2，Sheet2!C5 等。

4. 单元格区域

单元格区域是指一组相邻的呈矩形的单元格，它可以是某行或某列单元格，也可以是任意行或列的组合。引用单元格区域时可以用它的左上角单元格的地址和右下角单元格的地址来表示，中间用一个冒号作为分隔符，如 A1:D5，B2:E4，C2:C4 等。

Excel 的数据结构中，最基本的数据单元是单元格。工作表包含一系列单元格，工作簿则是若干个相关工作表的集合。一个工作簿以文件形式存储在磁盘上。

4.1.3　工作簿的建立、打开和保存

1. 新建工作簿

启动进入 Excel 时，系统将自动打开名为"工作簿 1"的新工作簿，用户可以直接在此工作簿的当前工作表中输入数据或编辑数据。如果用户还需要创建其他新的工作簿，可以单击"文件"按钮，在打开的选项列表中选择"新建"按钮，再从右侧显示的"可用模板"中选择"空白工作簿"。

新建的工作簿文件取名为"工作簿 2"，"工作簿 3"等。当新建的工作簿第一次存盘时，系统会让用户为该工作簿指定新的文件名。Excel 文件默认扩展名为.xlsx。

2. 打开工作簿

如果要用的工作簿已经存在磁盘中，则可以单击"文件"按钮，在打开的选项列表中选择"打开"按钮；或者单击"快速访问工具栏"上的"打开"按钮。

3. 保存工作簿

工作簿创建或修改完毕后，可以单击"文件"按钮，在打开的选项列表中选择"保存"（或"另存为"）按钮；或者单击"快速访问工具栏"上的"保存"按钮，将其存储起来。

例 4-1　输入如表 4-1 所示的表格内容，并以"工资表"为文件名保存在"文档库"文件夹中。

表 4-1　　　　　　　　　　　　　工资表

职工号	姓名	职称	基本工资	扣款
1001	李华文	教授	4500	400
1002	林宋权	副教授	3700	350
1003	高玉成	讲师	2800	300
1004	陈青	副教授	3900	370
1005	李忠	助教	2500	280
1006	张小林	讲师	3000	310

操作步骤如下：

① 单击"文件"按钮，在打开的选项列表中选择"新建"按钮，再从右侧显示的"可用模板"中选择"空白工作簿"，系统自动建立一个临时文件名为"工作簿 n"（n 为数字）的新工作簿；

② 新建一个工作簿之后，便可以在其中的工作表中输入数据。输入数据是很容易的，先用鼠标或光标移动键选定当前单元格，然后输入数据内容；

当一个单元格中的内容输入完毕后，可以使用光标移动箭（箭头键↑，↓，←，→）、Tab 键、回车键或单击编辑栏上的"√"按钮 4 种方法来确定输入。如果要放弃刚才输入的内容，可单击编辑栏上的"×"按钮或按 Esc 键。

要修改单元格中数据，先要用鼠标双击单元格或按功能键 F2 进入修改状态，以后便可以使

用←或→键来移动插入点的位置，也可以利用 Del 键或退格键来消除多余的字符，修改完毕后按回车键结束。

在当前工作表中录入表 4-1 的内容，录完后显示如图 4-3 所示。

	A	B	C	D	E	F
1	职工号	姓名	职称	基本工资	扣款	
2	1001	李华文	教授	4500	400	
3	1002	林宋权	副教授	3700	350	
4	1003	高玉成	讲师	2800	300	
5	1004	陈　青	副教授	3900	370	
6	1005	李　忠	助教	2500	280	
7	1006	张小林	讲师	300	310	
8						

图 4-3　工资表数据

③ 单击"文件"按钮，在打开的选项列表中选择"另存为"按钮，系统弹出"另存为"对话框；

④ 在"文件名"框中输入"工资表"，在左边窗口选择"文档"库，再单击中"保存"按钮；

⑤ 单击"文件"按钮，在打开的选项列表中选择"关闭"按钮（或单击窗口右上角"关闭"按钮），即可关闭该工作簿。

4.2　工作表的基本操作

4.2.1　选定单元格

"先选定，后操作"是 Excel 重要的工作方式，当需要对某部分单元格进行操作时，首先应选定该部分。

1. 选定单个单元格

在编辑数据之前，先要确定编辑的位置，也就是要选定当前单元格。当前单元格又称活动单元格，是指当前正在操作的单元格。当一个单元格是活动单元格时，它的边框线变为粗线。同一时间只有一个活动单元格。初次使用工作表时，左上角的单元格便是活动单元格。使指定的单元格成为活动单元格，常用的方法有：

（1）移动鼠标指针到指定的单元格，然后单击；

（2）使用键盘上的光标移动键，如↑，↓，←，→，Tab，PgDn，PgUp，Ctrl + Home（至表头），Ctrl + End（至表尾）等也可以移动活动单元格。

2. 选定一个单元格区域

当一个单元格区域被选定后，该区域会变成浅蓝色。选定单元格区域可以用鼠标或键盘来进行操作。

使用鼠标选定区域的操作方法：把鼠标指针移到要选区域的左上角，按住鼠标左键，并拖动到要选区域的右下角。

使用键盘选定区域的操作方法：通过光标移动键把活动单元格移到要选区域的左上角，按住 Shift 键，并用箭头键↑，↓，←，→，PgDn，PgUp 选定要选的区域。

3. 选定不相邻的多个区域

在使用鼠标和键盘选定的同时，按下 Ctrl 键，即可选定不相邻的多个区域。

4. 选定行或列

使用鼠标单击行号或列标可以选定单行或单列，在行号栏或列标栏上拖动鼠标则可选定多个连续的行或列。

5. 选定整个工作表

单击行号和列标交叉处（即工作簿窗口的左上角）的"全选"按钮，或按 Ctrl + A 键，都可以选定整个工作表。

4.2.2 在单元格中输入数据

1. 数据类型

在使用 Excel 来处理数据时，会遇到各种不同类型的数据。例如，一个人的姓名是由一串文本组成，成绩、年龄和体重都是一个数值，而是否大学毕业则是一个逻辑值，等等。为此，Excel 提供了 5 种基本数据类型，即数值型、文本型（也称字符型或文字型）、日期/时间型、逻辑型和数组型。

（1）数值型数据（简称数字）是指用 0～9 和特殊字符构成的数字。特殊字符包括"+"，"−"，"."，"，"，"$"，"%"等。数字在单元格中显示时，默认的对齐方式是右对齐。

在一般情况下，如果输入的数字项值太大或太小，Excel 将以科学记数法形式显示它，例如，1.23457E + 11，即 $1.234\,57 \times 10^{11}$；3.27835E-08，即 $3.278\,35 \times 10^{-08}$。

（2）文本型数据是任何数字、字母、汉字及其他字符的组合，如 4Mbit/s、姓名、李华文、Windows 等。文本在单元格中显示时，默认的对齐方式是左对齐。

Excel 允许每一个单元格容纳长达 32000 个字符的文本。

（3）日期/时间型数据用于表示各种不同格式的日期和时间。Excel 规定了一系列的日期和时间格式，如 DD-MMM-YY（示例：21-Oct-96）、YYYY-MM-DD（示例：1999-5-29）、YYYY/MM/DD（示例：1999/5/29）、HH:MM:SS PM（示例：8:20:37 PM）（AM、PM 分别表示上午、下午）、YYYY/MM/DD　HH:MM（示例：1998/8/6　14:20）等。

当按照 Excel 认可的格式输入日期或时间时，系统会自动使之变成日期/时间的显示标准格式。

（4）逻辑型数据。逻辑型数据用来描述事物之间成立与否的数据，只有两个值：FALSE 和 TRUE。FALSE 称为假值，表示不成立；TRUE 称为真值，表示成立。

2. 直接输入数据

在单元格中可以存储上述类型的数据。一般情况下，用户只需按照数据内容直接输入即可，Excel 会自动识别所输入的数据类型，进行适当的处理。在输入数据时要注意如下一些问题。

（1）当向单元格输入数字格式的数据时，系统自动识别为数字类型（或称数值类型）；任何输入，如果包含数字、字母、汉字及其他符号组合时，系统就认为是文本类型。

（2）如果输入的数字有效位超过单元格的宽度，单元格无法全部显示时，Excel 将显示出若干个#号，此时必须调整列宽。

（3）如果要把输入的数字作为文本处理，可在数字前加单引号（注意：必须为半角字符的单引号），例如，要输入 1234，必须键入"'1234"。当第一个字符是"="时，也可先输入一个单引号，再输入"="，否则按输入公式处理。

（4）如果在单元格中既要输入日期又要输入时间，则中间必须用空格分隔开。

（5）输入日期时，可按 yyyy-mm-dd 的格式输入。例如，2003 年 2 月 25 日应键入"2003-2-25"。

输入时间时，可按 hh:mm 的格式输入。例如，下午 4 时 36 分就键入 "16:36"。

（6）如果在单元格中输入当前系统日期或当前系统时间，可按 Ctrl＋;（分号）键或按 Ctrl＋Shift＋; 键。

（7）需要强制在某处换行时，可按 Alt＋Enter 组合键。

3. 数据的填充

用户除了可在单元格中输入数据外，Excel 还提供数据序列填充功能，使之可以在工作表中快速地输入有一定规则的数据。

Excel 能够自动填充日期、时间及数字序列，包括数字和文本的组合序列，例如：星期一，星期二，…，星期日；一月，二月，…，十二月；1，2，3，…。

例 4-2 在单元格 A1:A10 中填入序列数字 10，13，16，…，37。操作步骤如下：

① 在单元格 A1 中键入起始数 "10"；

② 选定区域 A1:A10；

③ 在 "开始" 选项卡 "编辑" 组中，单击 "填充" 按钮，在展开的下拉列表中选择 "系列" 命令，系统弹出如图 4-4（a）所示的 "序列" 对话框；

④ 选择 "序列产生在" 为 "列"，"类型" 为 "等差序列"，在 "步长值" 框中输入 3；

⑤ 单击 "确定" 按钮。执行结果如图 4-4（b）所示。

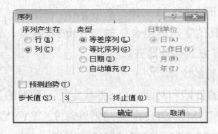

（a）"序列" 对话框　　　　　　　　　　（b）执行结果

图 4-4　数字序列填充

4. 从外部导入数据

切换到 "数据" 选项卡，在 "获取外部数据" 组单击所需按钮，可导入其他应用程序（如 Access，SQL Server 等）产生的数据，还可以导入文本文件等。

4.2.3　单元格的插入和删除

1. 插入空白单元格或区域

插入空白单元格区域的操作步骤如下。

① 选定要插入单元格的位置或区域。

② 在 "开始" 选择卡下的 "单元格" 组中，单击 "插入" 下三角按钮，在下拉列表中选择 "插入单元格" 选项。

③系统弹出 "插入" 对话框。对话框中提供以下 4 种插入方式：

- 活动单元格右移，表示新的单元格插入到当前单元格的左边；
- 活动单元格下移，表示新的单元格插入到当前单元格的上方；
- 整行，在当前单元格的上方插入新行；
- 整列，在当前单元格的左边插入新列。

用户可以从对话框中选择一种合适的插入方式。

2．插入空白行或列

插入空白行或列操作步骤如下。

① 选定插入行（或插入列）所在位置上任一单元格。如果要插入多行（或多列），则必须向下（或向右）选定与要插入的行数（或列数）相同的行（或列）。

② 在"开始"选择卡下的"单元格"组中，单击"插入"下三角按钮，在下拉列表中选择"插入工作表行"（或"插入工作表列"）选项。

3．删除单元格或区域

删除单元格或区域操作是指将单元格内的数据及其所在位置完全删除。被删除的单元格会被其相邻单元格所取代。操作步骤如下。

① 选定要删除的单元格或区域。

② 在"开始"选择卡下的"单元格"组中，单击"删除"下三角按钮，在下拉列表中选择"删除单元格"选项。

③系统弹出"删除"对话框，从对话框中选择一种删除方式。若选"整行"或"整列"，则可以删除所选定单元格所在的行或列。

4．删除行或列

删除行或列的操作步骤如下。

① 选定要删除的行或列。

② 在"开始"选择卡下的"单元格"组中，单击"删除"下三角按钮，在下拉列表中选择"删除工作表行"（或"删除工作表列"）选项。

4.2.4　表格的复制、移动和清除

1．复制数据

复制单元格区域中的数据，可在同一张工作表中进行，也可以在不同的工作表中进行。常用的两种复制方法：一是使用"开始"选项卡下的"剪贴板"组中的"复制"按钮复制数据；二是用鼠标拖放来复制数据。

2．选择性粘贴

一个单元格含有多种特性，如数值、格式、公式等，数据复制时往往只需要复制它的部分特性，这时可以通过"选择性粘贴"来实现。"选择性粘贴"的操作步骤如下：

① 先将数据复制到剪贴板，再选定待粘贴目标区域中的第一个单元格；

② 在"开始"选择卡下的"剪贴板"组中，单击"粘贴"下三角按钮，在下拉列表中选择"选择性粘贴"选项，系统弹出如图 4-5 所示的对话框。

③ 从对话框中选择相应选项后，单击"确定"按钮，即可完成选择性粘贴。

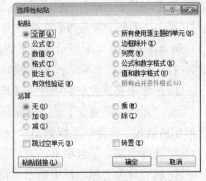

图 4-5　"选择性粘贴"对话框

3．移动数据

移动单元格区域的数据，其操作方法与复制操作基本相同，不同之处在于复制操作使用的是"复制"命令（或按 Ctrl + C 组合键），而移动操作使用的是"剪切"命令（或按 Ctrl + X 组合键）。

4. 清除数据

清除单元格中的数据也称清除单元格，是指将单元格中的内容（含公式）、格式等加以清除，但单元格本身仍保留在原处（这与删除单元格不同）。操作步骤如下：

① 选定要清除数据的单元格（或区域）、行或列；

② 在"开始"选择卡下的"编辑"组中，单击"清除"下三角按钮，在下拉列表中选择"全部清除"、"清除格式"、"清除内容"、"清除批注"和"清除超链接"等选项。

选定单元格、行或列后按 Delete 键，也可以直接清除单元格中的内容（保留单元格中的原有格式）。

4.2.5　数据格式的设置

1. 文本格式的设置

单元格中文本格式包括字体、字号、字形及对齐方式等。文本格式设置的两种常用操作方法：一是利用"开始"选项卡下的有关工具，如"字体"列表框、"字号"列表框、"字形"按钮、对齐方式按钮等；二是通过"开始"选项卡下的"单元格"组中"格式"下拉列表的"设置单元格格式"命令来实现。

2. 数字格式的设置

Excel 为数值数据提供了不少预定义的数字格式。此外，用户也可以自定义自己的数字格式。Excel 常用的数字格式字符如下。

（1）#数字预留位。一个#可表示一个数字。如数字 121.5，若采用格式 "###"，则显示的结果是 122（后一位四舍五入）。

（2）0 数字预留位。预留位置的规则与 "#" 一样。不同的地方是当小数点右边的数字位数比 "0" 少时，少掉的位会用 "0" 补足。如 121.5，若采用格式 "0.00"，则显示的结果是 121.50；若采用格式 "###.##"，则显示的结果是 121.5。

（3）.小数点。小数点前后的位数由 "#"，"0" 的位数确定。如 123.567，若采用格式 "###.00"，则显示的结果是 123.57。

（4）%百分号。将指定数乘以 100 并在后面加%。

（5），逗号（千位分隔符）。从个位数开始每三位整数加一个逗号分隔符。如 1234.564，若采用格式 "#，###.##"，则显示的结果是 1，234.56。

（6）；分号。表示将数字格式分为两部分，分号之前为正数格式，分号之后为负数格式。

例 4-3　如图 4-3 所示的"工资表"工作表中，要将基本工资及扣款两列上的数据显示格式改为 ¥#，##0 方式显示。操作步骤如下：

① 选定要格式化的数据区域（即 D2:E7）；

② "开始"选项卡下的"单元格"组中，单击"格式"下三角按钮，在下拉列表中选择"设置单元格格式"命令，系统弹出"设置单元格格式"对话框；

③ 选择"数字"选项卡；

④ 从"分类"列表框中单击"自定义"项，屏幕出现"类型"框；

⑤ 从"类型"框中选择 "¥#，##0；-¥#，##0" 格式；

⑥ 单击"确定"按钮。

执行结果如图 4-6 所示。也可以通过右击，选择快捷菜单中的"设置单元格格式"命令来完成上述操作。

	A	B	C	D	E	F
1	职工号	姓名	职称	基本工资	扣款	
2	1001	李华文	教授	¥4,500	¥400	
3	1002	林宋权	副教授	¥3,700	¥350	
4	1003	高玉成	讲师	¥2,800	¥300	
5	1004	陈　青	副教授	¥3,900	¥370	
6	1005	李　忠	助教	¥2,500	¥280	
7	1006	张小林	讲师	¥3,000	¥310	
8						

图 4-6　例 4-3 的执行结果

4.2.6　调整单元格的行高和列宽

调整单元格的行高和列宽，有两种常用方法：一是在"开始"选择卡下的"单元格"组中，单击"格式"下三角按钮，在下拉列表中选择"行高"（或"列宽"）命令；二是采用拖动操作来调整行高（或列宽）。

4.2.7　设置对齐方式

默认情况下，Excel 根据单元格中数据的类型，自动调整数据的对齐方式。例如，数字右对齐、文本左对齐、逻辑值和错误信息居中对齐等。用户也可以使用"设置单元格格式"对话框设置单元格的对齐方式。

首先，选中要改变对齐方式的单元格，如果只是简单地设置成"左对齐"、"居中"、"右对齐"和"合并及居中"，可以通过"开始"选项卡下的"对齐方式"组中的相应按钮来完成。如果还有其他的要求，可以通过右击选中的单元格，在快捷菜单中选择"设置单元格格式"命令，利用"设置单元格格式"对话框的"对齐"选项卡进行设置。

4.2.8　表格框线的设置

在制作工作表时，工作表上充满网格，而用户建立的表格一般没有那么大，因此，每个表需要有自己的边框线，才能标明每一张表的实际范围。使用"开始"选项卡下的"字体"组中的"下框线"按钮，或通过右击选中的单元格，在快捷菜单中选择"设置单元格格式"命令，利用"设置单元格格式"对话框的"边框"选项卡设置边框线。

4.3　公式与函数

4.3.1　公式的使用

公式是用运算将数据、单元格地址、函数等连接在一起的式子。向单元格输入公式时，必须以等号"="开头。下面是几个输入公式的实例：

= 5*10 − 20	常数运算
= A6 + B1	对单元格 A6 和 B1 中的值相加
= SQRT(10 + A2)	SQRT 是 Excel 函数，表示求开方根

1．运算符

常用运算符有算术运算符、文本运算符和比较运算符，如表 4-2 所示。

表 4-2   Excel 运算符

类别	运算符
算术运算符	＋（加）、－（减）、＊（乘）、/（除）、＾（乘方）、%（百分比）
比较运算符	＝（相等）、＜＞（不相等）、＞（大于）、＜（小于）、＞＝（大于等于）、＜＝（小于等于）
文本运算符	＆（连接符）

如表 4-2 所示各种运算符在进行运算时，其优先级别排序如下：百分比（%）、乘方（＾）、乘（＊）和除（/）、加（＋）和减（－）、文本运算符（＆），最后是比较运算符。各种比较运算符优先级相同。优先级相同时，按从左到右的顺序计算。

（1）算术运算符：算术运算符是完成基本的数学运算的运算符。例如：

= 8^3*25%   表示 8 的立方乘以 0.25，结果为 128
= 5*8/2^3-B2/4   若单元格 B2 的值是 12，则结果为 2

说明：可以使用圆括号来改变公式的运算次序，例如，公式"=A1 + B2/100"和"=（A1 + B2）/100"，结果是不同的。

（2）文本运算符：只有一个运算符 ＆。其作用是把两个文本连接起来而生成一个新的文本。例如：

= "计算机"&"电脑"   运算结果是"计算机电脑"
= A1 & B2   把单元格 A1 和 B2 中的文本进行连接而生成一个新的文本
= "总数 = " & A10

注意：要在公式中直接输入文本，必须用双撇号"（或称英文双引号）把输入的文本括起来。如""总数 = " & A10"，但不能写成"总数= & A10"。

（3）比较运算符：比较运算符（又称关系运算符）可能完成两个运算对象的比较，关系运算符的结果是逻辑值，即 TRUE（真），FALSE（假）。例如，假设单元格 B2 中的内容为 32，则有：

= B2 < 42   比较结果为 TRUE
= b2> = 32   比较结果为 TRUE
= B2<30   比较结果为 FALSE

（4）日期/时间型数据也可以参与简单运算，例如，假设 A1 为日期型数据，则 A1 + 80 表示日期 A1 加上 80 天。

（5）比较条件式：比较条件式用于描述一个条件。其一般格式为比较运算符后跟一个常量数据。例如：

>5
<= "ABCD"
= "计算机"

2. 公式的输入和复制

当在一个单元格中输入一个公式后，Excel 会自动加以运算，并将运算结果存放在该单元中，以后当公式中引用的单元格数据发生变动时，公式所在单元格的值也会随之变动。

例 4-4   如图 4-7 所示的工作表中记录了某班部分同学参加计算机考试的成绩。总评成绩的计算方法是：上机考试成绩占 40%，笔试成绩占 60%。要求计算出每个学生的总评成绩。操作步骤如下：

① 单击总评成绩第一个单元格 E2，使之成为活动单元格；
② 键入计算公式"=C2*0.4 + D2*0.6"后按回车键，此时在单元格 E2 处显示了计算结果 93.6；

③ 再次单击单元格 E2，使之成为活动单元格；

④ 单击"开始"选项卡下"剪贴板"组中的"复制"按钮；

⑤ 选定区域 E3:E6，如图 4-7 所示；

	A	B	C	D	E	F
1	学　号	姓　名	机试成绩	笔试成绩	总评成绩	
2	95314001	车　颖	93	94	93.6	
3	95314002	毛伟斌	67	87		
4	95314003	区家明	95	83		
5	95314004	王　丹	82	83		
6	95314005	王海涛	83	89		
7						

图 4-7　选定区域

⑥ 单击"开始"选项卡下"剪贴板"组中的"粘贴"按钮，执行结果如图 4-8 所示。

E3			fx	=C3*0.4+D3*0.6		
	A	B	C	D	E	F
1	学　号	姓　名	机试成绩	笔试成绩	总评成绩	
2	95314001	车　颖	93	94	93.6	
3	95314002	毛伟斌	67	87	79	
4	95314003	区家明	95	83	87.8	
5	95314004	王　丹	82	83	82.6	
6	95314005	王海涛	83	89	86.6	
7						
8						

图 4-8　例 4-4 的执行结果

本例使用的是公式复制方法，并在公式中引用相对地址。开始时在单元格 E2 处建立了初始公式 C2*0.4*D2*0.6，其含义是计算 E2 同一行（即第 2 行）的第 3 列单元格数值与 0.4 的积，再加上 E2 同一行的第 4 列单元格数据与 0.6 的乘积，当把公式引用到其他单元格时，相对地址会随所在单元格位置的改变现时改变。当公式引用到 E3 时，计算的是同一行（第 3 行）有关单元格（即 C3 和 D3）的值，其公式相应改变为 C3*0.4*D3*0.6，则可计算出 E3 的值，依此类推。

4.3.2　单元格地址

单元格地址有 3 种表示方式。

（1）相对地址（又称相对坐标）：以列标和行号组成，如 A1，B2，C3 等。在进行公式复制等操作时，若引用公式的单元格地址发生变动，公式中的相对地址会随之变动。

（2）绝对地址（又称绝对坐标）：以列标和行号前加上符号"$"构成，如$A$1, B2 等。在进行公式复制等操作时，当引用公式的单元格地址发生变动时，公式时的绝对地址保持不变。

在例 4-4 中，如果公式中引用的是绝对地址，即C2*0.4 + D2*0.6，则把公式复制到其他单元格时，公式中的地址不会因位置的变化而变化，即计算的都是 C2*0.4 + D2*0.6，而结果也都是 93.6。

（3）混合地址（又称混合坐标）：它是上述两种地址的混合使用方式，如$A1（绝对列相对行），A$1（相对列绝对行）等。在进行公式复制等操作时，公式中相对行和相对列部分会随引用公式的单元格地址的变动而变动，而绝对行和绝对列部分保持不变。

4.3.3　出错信息

当公式（或函数）表达不正确时，系统将显示出错信息。常见出错信息及其含义如表 4-3 所示。

表 4-3   常见出错信息及其含义

出错信息	含义
#DIV/0!	除数为 0
#N/A	引用了当前不能使用的数值
#NAME?	引用了不能识别的名字
#NUM!	数字错
#REF!	无效的单元格
#VALUE!	错误的参数或运算对象
###……	数值长度超过了单元格的列宽

4.3.4 函数的使用

为了方便用户使用，Excel 提供了 9 大类函数，包括数学与三角函数、统计函数、数据库函数、财务函数、日期与时间函数、逻辑处理函数和文本处理函数等。用户使用时只需按规定格式写出函数及所需的参数（number）即可。函数的一般格式是：

    函数名（参数 1，参数 2，…）

例如，要求出 A1，A2，A3，A4 四个单元格内数值之和，可写上函数"=SUM(A1:A4)"，其中 SUM 为求和函数名，A1:A4 为参数。又如"=SUM(A1:A30,D1:D30)"，其中逗号表示要求总和的有两个区域。与输入公式一样，输入函数时必须以等号（=）开头。

函数的输入有两种方法，一是手工输入，就像键入公式那样直接键入函数，当用户对某函数使用格式很熟悉时可以采用手工输入方法；二是利用函数向导输入，通过单击"公式"选项卡下"插入函数 ƒx"按钮，或单击"编辑"工具栏上的"插入函数"按钮 ƒx，打开"插入函数"对话框，然后在函数向导的指引下输入函数，这可避免输入过程中产生的错误。

常用函数及其功能将在 4.6.2 节介绍，用户也可以借助于 Excel 帮助系统查阅函数的使用说明。下面仅重点介绍几个常用函数及其使用方法。

1. 求和函数 SUM

格式：SUM(number1,number2,…)

功能：计算参数中数值的总和。

说明：每个参数可以是数值、单元格引用坐标或函数。

例 4-5   如图 4-3 所示的"工资表"中，要求计算基本工资总数，并将结果存放在单元格 D8 中。操作步骤如下：

① 单击单元格 D8，使之成为活动单元格；

② 键入公式"=SUM(D2:D7)"，并按回车键。

执行结果如图 4-9 所示。

	D8		ƒx	=SUM(D2:D7)		
	A	B	C	D	E	F
1	职工号	姓名	职称	基本工资	扣款	
2	1001	李华文	教授	¥4,500	¥400	
3	1002	林宋权	副教授	¥3,700	¥350	
4	1003	高玉成	讲师	¥2,800	¥300	
5	1004	陈 青	副教授	¥3,900	¥370	
6	1005	李 忠	助教	¥3,500	¥280	
7	1006	张小林	讲师	¥3,000	¥310	
8	合计数			¥20,400		
9						

图 4-9   例 4-5 的执行结果

为了便于使用，Excel 在"公式"选项卡下的"函数库"组中设置了"自动求和"按钮∑，并扩充其实用功能。利用此按钮的下拉列表，可以对一至多列求和，求最大数、计算平均值等。

例 4-6 在上述"工资表"中，要求计算基本工资总数和扣款总数，并将结果分别存放在单元格 D8 和 E8 中。操作步骤如下：

① 选定 D2:E8 区域；

② 单击"公式"选项卡下"函数库"组中的"自动求和"按钮∑，即可对这两列分别求和，和数分别存放在两列所选区域的最后一个单元格上。

2. 求平均值函数 AVERAGE

格式：AVERAGE(number1,number2,…)

功能：计算参数中数值的平均值。

例 4-7 在例 4-6 的基础上，要求计算基本工资的平均值，并将结果存放在 D9 中。以下利用"插入函数"来输入公式。操作步骤如下：

① 单击单元格 D9，使之成为活动单元格；

② 单击"公式"选项卡下"插入函数 f_x"按钮，或单击"编辑"工具栏上的"插入函数"按钮 f_x，系统弹出"插入函数"对话框；

③ 从"或选择类别"框中选择"常用函数"，从"选择函数"框中选择"AVERAGE"；

④ 单元"确定"按钮，系统弹出"函数参数"对话框；

⑤ 在 Number1（参数 1）文本框中键入 D2:D7（也可通过鼠标拖放来选定单元格区域），如图 4-10 所示；

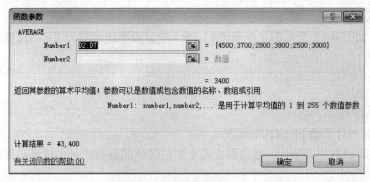

图 4-10 "函数参数"对话框

⑥ 单击"确定"按钮。

执行结果如图 4-11 所示。

	A	B	C	D	E	F
1	职工号	姓名	职称	基本工资	扣款	
2	1001	李华文	教授	¥4,500	¥400	
3	1002	林宋权	副教授	¥3,700	¥350	
4	1003	高玉成	讲师	¥2,800	¥300	
5	1004	陈 青	副教授	¥3,900	¥370	
6	1005	李 忠	助教	¥2,500	¥280	
7	1006	张小林	讲师	¥3,000	¥310	
8	合计数			¥20,400	¥2,010	
9	平均数			¥3,400		
10						

D9 = =AVERAGE(D2:D7)

图 4-11 例 4-7 的执行结果

3. 求最大值函数 MAX

格式：MAX(number1,number2,…)

功能：求参数中数值的最大值。

例 4-8 在例 4-7 的基础上，利用函数 MAX 求出基本工资数的最大值，并将结果存放在单元格 D10 中。操作步骤如下：

① 单击单元格 D10，使之成为活动单元格；

② 键入公式 "=MAX(D2:D7)"，并按回车键。

4. 求数字个数函数 COUNT

格式：COUNT(number1,number2,…)

功能：求参数中数值数据的个数。

例如，假设单元格 A1，A2，A3，A4 的值分别为 1，2，空，"ABC"，则 COUNT(A1:A4)的值为 2。

5. 条件计数函数 COUNTIF

格式：COUNTIF(range,criteria)

功能：返回区域 range 中符合条件 criteria 的单元格个数。

说明：range 为单元格区域，在此区域中进行条件测试。Criteria 为用双引号括起来的比较条件式。也可以是一个数值常量或单元格地址。

例如，在上述"工资表"中，若要求出基本工资大于等于 3000 元的职工人数，可以采用以下函数：

= COUNTIF(D2:D7,">=3000")

例如，在下面图 4-12 所示的工作表（A1:D9）中，要求出班号为 21 的班学生人数，可以采用以下函数：

= COUNTIF(D2:D9,"21")

或

= COUNTIF(D2:D9,D3)

6. 频率分布统计函数 FREQUENCY

频率分布统计函数用于统计一组数据在各个数值区间的分布情况，这是对数据进行分析的常用方法之一。

格式：FREQUENCY(data_array,bins_array)

其中：data_array 为要统计的数据（数组）；bins_array 为统计的间距数据（数组）。

设 bins_array 指定的参数为 A_1，A_2，A_3，…，A_n，则其统计的区间为 $X \leqslant A_1$，$A_1 < X \leqslant A_2$，$A_2 < X \leqslant A_3$，…，$A_{n-1} < X \leqslant A_n$，$X > A_n$，共 $n+1$ 个区间。

功能：计算一组数（(data_array）分布在指定各区间（由 bins_array 来确定）的个数。

例 4-9 在图 4-12 的成绩表（A1:D9）中，统计出成绩 < 60，60 ≤ 成绩 < 70，70 ≤ 成绩 < 80，80 ≤ 成绩 < 90，成绩 ≥ 90 的学生各有多少。操作步骤如下：

① 在一个空区域（如 F4:F7）中建立统计的间距数组（59，69，79，89）；

② 选定作为统计结果的数组输出区域 G4:G8；

③ 键入函数 "=FREQUENCY(C2:C9,F4:F7)"（或使用"插入函数"对话框来设置）；

④ 按下 Ctrl + Shift + Enter 组合键。执行结果如图 4-12 所示。

G4　　　　f_x {=FREQUENCY(C2:C9,F4:F7)}

	A	B	C	D	E	F	G	H
1	学号	姓名	成绩	班号				
2	951001	李小明	76	11				
3	951002	赵　林	87	21				
4	951003	李小敏	85	11		59	2	
5	951004	陈维强	50	31		69	1	
6	951005	林玉美	53	11		79	1	
7	951006	陈　山	96	21		89	3	
8	951007	江苏明	85	11			1	
9	951008	罗晓南	67	31				
10								

图 4-12　例 4-9 的执行结果

说明：Excel 中，输入一般公式或函数后按 Enter 键（或单击编辑栏上的√按钮），但对于含有数组参数的公式或函数（如上述的 FREQUENCY 函数），则必须按 Ctrl + Shift + Enter 组合键。

7. 逻辑函数 IF

格式：IF(条件,值 1,值 2)

其中："条件"（也称 logical_test 参数）为比较条件式，可使用比较运算符，如 =，<>，>，<，>=，<= 等；"值 1"（value_if_true）为条件成立时取的值；"值 2"（value_if_false）为条件不成立时取的值。

功能：本函数对"条件"进行测试，如果条件成立，则取第一个值（即值 1），否则就取第二个值（即值 2）。

例如，已知单元格 C2 中存放考试分数，现要根据该分数判断学生是否及格，可采用如下函数：

= IF(C2<60,"不及格","及格")

一个 IF 函数可以实现"二者选一"的运算，若要在更多的情况中选择一种，则需要用 IF 函数嵌套来完成。

例 4-10　成绩等级与分数有如下关系：成绩≥80——优良；　60≤成绩＜80——中；成绩＜60——不及格。假设成绩存放在单元格 C2 中，则可以采用如下函数来得到等级信息：

= IF(C2>=80,"优良",IF(C2>=60,"中 ","不及格"))

例 4-11　在上述的工资表中，按级别计算"补贴"，教授补贴 1 500 元，副教授补贴 1 200 元，讲师 1 000 元，助教及其他工作人员补贴 800 元，然后计算每个人的实发数。

操作步骤如下。

① 计算第一条记录的"补贴"。在 F2 单元格中输入函数：

= IF(C2="教授",1500,IF(C2="副教授",1200,IF(C2 = "讲师",1000,800)))

按回车键后，该单元格显示 1 500，如图 4-13 所示。

F2　　　　f_x =IF(C2="教授",1500,IF(C2="副教授",1200,IF(C2="讲师",1000,800)))

	A	B	C	D	E	F	G	H	I	J
1	职工号	姓名	职称	基本工资	扣款	补贴	实发数			
2	1001	李华文	教授	4500	400	1500				
3	1002	林宋权	副教授	3700	350					
4	1003	高玉成	讲师	2800	300					
5	1004	陈　青	副教授	3900	370					
6	1005	李　忠	助教	2500	280					
7	1006	张小林	讲师	3000	310					
8										

图 4-13　输入函数及显示结果

注意：上面函数不能写成"=IF(C2 = "教授"，"1500"，……"，即不能用双撇号把数字（数值型数据）括起来。只是用到文本数据时才需要用双撇号（英文双引号）括起来，如"教授"。

② 计算第一条记录的"实发数"。在 G2 单元格中输入公式：

= D2 + F2-E2

按回车键后，该单元格显示 5 600。

③ 用复制公式的方法，把单元格 F2 和 G2 中的公式复制到对应的其他单元格中，以计算出其他老师的"补贴"和"实发数"。

4.4 数据管理与统计

Excel 数据库又称数据清单，它是按行和列来组织数据的。如图 4-3 所示的工资表、图 4-12 所示的成绩表等都是数据清单。其中，除了标题行外，每行都表示一组数据，称为记录。每列称为一个字段，标题行上列名称为字体名。每一列的数据类型必须一致，例如，一整列为文字（如编号、姓名等），或者一整列为数字（如基本工资、某科成绩等）。数据清单建立后，就可以利用 Excel 所提供的工具对数据清单中的记录进行增、删、改、检索、排序和汇总等操作，也可以用其中的数据作图或作表。

4.4.1 数据清单的建立

从行角度来看，数据清单包含两部分内容：标题栏和记录。建立数据清单时，先要将标题栏录入，然后在标题栏下逐行输入每条记录。

4.4.2 记录的筛选

所谓"筛选"，是指根据给定的条件，从数据清单中查找满足条件的记录并且显示出来，不满足条件的记录被隐藏起来。条件一般分为简单条件和复合条件。简单条件是由一个比较运算符所连接的比较式，如成绩> = 60、性别 ="女"等。复合条件是由多个简单条件通过逻辑"与"（AND）或逻辑"或"（OR）连接起来的比较式，如成绩> = 60 AND 性别 ="女"。当用 AND 连接成复合条件时，只有每个简单条件都满足，这个复合条件才能满足。当用 OR 连接成复合条件时，只要有一个简单条件满足，这个复合条件就能够满足。

Excel 有两种筛选记录的方法：一是自动筛选；二是高级筛选。

1. 自动筛选

使用"自动筛选"，可以快速、方便地筛选出数据清单中满足条件的记录。自动筛选每次可以根据一个条件进行筛选，在筛选结果中还可以用其他条件进行筛选。

例 4-12 在图 4-12 所示的成绩表中，筛选出成绩大于等于 80 分的记录。操作步骤如下。

① 单击数据清单中记录区域任一单元格，以此选定数据清单。

② 切换至"数据"选项卡，在"排序和筛选"组中单击"筛选"按钮，如图 4-14 所示。

③ 单击"成绩"字段名右边的下拉箭头，屏幕出现该字段的下拉列表，如图 4-15 所示。

④ 选择"数字筛选"命令，在其级联菜单中选择"大于或等于"命令，系统弹出"自定义自动筛选方式"对话框（见图 4-16）。

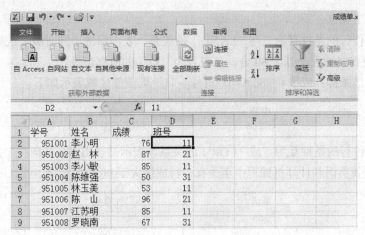

图 4-14　选择"筛选"按钮

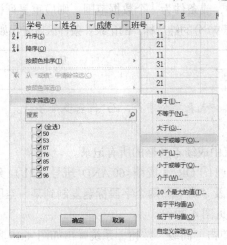

图 4-15　"成绩"下拉列表

图 4-16　"自定义自动筛选方式"对话框

⑤ 本题采用的筛选条件：成绩>=80。在"大于或等于"右边组合框中键入"80"，如图 4-16 所示。

⑥ 单击"确定"按钮。执行结果如图 4-17 所示。

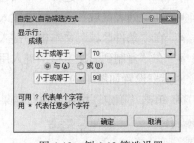

	A	B	C	D	E
1	学号	姓名	成绩	班号	
3	951002	赵　林	87	21	
4	951003	李小敏	85	11	
7	951006	陈　山	96	21	
8	951007	江苏明	85	11	
10					

图 4-17　例 4-12 的执行结果

图 4-18　例 4-13 筛选设置

例 4-13　在上述成绩表中，查找成绩在 70～90 分之间的记录。

本例题采用的筛选条件是：成绩>=70 AND 成绩<=90，因此，在"自定义自动筛选方式"对话框中设置情况如图 4-18 所示。除了设置条件不同外，本例的操作方法与例 4-12 基本相同。

2. 高级筛选

在使用"高级筛选"命令之前，必须先建立条件区域。条件区域的第 1 行为条件标题行，第 2 行开始是条件行。条件标题名必须与数据清单的字段名相同，排列顺序可以不同。建立条件区域时，要注意以下几点。

（1）同一条件行的条件互为"与"（AND）的关系，表示筛选出同时满足这些条件的记录。

例 4-14 查找成绩大于等于 80 分，且班号为"11"的所有记录。

本例题的筛选条件：成绩≥ 80 AND 班号$=11$，则条件区域表示如下：

成绩	班号
≥ 80	11

（2）不同条件行的条件互为"或"（OR）的关系，表示筛选出满足任何一个条件的记录。

例 4-15 查找英语和计算机课程中至少有一科成绩大于 90 分的记录。

英语	计算机
>90	
	>90

（3）对相同的列（字段）指定一个以上的条件，或条件为一个数据范围，则应重复列标题。

例 4-16 查找成绩大于等于 60 分，并且小于等于 90 分的姓"林"的记录。条件区域表示如下：

姓名	成绩	成绩
林*	≥ 60	≤ 90

说明：指定筛选条件时，可以使用通配符?和*。?代表单个字符，而*代表多个字符。

下面通过举例来说明高级筛选的操作步骤。

例 4-17 在上述成绩表中，查找 11 班及 21 班中成绩不及格的所有记录。

① 本例题的筛选条件：（成绩<60 AND 班号$=11$）OR （成绩<60 AND 班号$=21$）。建立条件区域的具体操作方法是：先把标题栏中"成绩"及"班号"两个字段标题复制到某一空区域中（本例为 F1:G1），然后在 F2:G3 中键入条件内容（见图 4-20）。

② 在"数据"选项卡的"排序和筛选"组中单击"高级"按钮，系统弹出如图 4-19 所示的"高级筛选"对话框。

③ 设置对话框：

- 在"方式"框中选择"将筛选结果复制到其他位置"；
- 在"列表区域"文本框中键入数据区域范围 A1:D9（含字段标题）；
- 在"条件区域"文本框中键入条件区域范围 F1:G3（含条件标题）；
- 在"复制到"文本框中键入用于存放筛选结果区域的左上角单元格地址 E6。

对话框设置如图 4-19 所示。

④ 单击"确定"按钮。执行结果如图 4-20 所示。

4-19 "高级筛选"对话框

	A	B	C	D	E	F	G	H
1	学号	姓名	成绩	班号		成绩	班号	
2	951001	李小明	76	11		<60	11	
3	951002	赵 林	87	21		<60	21	
4	951003	李小敏	85	11				
5	951004	陈维强	50	31				
6	951005	林玉美	53	11	学号	姓名	成绩	班号
7	951006	陈 山	96	21	951005	林玉美	53	11
8	951007	江苏明	85	11				
9	951008	罗晓南	67	31				
10								

图 4-20 例 4-17 的执行结果

4.4.3　记录的排序

排序是将数据按关键字值从小到大（或从大到小）的顺序进行排列。排序时，可以同时使用多个关键字。例如，可以指定"班号"为主要关键字（或称第一关键字），"成绩"为次要关键字（或称第二关键字），这样，系统在排序时，先按班号排序，对于班号相同的记录，再按成绩的高低来排列。排序可以采用升序方式（从小到大），也可以采用"降序"方式（从大到小）。

单击"数据"选项卡下的"排序和筛选"组中的"排序"按钮，可以对数据清单进行排序。

对于汉字，还可以按"字母"（汉语拼音字母）或"笔画"顺序排列，其操作方法是：在"排序"对话框中单击"选项"按钮，再从"排序选项"对话框中选择"字母排序"或"笔画排序"即可。

4.4.4　分类汇总

分类汇总是按某一字段（称为分类关键字或"分类字段"）分类，并对各类数值字段进行汇总。为了得到正确的汇总结果，该数据清单先要按分类的关键字排好序。

例 4-18　在上述成绩表中，按"班号"字段分类汇总"成绩"的平均分（即统计出各个班的平均分）。操作步骤如下。

① 先对成绩表按"班号"进行排序（假设按"升序"排序）。

② 选定数据区域。

③ 单击"数据"选项卡下的"分组显示"组中的"分类汇总"按钮，系统弹出"分类汇总"对话框。

④ 在对话框中设置：

- 在"分类字段"组合框中选择"班号"；
- 在"汇总方式"组合框中选择"平均值"选项；
- 在"选定汇总项"列表框中选择"成绩"选项（√表示选中）。

设置情况如图 4-21 所示。

⑤ 单击"确定"按钮。执行结果如图 4-22 所示。

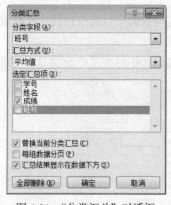

图 4-21　"分类汇总"对话框　　　　　　图 4-22　例 4-18 的执行结果

4.4.5　数据库函数

Excel 提供了多种数据库统计函数，如求数据库的平均值（DAVERAGE）、求最大值（DMAX）

等，详见表 4-8。Excel 数据库函数的格式如下：

函数名(database,field,criteria)

其中：database 指定数据清单的单元格区域；field 指函数所使用的字段，可以用字段代号表示，如 1 代表每一个字段，2 代表第二字段，其余类推；criteria 指条件范围。

例 4-19　在上述成绩表中，求出 11 班的平均分。操作步骤如下。

① 在一个空区域（如 F1:F2）中建立条件区域，如图 4-23 所示。

② 选定一个单元格（如 F5）来存放计算结果，并输入函数 "=DAVERAGE(A1:D9,3,F1:F2)"，或者输入函数 "=DAVERAGE(A1:D9,C1,F1:F2)"，完成在编辑栏中函数的输入后按回车键。

执行结果如图 4-23 所示。

	A	B	C	D	E	F	G
1	学号	姓名	成绩	班号		班号	
2	951001	李小明	76	11		11	
3	951002	赵　林	87	21			
4	951003	李小敏	85	11			
5	951004	陈维强	50	31		74.75	
6	951005	林玉美	53	11			
7	951006	陈　山	96	21			
8	951007	江苏明	85	11			
9	951008	罗晓南	67	31			
10							

图 4-23　例 4-19 的执行结果

4.5　图　表

4.5.1　图表

图表是工作表的一种图形表示，它使工作表中的数据表示形式更为清晰直观。当工作表中的数据被修改时，Excel 会自动更新相关的图表内容。Excel 提供的图表类型有十几种，其中有平面图表，也有立体图表。

创建图表所用的数据来源于工作表。一般情况下，要求这些数据按行或按列的次序存放在工作表中。下面举例说明如何制作图表。

例 4-20　如图 4-24 所示是某工厂 4 个车间在 2009 年和 2010 年的生产产值情况。要求利用这 2 年的数据来制作 "生产产值表" 柱形图。操作步骤如下：

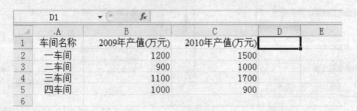

	A	B	C	D	E
1	车间名称	2009年产值(万元)	2010年产值(万元)		
2	一车间	1200	1500		
3	二车间	900	1000		
4	三车间	1100	1700		
5	四车间	1000	900		
6					

图 4-24　某工厂产值表

① 选定区域 A1:C5（其中包括列标题栏）；

② 选择 "插入" 命令，在 "图表" 组中单击 "柱面图" 按钮，在展开的库中选择需要的图表

类型，如"簇状柱形图"，并可通过出现的"图表工具"选项卡对图表进行设置；

③ 切换至"图表工具"的"布局"上下文选项卡，在"标签"组中单击"图表标题"按钮，在展开的下拉列表中选择"图表上方"选项，并在显示的图表标题文本框中输入对应的图表标题，如"2009～2010 年产值表（万元）"，完成后的结果如图 4-25 所示。

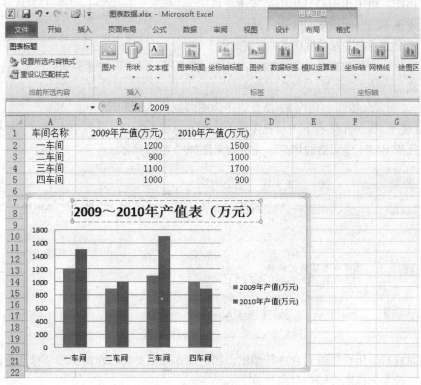

图 4-25　例 4-20 的执行结果

图表完成后，用户可以对它进行编辑修改，比如改变图表的大小、位置、类型、增删数据系列、改动标题等。

（1）移动图表大小：选择图表并将指针移至图表右下角控制手柄上，当指针变成双向箭头形状时按住鼠标左键进行拖动，拖至目标位置后释放鼠标即可更改图表大小。

（2）更改图表类型：右击需要更改图表，在弹出的快捷菜单中单击"更改图表类型"命令，弹出"更改图表类型"对话框，切换至所需类型的选项面板，在右侧的列表框中选择需要的样式类型，再单击"确定"按钮即可完成更改图表类型的设置。

（3）更改图表放置的位置：右击图表，在快捷菜单中选择"移动图表"命令，弹出"移动图表"对话框，根据需要进行设置，完成图表的移动。

4.5.2　迷你图

迷你图是 Excel 2010 中的一个新增功能，它是工作表单元格中的一个微型图表。它与 Excel 2010 工作表上的图表不同，迷你图不是对象，实际上是单元格背景中的一个微型图表，可直观表示数据。使用迷你图可以显示数值系列的趋势，或者突出显示最大值和最小值。

迷你图包括折线图、列、盈亏 3 种类型。在创建迷你图时，需要选择数据范围以及放置迷你图的单元格。下面举例说明如何创建迷你图。

例 4-21 如图 4-26 所示是某公司在 2010 年销售记录情况。要求利用这些数据来制作迷你图。操作步骤如下：

① 单击"插入"命令，切换至"插入"选项卡，在"迷你图"组中单击"柱形图"按钮，系统弹出"创建迷你图"对话框；

② 在"创建迷你图"对话框中的"数据范围"框中设置创建迷你图的数据源，如 B3:E3。在"位置范围"框中设置迷你图的单元格，如 F3（以绝对地址方式）；

③ 单击"确定"按钮，完成 F3 单元格迷你图的制作；

④ 鼠标移至 F3 单元格右下角填充手柄上，当光标变为实心"十"字形状时，按住左键向下拖动鼠标，完成 F4:F6 单元格的填充。完成效果图如图 4-27 所示。

	A	B	C	D	E
1	新华电器销售记录表				
2	产品	第一季度	第二季度	第三季度	第四季度
3	电视机	5677	6374	9756	6997
4	洗衣机	6123	4462	5243	3542
5	冰箱	2365	3218	4321	5422
6	空调	3561	5354	2313	2122

图 4-26　某公司电器销售表

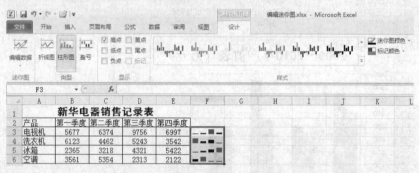

图 4-27　例 4-21 的执行效果

迷你图完成后，用户可以对它进行编辑，如更改迷你图类型，在迷你图中显示数据点、应用迷你图样式、设置迷你图和标记的颜色等。

4.6　其他有关操作

4.6.1　使用多工作表

1. 选定工作表

Excel 工作簿一般设置 3 个工作表，当需要选定其中一个工作表时，可以在窗口下方单击该工作表的标签。

2. 插入工作表

插入工作表的操作步骤如下：

① 右键单击窗口下方工作表标签，在出现的快捷菜单中选择"插入…"命令；

② 在弹出的"插入"对话框"常用"框中选择"工作表"；

③ 单击"确定"按钮即可。

3. 重新命名工作表

工作表默认的名字是 Sheet1，Sheet2 等，因此无法从这些名字来判断该工作表记录的内容是什么。如果要给工作表取一个有意义的名字，可以通过重新命名来实现。操作步骤如下：

① 将鼠标指针移到要重新命名的工作表标签上，然后单击鼠标右键，弹出一个快捷菜单；

② 选择"重命名"命令，使要改名的的工作表标签呈反白显示状态；

③ 从键盘上输入新的名字，例如，要将指定工作表改为"成绩表"，则键入"成绩表"后按回车键。

此时，新的名字就会出现在工作表的标签上。

4. 删除工作表

删除工作表操作步骤如下：

① 单击工作表标签来选定工作表；

② 从工作表标签的快捷菜单中执行"删除"命令。

5. 工作表的复制和移动

Excel 允许将某个工作表在同一个或多个工作簿中移动或复制。

要复制工作簿中的某个工作表，常用操作步骤如下：选定需要复制的工作表标签，把鼠标指针移到已选定的工作表标签上面，按下 Ctrl 键的同时按下鼠标左键，再拖动鼠标到目标位置。

复制完成后，新产生的工作表将被命名为原工作表（2），例如复制 Sheet3 所产生的新工作表名为 Sheet3（2）。

如果用户想重新排列工作簿中各工作表的顺序，可以通过移动工作表来实现，其操作方法与复制操作类似。

4.6.2　常用函数

1. 数学函数（见表 4–4）

表 4-4　　　　　　　　　　　　　　数学函数

函数	功能	应用举例	结果
INT(number)	返回参数 number 向下舍入后的整数值	=INT(5.8)	5
		= INT-(5.8)	−6
MOD (number,divisor)	返回 number/ divisor 的余数	= MOD(17,8)	1
PI()	π 值，即圆周率	= PI()	3.1415
ROUND(number,n)	按指定倍数 n 四舍五入	= ROUND(76.35,1)	76.4
SQRT(number)	返回 number 的平方根值	= SQRT(16)	4
SUM(number1,number2,…)	返回若干个数的和	= SUM(2,3,4)	9
SUMIF(range,criteria,sum-range)	按指定条件求若干个数的和	= SUM(F1:F4,">0"),F1:F4 分别存放有：2,0,3,-1	5

2. 统计函数（见表 4–5）

表 4-5　　　　　　　　　　　　　　统计函数

函数	功能
AVERAGE(number1,number2,…)	返回参数中数值的平均值
COUNTA(value1,value2, …)	返回非空白单元的个数
COUNT (number1, number2,…)	求参数中数值数据的个数
COUNTIF(range,criteria)	返回区域 range 中符合条件 criteria 的个数
MAX(number1,number2,…)	返回参数中数值的最大值
MIN(number1,number2,…)	返回参数中数值的最小值
FREQUENCY(data_array,bins_array)	以一列垂直数组返回某个区域中数据的频率分布

3. 文本函数（也称字符串函数，见表 4-6）

表 4-6   文本函数

函数	功能	应用举例	结果
LEFT(text,n)	取 text（文本）左边 n 个字符	=LEFT("ABCD",3)	"ABC"
LEN(text)	求 text 的字符个数	= LEN("ABCD")	4
MID (text,n,p)	从 text 中第 n 个字符开始连续取 P 个字符	= MID("ABCDE",2,3)	"BCD"
RIGHT(text,n)	取 text 右边 n 个字符	= RIGHT("ABCD",3)	"BCD"
TRIM(text)	从 text 中去除头、尾空格	= TRIM("␣AB␣ C␣␣")	"AB␣C"

4. 日期和时间函数（见表 4-7）

表 4-7   日期和时间函数

函数	功能	应用举例	结果
DATE(year,month,day)	生成日期	=DATE(98,1,23)	1998-1-23
DAY(date)	取日期的天数	= DAY (DATE(98,1,23))	23
MONTH(date)	取日期的月份	= MONTH(DATE(98,1,23))	1
NOW()	取系统的日期和时间	= NOW()	2011-3-21 11:36
TIME(hour,minute,second)	返回代表指定时间的序列数	= TIME(16,48,10)	4:48 PM
TODAY()	求系统日期	= TODAY()	2011-3-21
YEAR(date)	取日期的年份	= YEAR(DATE(98,1,23))	1998

5. 数据库函数表（见表 4-8）

表 4-8   数据库函数

函数	功能
DAVERAGE(database,field,criteria)	返回选定的数据库项的平均值
DCOUNTA(database,field,criteria)	返回数据库的列中满足指定条件的非空单元格个数
DCOUNT (database,field,criteria)	返回数据库中满足条件且含有数值的记录数
DMAX(database,field,criteria)	从选定的数据库项中求最大值
DMIN(database,field,criteria)	从选定的数据库项中求最小值
DSUM(database,field,criteria)	对数据库中满足条件的记录的字段值求和

6. 逻辑函数

（1）逻辑"与"函数（AND）

格式：AND(logical1, logical1,…)

功能：当所有参数的逻辑值都是 TRUE（真）时，返回 TRUE；否则返回 FALSE（假）。

说明：logical1, logical1,…是 1～30 个结果为逻辑值的表达式（一般为比较运算表达式）。

举例：= AND(3> = 1,1 + 6 = 7)   结果为 TRUE

= AND(TRUE,6< = 7)   结果为 TRUE

= AND(3> = 1,"AB">"A",FALSE)   结果为 FALSE

（2）逻辑"或"函数（OR）

格式：`OR(logical1, logical1,…)`

功能：当所有参数的逻辑值都是 FALSE（假）时，返回 FALSE（假）；否则返回 TRUE（真）。

说明：logical1, logical1,…是 1~30 个结果为逻辑值的表达式（一般为比较运算表达式）。

举例：`= OR(3> = 1,1 + 6 = 7)`　　　　　　　　结果为 TRUE

　　　`= OR(FALSE,6>= 7)`　　　　　　　　　结果为 FALSE

　　　`= OR(2>= 5,"AB">"A",FALSE)`　　　　结果为 TRUE

（3）逻辑"非"函数（NOT）

格式：`NOT(logical)`

功能：当 logical 的值为 FALSE 时，返回 TRUE；当 logical 的值为 TRUE 时，返回 FALSE。

举例：`= NOT(3>= 1)`　　　　　　　　　　　结果为 FALSE

　　　`= NOT(FALSE)`　　　　　　　　　　　结果为 TRUE

（4）条件选择函数 IF

这是一个逻辑函数。它能根据不同情况选择不同表达式进行处理。

在 4.3.4 节中已经介绍 IF 函数的格式及功能，下面再举一例。

假设在工作表的 C8 单元格中存放学生身高（cm），现要挑选 170cm~175cm 的人选，凡符合条件的显示"符合条件"，不符合条件的显示"不符合条件"，采用的公式为

　　　　`= IF(AND(C8> = 170,C8< = 175),"符合条件","不符合条件")`

7. 财务函数

（1）可贷款函数 PV

格式：`PV(rate,nper,pv)`

其中：rate 为每期的利率；nper 为分期偿还的总期数；pv 为每期应偿还的金额。

例 4-22　某企业向银行贷款，其偿还能力为每月 50 万元，已知银行月利率为 8%，计划三年还清，则该企业可向银行贷款为 PV(0.08,36,50) = 585.86（万元）。

（2）偿还函数 PMT

格式：`PMT(rate,nper,pv)`

其中：rate 为每期的利率；nper 为分期偿还的总期数；pv 为每期应偿还的金额。

例 4-23　某企业向银行贷款 2000 万元，准备 4 年还清，已知银行月利率为 8%，则该企业每月应向银行偿还贷款的金额为 PTM(0.08,48,2000) = 164.08（万元）。

习　题　4

一、单选题

1. 在 Excel 工作簿中，至少应含有的工作表个数是（　　　）。

　　A. 0　　　　　　　B. 1　　　　　　　C. 2　　　　　　　D. 3

2. 如果要按文本格式输入学号 01014017，以下输入操作中，正确的是（　　　）。

　　A. "01014017　　B. '01014017　　　C. '01014017'　　　D. 01014017

3. 单击"开始"选项卡下"剪贴板"组中的"粘贴"下拉按钮，在其下拉列表中选择（　　　）

命令，可以只复制单元格中的数值，而不复制单元格中的其他内容（如公式）。

    A. 粘贴   B. 选择性粘贴   C. Office 剪贴板   D. 填充

4. 在 Excel 工作表中，不允许使用的单元格地址是（   ）。

    A. E$22   B. $E22   C. E2$2   D. C22

5. 下列 Excel 公式中，正确的是（   ）。

    A. = B2*Sheet2!B2   B. = B2*Sheet2:B2

    C. = 2B*Sheet2!B2   D. = B2*Sheet2$B2

6. 在选定一列数据后自动求和时，求和的数据将被放在（   ）。

    A. 第一个数据的上边   B. 第一个数据的右边

    C. 最后一个数据的下边   D. 最后一个数据的右边

7. 已知 A1 单元格中的公式为：=AVERAGE(B1:F6)，将 B 列删除之后，A1 单元格中的公式将调整为（   ）。

    A. = AVERAGE(#REF!)

    B. = AVERAGE(C1:F6)

    C. = AVERAGE(B1:E6)

    D. = AVERAGE(B1:F6)

8. 已知 A1 单元格中的公式为：=D2*$E3，如果在 D 列和 E 列之间插入一个空列，在第 2 行和第 3 行之间插入一个空行，则 A1 单元格中的公式调整为（   ）。

    A. = D2*$E2   B. = D2*$F3   C. = D2*$E4   D. = D2*$F4

9. 对于如下工作表：

A	B	C
3	2	1

如果将 A2 中的公式"=$A1 + B$2"复制到区域 B2:C3 的各单元格中，则在单元格 B2 的公式为（ （1） ），显示的结果为（ （2） ）。

    （1）A. = $A1 + $C1   B. = A$1 + C$2

            C. = $A1 + C$2   D. = A$1 + $C2

    （2）A. 8   B. 7   C. 6   D. 5

二、多选题

1. 在单元格中插入数据的操作顺序依次是（   ）。

    A. 键入数据   B. 双击单元格

    C. 用箭头键选定插入点   D. 按回车键

2. 在 Excel 工作表中，要将单元格 A1 中的公式复制到区域 B1:B5 中，方法有（   ）。

    A. 选定单元格 A1 后把鼠标指针指向该单元格，按住 Ctrl 键的同时拖动鼠标到区域 B1:B5

    B. 选定单元格 A1 后把鼠标指针指向该单元格，再拖动鼠标到区域 B1:B5

    C. 选定区域 B1:B5 后，单击"开始"选项卡下"剪贴板"组中的"复制"按钮

    D. 右击单元格 A1，从快捷菜单中选择"复制"命令，再选定区域 B1:B5，右击选定区域，从快捷菜单中选择"粘贴选项"中"公式"选项

    E. 选定单元格 A1 后，单击"开始"选项卡下"剪贴板"组中的"复制"按钮，再选定区域

B1:B5，单击"剪贴板"组中的"粘贴"按钮

3. 下列叙述中，正确的是（　　　）。

A. 要对单元格 A1 中的数值的小数位四舍五入，可用函数 INT（A1 + 0.5）或 ROUND（A1，0）

B. 进行分类汇总的前提是要对数据清单按分类关键字排好序

C. 在数据清单中，Excel 既能够对汉字字段进行笔画或字母排序，也能够区分字母大小写进行排序

D. 在条件区域中，大于等于号可以写成 >= ，也可以写成 =>

E. 在输入公式及函数时，文本型数据要用双撇号括起来，如 LEFT("大学生"，2)；但不能采用中文引号，如 LEFT（"大学生"，2)

三、填空题

1. Excel 的工作簿默认包含_____个工作表；每个工作表可有_____行_____列；每个单元格最多输入_____个字符。

2. 如果自定义数字格式为"#.0#"，则键入 34 和 34.567 将分别显示为_____和_____。

3. 计算 $\sqrt{a^2 + b^2}$ 的值，假设 a 和 b 的值分别存放在 A1 和 A2 单元格中，精确到小数点后第 3 位（第 4 位小数四舍五入）。请写出计算公式_____。

4. 工作表中 C1 单元格的内容为"学习"，D3 单元格的内容为"Excel"，则公式"= C1 & D3"的结果是_____，如果把公式输入成为"= C1 + D3"，则结果是_____。

5. 将 C2 单元格的公式"= A2-B4-C1"复制到 D3 单元格，则 D3 单元格中的公式是_____。

6. 制作九九乘法表。在工作表的表格区域 B1:J1 和 A2:A10 中分别输入数值 1~9 作为被乘数和乘数，B2:J10 用于存放乘积。在 B2 单元格中输入公式_____，然后将该公式复制到表格区域 B2:J10 中，便可生成九九乘法表。

7. 写出表示下列各条件的条件区域。其中，姓名、性别、班号及成绩均为数据清单的字段。

（1）成绩等于 80 分的所有男生，条件区域是_____。

（2）班号为 12 和 13 的男生，条件区域是_____。

（3）成绩在 60~80 分（包括 60 分和 80 分）的 12 班女生，条件区域是_____。

（4）姓林的所有女生，条件区域是_____。

8. 在 Excel 工作表中，单元格 A1~A6 中分别存放数值 10，8，6，4，2.2，−1.2，则公式"=SUM(A2:A4, INT(A5), INT(A6))"的结果是_____。

9. 已知 C1 = 20，在 D1 单元格中输入的函数为"=IF(C1>80, C1 + 5, C1−5)"，则 D1 单元格中的值是_____。

10. 已知 A1 单元格中的数据为"计算机基础教程"，则下列各函数取值是什么？

（1）LEFT(RIGHT(A1, 4), 2) 的值是_____。

（2）RIGHT(LEFT(A1, 2), 1) 的值是_____。

（3）LEN(A1 & "1234") 的值是_____。

（4）MID(A1, FIND("教", A1), 2) 的值是_____。

上机实验

实验 4-1　工作表的基本操作和格式化

一、实验目的

掌握工作表的建立、保存及格式化处理。

二、实验内容

（1）在 Excel 中创建一个空白工作簿。

（2）在 Sheet1 工作表中输入如表 4-9 所示的数据（8 行 5 列）。

表 4-9　　　　　　　　　　　　　　　　学籍表

学号	姓名	性别	年龄	班号
973001	李金龙	男	23	11
973002	吴玉敏	女	22	21
973003	苏生	男	22	21
973004	林云波	男	21	11
973005	罗桂珍	女	22	31
973006	朱丽文	女	23	21
973007	李海华	男	21	31

（3）数据输入完后，把 Sheet1 工作表中的数据复制一个备份，保存到 Sheet2 工作表中。

（4）将列名行（即"学号"所在的行）的行高设置为 20 磅，水平居中，垂直居中，字体为仿宋，字号 16 磅，底纹图案 12.5%灰色，颜色"浅绿"色。

【提示】设置"底纹图案"时，右键单击选定区域，在快捷菜单中选择"设置单元格格式"命令。在打开的对话框中，再选择"填充"选项卡，设置"图案颜色"和"图案样式"。

（5）在工作表的顶部插入一行，在该行第一个单元格输入标题"学籍表"，字体为隶书，字号 20 磅，蓝色，跨列居中。

【提示】设置"跨列居中"时，应选定所需的列，再单击"开始"选项卡下"对齐方式"组中的"合并后居中"按钮。

（6）其余各行水平居中。

（7）给表格添加"外侧框线"。

（8）调整各列的宽度，以适应所存放的数据。

（9）设置"条件格式"，将年龄中小于 22 岁的年龄数据用红色及加粗显示。

【提示】单击"开始"选项卡下"样式"组中"条件格式"下拉按钮，在展开的下拉列表中选择"突出显示单元格规则"级联菜单中"小于"命令，并在打开的对话框的"为小于以下值的单元格设置格式"框中设置条件，在"设置为"下拉列表框中选择"自定义格式..."，如图 4-28 所示。

（10）以 e1.xlsx 为文件名，把工作簿保存在用户文件夹下的"第 4 章"子文件夹中，然后关闭工作簿。

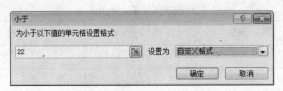

图 4-28 设置"小于"对话框

实验 4-2 使用公式、函数及数据填充方法

一、实验目的

学习数据填充方法,掌握公式和函数的引用方法。

二、实验内容

(1)在 Excel 中创建一个空白工作簿。

(2)利用 Excel 提供的数据填充功能,在 Sheet1 工作表中输入以下数据。

① 在区域 A1:A8 中从上到下填入:2,4,6,8,10,12,14,16。

② 在区域 B1:B8 中从上到下填入:1,2,4,8,16,32,64,128。

③ 在区域 C1:C8 中从上到下填入:1996-1-1,1997-1-1,1998-1-1,1999-1-1,2000-1-1,2001-1-1,2002-1-1,2003-1-1。

④ 在单元格区域 D1:D8 中从上到下填入:第 1 周,第 2 周,第 3 周,第 4 周,第 5 周,第 6 周,第 7 周,第 8 周。

(3)在 Sheet2 工作表中,在单元格 A1 中输入数值 1.2(代表圆半径 r),计算圆周长($2\pi r$)和圆面积(πr^2),把计算结果分别显示在单元格 B1 和 C1 中。再把单元格 A1 的内容改为 2,观察 B1 及 C1 的内容有无变化。

【提示】表示π的函数是 PI()。

(4)在 Sheet3 工作表中,利用公式计算二次函数 ax^2+bx+c 的值。其中 $a=2$,$b=3$,$c=-1$,x 从-3 变到 4,每隔 0.5 取一个函数值。

【提示】以 A 列(或其他列)表示 x,设置 A1 的值为-3,以后各单元格的值为上一个单元格的值加上 0.5;以 B 列表示二次函数,对于 A 列每一个 x 值,利用公式可求出对应的函数值。

(5)将 Sheet1 工作表移到最后(右侧)。

(6)以 e2.xlsx 为文件名,把工作簿保存在用户文件夹下的"第 4 章"子文件夹中,然后关闭工作簿。

实验 4-3 制作图表

一、实验目的

(1)掌握不同图表如"三维簇状柱形图"、"折线图"和"饼图"的制作。

(2)掌握图表的整体编辑和对图表中各对象的编辑。

二、实验内容

1. 制作三维簇状柱形图

(1)在 Excel 中创建一个空白工作簿。

(2)在 Sheet1 工作表中输入如表 4-10 所示的数据(4 行 5 列)。

表 4-10　　　　　　　　　　　　　产值表（单位：万元）

分厂	第一季度	第二季度	第三季度	第四季度
一分厂	8.5	16.4	21.0	27.4
二分厂	10.3	22.3	18.7	21.5
三分厂	9.0	13.5	19.6	18.7

（3）利用各分厂的"第一季度"和"第二季度"的产值，创建三维簇状柱形图，配上"各分厂产值表"图表标题，放置在原工作表中。

2. 对图表进行编辑和格式化操作

（1）将上面完成的图表移动到所在工作表的下方。

（2）将"第三季度"和"第四季度"的产值添加到图表中。

【提示】为图表增加数据系列的操作：①右击上述已完成的图表，在快捷菜单中选择"选择数据"；②在弹出的"选择数据源"对话框的单击"添加"按钮；③在弹出的"编辑数据系列"对话框的"系列名称"框中键入行标题单元格区域，如"第三季度"所在单元格 D2，在"系列值"框中键入对应"第三季度"列下的数据值单元格区域，如 D3:D5。如图 4-29 所示。或者单击右侧的单元格选择按钮"📷"直接用鼠标选定所需区域。

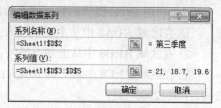

图 4-29　设置"编辑数据系列"对话框选项

再次执行②～③操作，可向图表中增加"第四季度"的数据。

（3）为图表添加分类轴标题"分厂"和数值轴标题"产值（万元）"。

【提示】在"图表工具"的"布局"上下文选项卡的"标签"组中单击"坐标轴标题"按钮，根据需要选择分类轴标题位置。

（4）将图表区设置为"圆角"和"阴影"，文字格式设置为楷体、10 磅、加粗、蓝色。

【提示】①图表区设置可从图表快捷菜单中选择"设置图表区域格式"命令，再按需要进行设置；②字体格式设置可从图表快捷菜单中选择"字体"命令，再按需要进行设置。

3. 制作折线图

（1）将上述 2 完成的图表复制到 Sheet2 工作表中。

（2）把图表改为如图 4-30 所示的折线图（数字点折线图）。以各分厂作为分类轴 x 轴数值，产值（万元）作为 y 轴数据，制作各分厂的四个季度的产值折线图。

【提示】从图表的快捷菜单中选择"图表类型"命令，再修改图表类型。

（3）将图表标题改为"各分厂四个季度的产值表"。

4. 制作饼图

（1）把 Sheet1 工作表中的数据（4 行 5 列）复制到 Sheet3 工作表中。以下在 Sheet3 工作表中操作。

（2）在"第四季度"列的右侧插入一列，列名为"全年总产值"。采用"自动求和"的方法，计算各分厂全年总产值，并存放在新增的"全年总产值"列中。

（3）在工作表下方，制作各分厂全年总产值比例图（"饼图"），如图 4-31 所示，并配上"各分厂全年总产值比例图"图表标题。

5. 保存工作簿

图表制作完成后，把工作簿以 e3. xlsx 为文件名，把工作簿保存在用户文件夹下的"第 4 章"

子文件夹中，关闭工作簿。

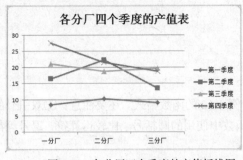

图 4-30　各分厂四个季度的产值折线图

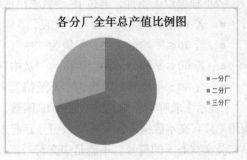

图 4-31　各分厂全年总产值"饼图"

实验 4-4　数据清单的创建和统计

一、实验目的

掌握简单的数据处理方法。

二、实验内容

1. 建立数据清单，计算平均分

（1）创建一个空白工作簿，在第 1 个工作表（如 Sheet1）上输入如表 4-11 所示的数据清单，要求采用"填充"序列数据方法来输入学号。

表 4-11　　　　　　　　　　　　　　　　学生考试成绩

学号	姓名	计算机	外语	平均分
973001	李金龙	75	56	
973002	吴玉敏	87	90	
973003	苏　生	96	94	
973004	林云波	63	72	
973005	罗桂珍	55	67	
973006	朱丽文	86	73	
973007	李海华	93	79	
973008	余　华	83	92	
973009	卢海伟	78	94	
973010	何　强	88	86	

（2）求出每个学生的平均分，结果四舍五入取 1 位小数。

【提示】对数值四舍五入有两种常用方法，一是利用 Round（）函数；二是通过"设置单元格格式"对话框来设置数值的格式。

（3）将当前工作表改名为"成绩表"。

2. 按平均分排序

把成绩表复制到第 2 个工作表（如 Sheet2）上，然后在新工作表上按平均分从高到低排序，把当前工作表改名为"排名表"。

3. 显示成绩等级

把"成绩表"复制到第 3 个工作表（如 Sheet3）上，然后在新工作表上完成如下处理。

（1）在"平均分"列的右边增加新列"等级"。

（2）根据以下条件，通过 IF 函数求出成绩等级：

- 若平均分≥80，等级为"优良"；
- 若 70≤平均分＜80，等级为"中"；
- 若 60≤平均分＜70，等级为"及格"；
- 若 60＞平均分，等级为"不及格"。

【提示】求解本题的关键是写好 IF 函数，请参考例 4-10 的函数格式。还要注意：①双引号的使用（只有文本数据才需要英文双引号括起来）；②函数中使用的圆括号、比较运算符、逗号等都是在英文状态下的符号，不能是中文符号。

（3）将第 3 个工作表改名为"成绩等级"。

4. 采用"高级筛选"方法找出"优良"记录

从"成绩表"中找出两科成绩都是优良（≥80）的记录，把条件区域和查找结果存放在第 4 个工作表上。将第 4 个工作表改名为"优良表"。

5. 采用"高级筛选"方法找出"不及格"记录

从"成绩表"中找出有一科以上不及格的记录，把条件区域和查找结果存放在第 5 个工作表上。将第 5 个工作表改名为"不及格表"。

6. 计算分数段

利用频率分布统计函数 FREQUENCY，从"成绩表"中统计出平均分＜50，50≤平均分＜60，60≤平均分＜70，70≤平均分＜80，80≤平均分＜90，平均分≥90 的学生数各有多少。把统计的间距数组和结果数组存放在第 6 个工作表上。将第 6 个工作表改名为"分数段表"。

【提示】输入函数后，按下 Ctrl + Shift + Enter 组合键（Ctrl，Shift 两个键先按后放）。

7. 逐一查看

逐一查看上述 6 个工作表。

8. 关闭工作簿

把当前工作簿以 e4.xlsx 为文件名，把工作簿保存在用户文件夹下的"第 4 章"子文件夹中，关闭工作簿。

第5章
演示文稿软件 PowerPoint 2010

PowerPoint 2010 是一种演示文稿的制作工具,它编制的文稿,以幻灯片的形式,可以在计算机屏幕上演示,也可以通过投影仪在大屏幕上放映。它是进行学术交流、产品展示、工作汇报的重要工具。

考虑到 PowerPoint 2010(以下简称 PowerPoint)很多操作方法与 Office 的其他程序(如 Word、Excel)具有共同一致的特点,本章中将主要介绍 PowerPoint 所独有的使用和操作方法。

5.1 概 述

5.1.1 PowerPoint 窗口

启动 PowerPoint 后,系统打开如图 5-1 所示的窗口。PowerPoint 主窗口的基本元素与 Word,Excel 基本相同,只是中间的工作区略有差距。PowerPoint 中间区域是演示文稿的编辑区,该编辑区可根据需要选择在不同的视图下工作。

图 5-1 PowerPoint 2010 主窗口

PowerPoint 启动后就进入普通视图方式，此时编辑区被分成了 3 个窗格：左侧是任务窗格，其中包括了"大纲"和"幻灯片"两个选项卡；中间是幻灯片窗格；下方是备注窗格，如图 5-1 所示。

5.1.2　视图方式

PowerPoint 提供了 6 种不同的视图方式，它们是：普通视图、幻灯片浏览视图、备注页视图、幻灯片放映视图、阅读视图和母版视图（包括幻灯片母版、讲义母版和备注母版）。

根据幻灯片编辑的需要，用户可以在不同的视图上进行演示文稿的制作。要切换视图方式，可以选择"视图"菜单命令功能区"演示文稿视图"中的相应视图命令按钮，或单击窗口底部视图切换按钮。

（1）普通视图：如图 5-1 所示的是普通视图方式，是主要的编辑视图，用于撰写和设计演示文稿。它将文稿编辑区分为 3 个窗格，"普通视图"综合了"阅读视图"、"幻灯片视图"和"备注页视图"三者的优点，可使用户同时观察到演示文稿中某个幻灯片的显示效果及备注内容，并使用户的整个输入和编辑工作都集中在统一的视图中。普通视图方式是文稿编辑工作中最常用的视图方式。

用户可以按需选择在哪一个窗格中编辑幻灯片。拖动窗格分界线，可以调整窗格的尺寸。

① 幻灯片窗格：在幻灯片窗格中显示的是当前幻灯片，可以进行幻灯片的编辑、文本的输入和格式化处理、对象的插入等。

② 任务窗格：任务窗格的上方有"大纲"选项卡和"幻灯片"选项卡两个标签，通过这两个标签可以控制任务窗格的显示格式（大纲显示格式和幻灯片缩略图）。

在"大纲"选项标签下，浏览窗格中仅显示幻灯片中的文本内容，其他对象不显示出来，如表格、艺术字、图形和图片等。

③ 备注窗格：在备注窗格中可以查看和编辑当前幻灯片的演讲者备注文字。每张幻灯片都有一个备注文字页，其中可以写入在幻灯片中没列出的其他重要内容，以便于演讲之前或演讲过程中查阅，也可以在播放幻灯片的同时展示给观众。

（2）幻灯片浏览视图：在这种视图方式下，幻灯片缩小显示，因此在窗口中可同时显示多张幻灯片，同时可以重新对幻灯片进行快速排序，还可以方便地增加或删除某些幻灯片。

（3）备注页视图：用于显示和编辑备注页，即可以插入文本内容，又可以插入图片等对象信息。注意，在普通视图的备注窗格中不能显示和插入图片等对象信息。

（4）阅读视图：用于以方便审阅的窗口中查看演示文稿，而不是使用全屏的幻灯片放映视图。如果要更改演示文稿，可随时从阅读视图切换至某个其他视图。

（5）幻灯片放映视图：在这种视图方式下，可以在计算机上播放幻灯片，并可以看到图形、计时、电影、动画效果和切换效果在实际演示中的具体效果。

（6）母版视图：包括幻灯片母版视图、讲义母版视图和备注母版视图。是存储有关演示文稿的信息的主要幻灯片，其中包括背景、颜色、字体、效果、占位符大小和位置。使用母版视图的一个主要优点在于，在幻灯片母版、备注母版或讲义母版上，可以对与演示文稿关联的每个幻灯片、备注页或讲义的样式进行全局更改。

5.1.3　相关概念介绍

1. 演示文稿

使用 PowerPoint 创建的文档称为演示文稿，文件扩展名为.pptx。一个 PowerPoint 演示文稿由一系列幻灯片组成，就如同在 Word 中文档由一至多页组成，在 Excel 中工作簿由一至多个工作表组成一样。

如图 5-2 所示的是一个演示文稿，用于介绍"大新电脑公司"情况，其文档名为 p1.pptx。该演示文稿由 4 张幻灯片组成。

图 5-2　演示文稿 P1

本章将以本演示文稿为主要案例，介绍演示文稿的制作方法。

2．幻灯片

幻灯片是演示文稿的基本组成部分。幻灯片的大小统一、风格一致，可以通过页面设置和母版的设计来确定。在新插入一张幻灯片时，系统将按母版的样式生成一张具有一定版式的空白幻灯片，用户再按自己的需要对其进行编辑。

3．幻灯片组成

幻灯片一般由编号，标题，占位符和文本框、图形、声音、表格等元素组成。

（1）编号：幻灯片的编号即它的顺序号，决定各片的排列次序和播放顺序。它是插入新幻灯片时自动加上的。对幻灯片的增删，也会引起后面幻灯片编号的改变。

（2）标题：通常每一张幻灯片都需要加入一个标题，它在大纲窗格中作为幻灯片的名称显示出来，也起着该幻灯片主题的作用。

（3）占位符：幻灯片上的标题、文本、图形等对象在幻灯片上所占的位置称为占位符。占位符的大小和位置一般由幻灯片版式确定，用户也可以按照自己的需要修改。各种对象的占位符以虚线框出，单击它即可选定，双击它时可以插入相应的对象。

在图 5-1 中，幻灯片窗格中有两个分别标示"单击此处添加标题"和"单击此处添加副标题"的虚线框，就是占位符。

4．版式

版式是幻灯片上的标题、文本、图片、表格等内容的布局形式。在"幻灯片版式"任务窗格（见图 5-3）中，PowerPoint 提供了 4 大类共 31 种幻灯片版式（也称布局），用户可以从中选择一种，默认选择为第一种。每种版式预定义了新建幻灯片的布局形式，其中各种占位符以虚线框出。

图 5-3　选择幻灯片版式

5.2 演示文稿的建立与编辑

5.2.1 创建演示文稿

在主窗口中，选择"文件"/"新建"命令，再在右边的"可用模板"框中选择"空白演示文稿"，即可创建名为"演示文稿 1"的空白演示文稿，如图 5-1 所示。PowerPoint 提供了创建演示文稿的 3 种选择方式：利用"可用的模板和主题"创建和根据"Office.com 模板"创建。用户可以从中选择一种方式来创建新的演示文稿。

（1）用"可用的模板和主题"创建演示文稿。用户可以充分利用 PowerPoint 提供的内置模板和主题等选择自己所需要的样式，如"空白演示文稿"、"我的模板"、"主题"等。系统提供的空白演示文稿不包含任何颜色和任何样式。

（2）根据"Office.com 模板"创建演示文稿。Office.com 模板是 Office.com 网上提供的一系列模板样式，可以通过选择模板类别来创建新文稿，先要选择一种模板，然后单击"下载"将该模板从 Office.com 下载到本地驱动器上，完成演示文稿的创建。

例 5-1 用"可用的模板和主题"中的"空白演示文稿"创建演示文稿，并制作第一张幻灯片。操作步骤如下：

① 选择"开始"/"新建"命令，在右边的"可用的模板和主题"框中双击"空白演示文稿"类别，打开一个空白的演示文稿；

② 选择"开始"命令，在"幻灯片"组中单击"版式"按钮，从打开的"Office 主题"列表框中选择"标题和内容"版式，如图 5-3 所示，可以看到编辑窗口显示出含有标题和文本两个占位符的幻灯片；

③ 单击"单击此处添加标题"占位符，输入"大新电脑公司"，采用楷体，54 磅字，加粗；

④ 单击"单击此处添加文本"占位符，输入"大新电脑公司成立于 2000 年……"内容，采用宋体，28 磅字，加粗。

输入后，第一张幻灯片如图 5-4 所示。

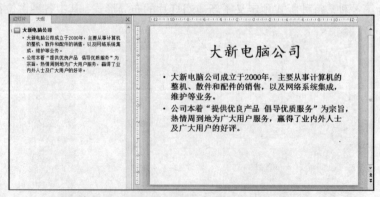

图 5-4 第一张幻灯片

5.2.2　幻灯片文本的编辑

一个演示文稿的制作过程实际上就是一张幻灯片的制作过程。编辑幻灯片一般是在普通视图方式下进行。

1．输入文本

如果幻灯片中包含有文本占位符，单击文本占位符就可以开始输入文本。与 Word 一样，在文本区内输入文字也是自动换行的，不需要按回车键。

2．文本的编辑

在对文本进行操作之前，需要先选定它。利用鼠标拖动可以选定文本，双击可以选定一个单词，三击可以选定一个段落。

在 PowerPoint 中对文本进行删除、插入、复制、移动等操作，与 Word 操作方法基本相同。但要注意的是，PowerPoint 中只有插入状态，不能通过按 Insert 键从插入状态切换为改写状态。

3．文本的格式化

文本的格式化包括字体、字形、字号、颜色及效果（效果又包括下画线、上/下标、阴影等）。要对文本进行格式化处理，先要选定该文本，再选择"开始"命令，并单击"字体"组中右下方"字体"对话框启动器，在打开的"字体"对话框中进行设置，或单击"开始"命令功能区下的"字体"组有关按钮进行设置。

4．段落的格式化

（1）改变文本对齐方式：先选定要设置对齐方式的文本，再单击"开始"命令功能区下的"段落"组中有关文本对齐按钮进行设置。

（2）改变行间距：选定要改变行间距的段落，再选择"开始"命令，在"段落"组中单击右下方"段落"对话框启动器，在打开的"段落"对话框中，设置"行距"、"段前"或"段后"等选项有关尺寸即可。

（3）增加或删除项目符号和编号：默认情况下，在幻灯片上各层次小标题的开头位置上会显示项目符号（如"·"），以突出小标题层次。为增加或删除项目符号和编号，最简单的方法是单击"段落"组中的"项目符号"或"编号"按钮。

5.2.3　幻灯片的操作

1．新加幻灯片

打开一文稿后，用户可以按照需要新加幻灯片。

例 5-2　为演示文稿 p1 新增第二张幻灯片，使它含有标题、文本和剪贴画 3 部分内容。操作步骤如下：

① 选择"开始"命令，在"幻灯片"组中单击"新建幻灯片"按钮，系统打开如图 5-3 所示的"幻灯片版式"列表框；

② 在打开的列表框中选用"两栏内容"版式，此时在编辑窗口中将显示出含有一个标题、两栏内容 3 个占位符的幻灯片；

③ 在文稿编辑区中，单击"单击此处添加标题"占位符，输入"销售业务范围"，采用楷体，54 磅字，加粗；

④ 单击"单击此处添加文本"占位符，输入"家用机"、"商用机"等内容，采用宋体，28 磅字，加粗；

⑤ 设置文本的行距、段前和段后的间距，选定刚输入文字的文本占位符，选择"开始"命令，在"段落"组中单击右下方"段落"对话框启动器，在打开的"段落"对话框中，设置"行距"、"段前"和"段后"分别为 1.2 行、6 磅和 6 磅。

输入标题和文本后，幻灯片显示如图 5-5 所示。

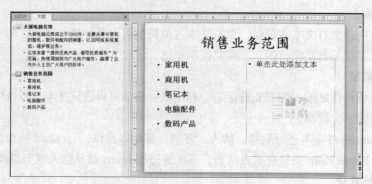

图 5-5　在幻灯片中输入标题和文本

说明： 每完成一张幻灯片后，可重复上述步骤建立下一张幻灯片。通常，增加的新幻灯片位于当前幻灯片之后。

2. 选定幻灯片

在对幻灯片进行操作之前，先要选定幻灯片。在幻灯片浏览视图和大纲视图中，选定幻灯片有以下方法：

（1）单击指定幻灯片（或幻灯片编号），可选定该幻灯片；

（2）按住 Ctrl 键的同时单击指定幻灯片（或幻灯片编号），可以选定多张幻灯片；

（3）单击所要选定的第一张幻灯片，再按住 Sheet 键的同时单击最后一张幻灯片，可以选定多张连续的幻灯片；

（4）按下 Ctrl + A 键（或单击"编辑"组中的"全选"命令）可以选定全部幻灯片。

若要放弃被选定的幻灯片，单击幻灯片以外的任何空白区域即可。

3. 删除幻灯片

删除幻灯片的方法是：先选定要删除的幻灯片，然后按 Delete 键或单击"剪贴板"组中的"剪切"按钮，或选择快捷菜单中"删除幻灯片"命令。

4. 复制和移动幻灯片

（1）使用复制、剪切和粘贴功能，可以对幻灯片进行复制和移动，方法如下：

① 切换到幻灯片浏览视图或大纲窗格方式；

② 选定要复制或移动的幻灯片；

③ 单击"剪贴板"组中的"复制"或"剪切"按钮，或按下 Ctrl + C 键或 Ctrl + X 键，或选择快捷菜单中"复制"或"剪切"命令；

④ 选定要在其后放置复制或剪切内容的幻灯片；

⑤ 单击"剪贴板"组中的"粘贴"按钮，或选择快捷菜单中"粘贴"命令。

（2）复制或移动幻灯片，还可以采用拖动方法。使用拖动操作重新排列幻灯片的顺序，操作步骤如下：

① 在幻灯片浏览视图（或大纲窗格方式）下，将鼠标指针指向所要移动的幻灯片；

② 按住鼠标左键并拖动鼠标，将插入标记（一竖线）移动到某两幅幻灯片之间；

③ 松开鼠标左键，幻灯片就被移动到新的位置。

5.3　在幻灯片上添加对象

幻灯片上面除了文字以外，还可以插入图片、文本框、图表、表格、声音、影片等对象，使得整个演示文稿更加生动、形象。

5.3.1　插入艺术字和图片

与 Word 一样，PowerPoint 也可以在幻灯片上插入艺术字、图片、文本框和表格等对象。

例 5-3　在如图 5-5 所示的幻灯片上插入"便携式电脑"剪贴画。操作步骤如下：

① 在普通视图方式下，选定该幻灯片为当前幻灯片；

② 在幻灯片窗格中双击剪贴画占位符，屏幕右侧出现"剪贴画"任务窗格；

③ 在该任务窗格的"搜索文字"框中输入"Laptop"（便携式电脑），单击"搜索"按钮，列表框中将显示所需要的剪贴画；

④ 双击列表框中的剪贴画，则可把该图片插入到剪贴画占位符中，再适当调整图片的大小，如图 5-6 所示。

图 5-6　插入剪贴画

5.3.2　插入组织结构图

组织结构图由一系列的图框和连线组成，表示一定的等级和层次关系。在 PowerPoint 中创建一个组织结构图有两种方法，一种是在演示文稿中插入一个带有组织结构图占位符的新幻灯片，另一种是在已有的幻灯片上插入一个组织结构图。

例 5-4　为演示文稿 p1 创建第三张幻灯片，使它含有组织结构图。操作步骤如下：

① 选择"开始"命令，在"幻灯片"组中单击"新建幻灯片"按钮，系统打开如图 5-3 所示的"幻灯片版式"列表框；

② 在打开的列表框中选用"标题和内容"版式，此时在编辑窗口中将显示出含有标题和内容两个占位符的幻灯片；

③ 单击"标题"占位符，输入"公司机构设置"，采用隶书，54 磅字，加粗；

④ 双击"插入 SmartArt 图形"图标，弹出"选择 SmartArt 图形"对话框，切换至"层次结构"选项面板，选定所需要的图形类型，如"组织结构图"，再单击"确定"按钮，打开如图 5-7（a）

所示的"组织结构图"编辑窗口；

⑤ 在已有的方框中分别输入"总经理"、"总经理助理"、"销售部"、"财务部"和"技术部"；

⑥ 右击"销售部"所在的方框，从快捷菜单中选择"添加形状"／"在下方添加形状"，则在"销售部"下方出现一个新方框，在此方框中输入"南方区"；同样方法，可以在"销售部"下方增添一个"北方区"方框；

⑦ 单击"组织结构图"占位符以外的位置，可退出该"组织结构图"的编辑状态。

制作完成的组织结构图如图 5-7（b）所示。

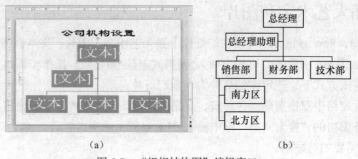

（a）　　　　　　　　　　（b）

图 5-7　"组织结构图"编辑窗口

5.3.3　插入数据图表

PowerPoint 可以新建一个带有数据图表的幻灯片，也可以在已有的幻灯片上添加数据图表。

例 5-5　为演示文稿 p1 创建第四张幻灯片，使它含有数据图表。操作步骤如下：

① 选择"开始"命令，在"幻灯片"组中，单击"新建幻灯片"按钮，系统打开如图 5-3 所示的"幻灯片版式"列表框；

② 在打开的列表框中选用"标题和内容"版式，此时在编辑窗口中将显示出含有标题和内容两个占位符的幻灯片；

③ 单击"标题"占位符，输入"几年来销售业绩（万元）"采用隶书，54 磅字，加粗；

④ 双击"插入图表"图标，启动如图 5-8 所示的 Microsoft Graph 程序。利用 Microsoft Graph 程序，用户可以在"数据表"框中输入所需数据以取代示例数据。此时，幻灯片上的图表会随输入数据的变化而发生相应的变化；

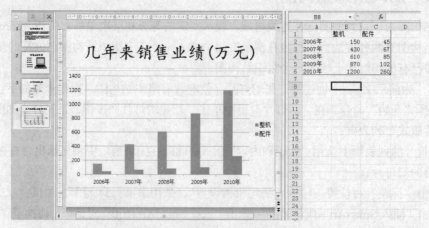

图 5-8　在幻灯片中插入数据图表

⑤ 单击"数据图表"占位符以外的位置，完成数据图表的创建。

5.3.4 插入文本框、表格及声音

1. 插入文本框

选择"插入"命令，在"文本"组中选择"文本框"按钮，根据需要选择"横排文本框"或"垂直文本框"命令，然后用鼠标指针在幻灯片窗格内拖动，画出一个文本框，即可输入内容。

注意，文本框与占位符从形式到内容上基本相似，但有一定区别。例如，占位符中的文本可以在大纲窗格中显示出来，而文本框中的文本却不能在大纲窗格中显示出来。

2. 插入表格

选择"插入"命令，在"表格"组中选择"表格"按钮，或双击幻灯片上的表格占位符，根据需要设定表格的行数和列数后，即可产生一个简易表格。

像在 Word 中一样，可在表格单元中输入内容，并可设置表格内容的字体格式、对齐方式，设置表格边框的粗细、颜色及表格的填充颜色等。

3. 插入声音

为使放映时同时播放解说词或音乐，可在幻灯片中插入声音对象，操作方法如下：

① 在幻灯片窗格中，选定要插入声音的幻灯片；

② 选择"插入"命令，在"媒体"组中单击"音频"下三角按钮，选择列表中"文件中的声音"命令，系统弹出"插入音频"对话框；

③ 指定声音文件的位置及文件名，再单击"插入"按钮；

④ 切换至"音频工具"的"播放"上下文选项卡，用户可根据需要设置"音频选项"组中的选项，如"音量"、"开始"等。

设置后在幻灯片中央位置上将出现一个小喇叭图标，用户通过拖动可以把该图标放置在其他合适的位置。

以后当放映幻灯片时，就可以按照已设置方式来播放该声音文件。

4. 插入视频图像

选择"插入"命令，在"媒体"组中单击"视频"下三角按钮，选择列表中"文件中的视频"命令，系统弹出"插入视频文件"对话框，在该对话框中指定声音文件的位置及文件名，再单击"插入"按钮，即可幻灯片中插入视频图像。

以后当放映幻灯片时，单击该插入视频对象可启动播放。

5.4 设置幻灯片外观

通常，要求一个文稿中所有幻灯片具有统一的外观，如背景图样、标题字型、标头形式、标志等，为此 PowerPoint 提供了两种常用的控制手段：母版和模板。

5.4.1 使用幻灯片母版

每个文稿都有 4 个母版，即标题母版、幻灯片母版、备注母版和讲义母版。幻灯片母版用来设定文稿中所有幻灯片的文本格式，如字体、字形或背景对象等。通过修改幻灯片母版，可以统一改变文稿中所有幻灯片的文本外观。

要查看和编辑文稿中所有幻灯片母版，操作步骤如下。

① 选择"视图"命令。

② 在"母版视图"组中选用"幻灯片母版"选项，屏幕显示出当前文稿的幻灯片母版。

③ 对幻灯片母版进行编辑。幻灯片母版类似于其他一般幻灯片，用户可以在其上面添加文本、图形、边框等对象，也可以设置背景对象。以下仅介绍两种常用的编辑方法。

● 改变母版的背景效果：单击"幻灯片母版"选项卡中"背景"组中右下方"背景"对话框启动器，系统将弹出"设置背景格式"对话框，根据需要进行"填充颜色"等相关设置即可。

● 加入时间和页码（幻灯片编号）：选择"插入"命令，在"文本组"中单击"页眉和页脚"命令，再从其对话框中选择"幻灯片"选项卡，然后选定日期、时间及幻灯片编号。

④ 幻灯片母版编辑完毕，单击"幻灯片母版视图"选项卡上的"关闭母版视图"按钮，则可返回原视图方式。

在幻灯片母版中添加对象后，该对象将出现在文稿的每张幻灯片中。

5.4.2　应用背景和主题

PowerPoint 提供了设置背景和主题效果的功能，使幻灯片具有丰富的色彩和良好的视觉效果。用户可根据幻灯片上常用的对象，如文本、背景、线条、填充等，选择不同的颜色或主题，组成不同的方案应用于个别幻灯片或整个演示文稿。

1. 设置背景

通过设置幻灯片的"背景"，可以将幻灯片的背景设置为单色、双色、图片或纹理、图案填充效果。可以设置整个演示文稿统一的背景效果，也可以设置单张幻灯片的背景。操作步骤如下。

① 选中要设置背景的幻灯片，选择"设计"命令，在"背景"组中单击"背景样式"按钮，在打开的列表框中选择"设置背景样式"命令，或单击"背景"组中右下方"背景"对话框启动器。

② 系统弹出"设置背景格式"对话框，在"填充"选项面板中选择所需要的背景设置，完成后单击"关闭"或"全部应用"按钮即可。

"填充"面板上有"纯色填充"、"渐变填充"、"图片或纹理填充"、"图案填充"、"隐藏背景图形"、"填充颜色"等选项。

选择"关闭"按钮，则所设置的背景格式只应用于选中的幻灯片；选择"全部应用"按钮，则所设置的背景格式应用于全部幻灯片。

2. 使用内置主题效果

PowerPoint 提供了多种内置的主题效果，用户可以直接选择内置的主题效果为演示文稿设置统一的外观，还可以在线使用其他 Office 主题，或者配合使用内置的其他主题颜色、主题字体、主题效果等。

例 5-6　为演示文稿 p1 设置主题效果，操作步骤如下：

① 在普通视图方式下，选定要排版的幻灯片；

② 选择"设计"命令，单击"主题"组中的快翻按钮，在打开的列表中选择所需要的主题样式，如"波形"；

③ 单击"主题"组中的"颜色"按钮，在打开的列表框中选择需要的主题颜色，如"穿越"；

④ 单击"主题"组中的"效果"按钮，在打开的列表框中选择所需要的效果，如"仙松迎客主题"。完成后效果如图 5-9 所示。

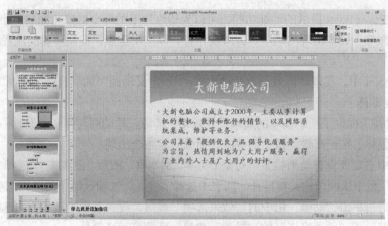

图 5-9　应用"内置主题"效果图

5.5　设置动画和超链接

5.5.1　设置幻灯片的切换方式

幻灯片的切换方式是指放映时从当前的幻灯片过渡到下一张幻灯片的方式。如果不设置切换方式，则单击鼠标后屏幕上立即换成下一张幻灯片。而设置了切换方式后，下一张幻灯片就以某种特定的方式进入屏幕上。例如，采用"切入"方式、"棋盘"方式等。设置方法通过下面例子说明。

例 5-7　在演示文稿 p1 中，把第三张幻灯片的切换方式设置为"棋盘"、"鼓掌"声及"单击鼠标换页"换片方式，操作步骤如下：

① 进入幻灯片浏览视图方式，并选定该幻灯片；

② 选择"切换"命令，单击"切换到此幻灯片"组中的快翻按钮，在打开的列表框中选择"棋盘"选项，如图 5-10 所示；

图 5-10　"切换"命令功能区

③ 单击"切换到此幻灯片"组中的"效果选项"按钮，在打开的列表框中选择"自左侧"选项；

④ 单击"计时"组中的"声音"列表框右侧的下三角按钮，在打开的列表框中选择"鼓掌"声音选项；

⑤ 在"计时"组中的"持续时间"列表框中，单击右侧的微调按钮，根据需要设置"持续时间"值；

⑥ 在"计时"组中选择"换片方式"为"单击鼠标时"；

⑦ 选择"切换"/"预览"命令查看上述设置效果。

5.5.2　设置动画效果

在缺省情况下，幻灯片放映效果与传统的幻灯片一样，幻灯片上的所有对象都是无声无息地同时出现的。利用 PowerPoint 提供的动画功能，可以为幻灯片上的每个对象（如层次小标题、图片、艺术字、文本框等）设置出现的顺序、方式及伴音，以突出重点，控制播放的流程和提高演示的趣味性。

在 PowerPoint 中，实现动画效果有两种方式："预定义动画"和"自定义动画"。

1. 预定义动画

"预定义动画"提供了一组基本的动画设计效果，其特点是动画与伴音的设置一次完成。放映时，只有单击鼠标、按回车键、按↓键等时，动画对象才会出现。

在幻灯片中选定要设置动画的某个对象（文本、文本框、图形、图表等），选择"动画"命令，再单击"动画"组中快翻按钮，在打开的列表中选择"进入"选项区域中的动画选项，如"飞入"选项。还可以通过单击"动画"组中的"效果选项"按钮，设置动画进入的方向选择。

单击"预览"或"动画窗格"的"播放"按钮，可预览动画效果。

若要取消幻灯片的动画效果，可先选定该幻灯片设置动画效果的对象，然后选择"动画"命令，单击"动画"组中的快翻按钮，在打开的列表框中选择"无"选项即可。

2. 自定义动画

在自定义动画中，PowerPoint 提供了更多的动画形式和伴音方式，而且还可以规定动画对象出现的顺序和方式。操作步骤如下：

① 选定要添加动画效果的幻灯片；

② 选择"动画"命令，在"高级动画"组中单击"动画窗格"按钮，系统打开如图 5-11 所示的"动画窗格"任务窗格；

③ 选定要添加动画的对象；

④ 单击"高级动画"组中"添加动画"按钮，打开如图 5-12 所示的动画效果列表框；

⑤ 按照幻灯片放映时的时间不同，把对象的动画效果分为进入、强调、退出 3 个选项，同时用户还可以选择对象运动的效果（动作路径）；用户也可以把这些效果组合起来。

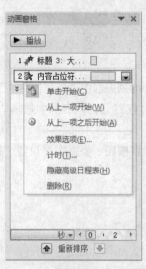

图 5-11 "动画窗格"任务窗格

图 5-12 动画效果

5.5.3　插入超链接和动作按钮

利用超链接和动作按钮可以快速跳转到不同的位置，例如跳转到演示文稿的某一张幻灯片、其他演示文稿、Word 文档、Excel 表格等，从而使文稿的播放更具灵活性。

1. 创建超链接

创建超链接的起点（或称链接源）可以是任何文本或对象，激活超链接一般用单击鼠标的方法。建立超链接后，链接源的文本会添加下划线，并且显示系统指定的颜色。

创建超链接的方法：选定要创建链接的对象（文本或图形），选择"插入"/"超链接"命令，打开"插入超链接"对话框，然后在"地址"栏中输入超链接的目标地址。

2. 插入动作按钮

利用动作按钮，也可以创建同样效果的超链接。在编辑幻灯片时，用户可在其中加入一些特殊按钮（称为动作按钮），使演示过程中放映者可通过这些按钮跳转到演示文稿的其他幻灯片上，也可以播放音乐，还可以启动另一个应用程序或链接到 Internet 上。操作步骤如下：

① 在幻灯片窗格中，选定要插入动作按钮的幻灯片；

② 选择"插入"命令，单击"插图"组中的"形状"按钮，在下拉列表中的"动作按钮"区域中选择所需的按钮；

③ 在幻灯片合适位置处单击鼠标，打开"动作设置"对话框，如图 5-13 所示；

④ 在"单击鼠标"选项卡中选择一个选项，例如"超链接到"，然后从下拉列表框中选择一个项目，例如，下一张幻灯片、URL（Internet/Intranet 网址）、其他文件等；也可以选择"运行程序"、"播放声音"等；

⑤ 在"鼠标移过"选项卡中，可以设置当放映者将鼠标指针移到这些动作按钮上面时所要采取的动作。

图 5-13　"动作设置"对话框

3. 为对象设置动作

除了可以对动作按钮设置（鼠标）动作外，还可以对幻灯片上对象设置（鼠标）动作。为对象设置动作后，当鼠标移过或单击该对象时，就能像动作按钮一样执行某种指定的动作，如跳转到其他幻灯片、播放选定的声音文件等。

在幻灯片中选定要设置动作的某个对象（如某段文字），选择"插入"命令，在"链接"组中单击"动作"按钮，打开如图 5-13 所示的"动作设置"对话框，从中进行设置（类似动作按钮的设置方法）。

例 5-8　为演示文稿 p1 中的第一张幻灯片设置 4 个"单击鼠标"动作按钮，如图 5-14 所示，使之能分别跳转到第二张幻灯片、第三张幻灯片、第四张幻灯片和结束放映，前 3 个动作按钮名分别为"业务"、"部门"和"业绩"。操作步骤如下。

① 在幻灯片窗格中，选定第一张幻灯片。

② 建立第一个"动作按钮"（名称为"业务"，链接到第二张幻灯片）方法如下。

● 选择"插入"命令，单击"插图"组中的"形状"按钮，在下拉列表中的"动作按钮"区域中选择"动作按钮：自定义"按钮，再把鼠标指针移到幻灯片上单击左键，此时在幻灯片上出现按钮的同时，将打开如图 5-13 所示的"动作设置"对话框。

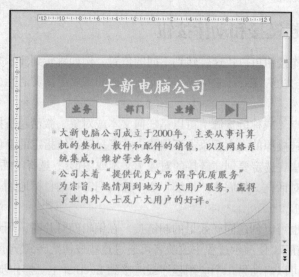

图 5-14　在第一张幻灯片上设置 4 个"动作按钮"

- 从"单击鼠标"选项卡中选择"超链接到"选项，再从下拉列表框中选择"幻灯片"项目，打开"超链接到幻灯片"对话框。从"幻灯片标题"框中选择"2. 销售业务范围"，单击"确定"按钮，即可在幻灯片上生成一个链接到第二张幻灯片的"动作按钮"。
- 调整动作按钮的位置和大小。从动作按钮的快捷菜单中选择"编辑文本"命令，再输入文本"业务"作为该按钮的名称。

③ 类似②的方法，可在幻灯片上生成其他两个"动作"按钮，名称为"部门"和"业绩"，分别链接到第三张幻灯片和第四张幻灯片上。

④ 建立"结束放映"动作按钮方法如下。

- 选择"插入"命令，单击"插图"组中的"形状"按钮，在下拉列表中的"动作按钮"区域中选择"动作按钮：结束"按钮，再把鼠标指针移到幻灯片上单击左键，此时在幻灯片上出现按钮的同时，将打开"动作设置"对话框。
- 从"单击鼠标"选项卡中选择"超链接到"选项，再从下拉列表框中选择"结束放映"项目。单击"确定"按钮，即可在幻灯片上生成一个"结束放映"的动作按钮。

5.6　演示文稿的播放

1. 放映幻灯片的方法

要放映幻灯片，只需选择"幻灯片放映"命令，在"开始放映幻灯片"组中，根据需要选择所需放映方式（有"从头开始"、"从当前幻灯片开始"、"广播幻灯片"和"自定义幻灯片" 4 种方式），也可单击窗口底部右侧的"幻灯片放映"按钮。

在放映幻灯片过程中，单击当前幻灯片或按下键盘上的 Enter 键、N 键或↓键，可以进到下一张幻灯片；按下键盘上的 P 键或↑键，可以回到上一张幻灯片；直到放映完最后一张或按 Esc 键终止放映。

在幻灯片上右击鼠标，将出现一个快捷菜单，使用快捷菜单命令，可以进行任意定位、结束放映状态等操作。

2．设置放映方式

PowerPoint 提供了 3 种幻灯片放映方式：手动、定时和循环播放。

选择"幻灯片放映"命令，单击"设置"组中的"设置放映方式"按钮，系统弹出"设置放映方式"对话框，从中指定放映方式。

（1）选择"放映类型"。本选项框的默认选项为"演讲者放映（全屏幕）"。如果放映时有人照管，可以选择这一放映类型。

若放映演示文稿的地方是在类似于会议、展览中心的场所，同时又允许观众自己动手操作的话，可以选择"观众自行浏览（窗口）"的放映类型。

如果幻灯片放映时无人看管，可以选择使用"在展台浏览（全屏幕）"方式。使用这种方式，演示文稿会自动全屏幕放映。

（2）在"放映幻灯片"选项框中指定放映的幻灯片范围。

（3）在"换片方式"选项框中指定一种幻灯片进片方式。

如果已经进行了排练计时（如已预先确定每张幻灯片需要停留的时间），可以选择"手动"控制演示进度或使用已设置的放映时间自动控制放映进度。

（4）选择"放映选项"，如"放映时不加动画"、"放映时不加旁白"等。

3．隐藏幻灯片和取消隐藏

在 PowerPoint 中，允许将某些暂时不用的幻灯片隐藏起来，从而在幻灯片放映时不放映这些幻灯片。

（1）隐藏幻灯片方法。选定这些幻灯片，然后选择"幻灯片放映"/"隐藏幻灯片"命令，此时，被隐藏的幻灯片编号上将出现一个斜杠，标志该幻灯片被隐藏。

（2）取消隐藏的方法。选定要取消隐藏的幻灯片，然后再次选择"幻灯片放映"/"隐藏幻灯片"命令，即可取消隐藏。

习　题　5

一、单选题

1．下列操作中，不能关闭 PowerPoint 程序的操作是（　　）。

    A．双击标题栏左侧的控制菜单按钮

    B．单击标题栏右边的"关闭"按钮

    C．执行"文件"/"关闭"命令

    D．执行"文件"/"退出"命令

2．在（　　）方式下，可采用拖放方法来改变幻灯片的顺序。

    A．幻灯片窗格   B．幻灯片放映视图

    C．幻灯片浏览视图   D．幻灯片备注页视图

3．下列操作中，不能放映幻灯片的操作是（　　）。

    A．执行"视图"/"幻灯片浏览"命令

    B．执行"幻灯片放映"/"从头开始"命令

    C．单击主窗口右下角的"幻灯片放映"按钮

    D．直接按 F5 键

4．在幻灯片放映中，要前进到下一张幻灯片，不可以按（　　）。

A. P 键　　　　　B. 右箭头键　　　　C. 回车键　　　　　D. 空格键

5. 在演示文稿放映中，能直接转到放映某张幻灯片，可以按（　　　）来操作。

　　A. 右箭头键　　　　　　　　　　B. 键入数字编号，后按 Enter 键

　　C. 空格键　　　　　　　　　　　D. 直接按 Enter 键

6. 在大纲窗格中，不可以进行的操作是（　　　）。

　　A. 创建新的幻灯片　　　　　　　B. 编辑幻灯片中的文本内容

　　C. 删除幻灯片中的图片　　　　　D. 移动幻灯片的排列位置

7. 下列关于占位符的叙述中，错误的是（　　　）。

　　A. 占位符是一种文字、图形等对象的容器

　　B. 占位符中有提示性的信息

　　C. 占位符是由 PowerPoint 程序自动生成的

　　D. 占位符不能为空

8. 在演示文稿中，在插入超链接中所链接的目标，不能是（　　　）。

　　A. 同一演示文稿的某一张幻灯片　　B. 幻灯片中的某一对象

　　C. 其他应用程序的文档　　　　　　D. 另一个演示文稿

9. 在组织结构图中，不能添加（　　　）。

　　A. 助手　　　　　B. 同事　　　　C. 下属　　　　　D. 上司

10. 在 PowerPoint 中，下面选项中的（　　　）不是幻灯片中的对象。

　　A. 文本框　　　　B. 图片　　　　C. 占位符　　　　D. 图表

11. 为使在每张幻灯片上都有一张相同的图片，最方便的方法是通过（　　　）来实现。

　　A. 在幻灯片中插入图片　　　　　B. 在版式中插入图片

　　C. 在模板中插入图片　　　　　　D. 在幻灯片母版中插入图片

二、填空题

1. PowerPoint 中默认的第 1 个新建演示文稿的文件名是_____。

2. 在 PowerPoint 普通视图中，集成了_____、_____和_____ 3 个窗格。

3. 执行_____菜单中的"新建幻灯片"命令，可以添加一张新幻灯片。

4. 在演示文稿的播放过程中，如果要终止幻灯片的放映，可以按_____键。

5. 要对幻灯片中的文本框内的文字进行编辑修改，应在_____窗格中进行。

上机实验

实验 5-1　例题综合练习

按照例 5-1～例 5-8 介绍的操作步骤进行练习（可以连起来操作）。

把制作完成的演示文稿以 p1.pptx 为文件名保存在用户文件夹下的"第 5 章"子文件夹中。

实验 5-2　制作一个简单的演示文稿

一、实验目的

掌握简单演示文稿的制作方法。

二、实验内容

（1）采用"标题和内容"版式制作如图 5-15 所示的幻灯片。在标题区中输入"春晓"，采用 48 磅宋体字，加粗，居中；在文本区中输入该唐诗内容，采用 36 磅宋体字，居中。

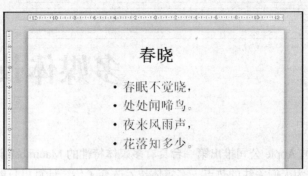

图 5-15　要制作的幻灯片

（2）在现有幻灯片之前插入一张"仅标题"幻灯片，其标题为"唐诗选读"，采用 60 磅楷体字，加粗，居中。

（3）执行"开始"/"版式"命令，将第二张幻灯片（即（1）中制作的幻灯片）版式改变为"垂直排列标题与文本"。将该幻灯片中的标题对象的"动画"效果设置为"旋转"，文本对象的"动画"效果设置为"翻转式由远及近"。

（4）把整个演示文稿的主题设置为"清新主题"，将两张幻灯片切换效果设置为"蜂巢"。

（5）以 p2.pptx 为文件名存放在用户文件夹下的"第 5 章"子文件夹中。

第6章
多媒体技术基础

自从 1984 年美国 Apple 公司推出第一台具有多媒体特性的 Macintosh 计算机以来，多媒体技术发展迅速，逐渐成为人们关注的热点。多媒体技术改变了传统计算机只能单纯处理数字和文字信息的不足，使计算机能综合处理图形、文字、声音、图像等信息，从而拓展了计算机的应用领域，为人们展示出一个多姿多态的视听动感世界。

6.1 多媒体的基本概念

6.1.1 多媒体与多媒体计算机

1. 媒体

媒体（Media）在计算机领域中有两种含义：一是指用来存储信息的实体，如磁带、磁盘、光盘、半导体存储器等；二是指承载信息的载体，它包括信息的表现和传播载体，如文本、声音、图形、图像、动画等。多媒体技术中的媒体指的是后者。

2. 多媒体

所谓"多媒体"（Multimedia），从字面上理解就是"多种媒体的集合"。多媒体是指在计算机控制下将多种媒体融合在一起所形成的信息媒体。传统的媒体（如电视中的文、声、图、像）几乎都是采用模拟信号形式，而多媒体是以数字形式进行存储、处理和传输信息的。

3. 多媒体技术

多媒体技术是指利用计算机技术把图、文、声、像等多种媒体信息综合一体化，使它们建立起逻辑联系，并能进行加工处理的一种技术。这里所说的"加工处理"主要是指对这些媒体的录入、对信息的压缩和解压缩、存储、显示、传输等。显然，多媒体技术是一种基于计算机的综合技术，包括数字化信息的处理技术、音频和视频技术、计算机硬件和软件技术、人工智能和模式识别技术、通信和图像技术等，因而是一门跨学科的综合性技术。

4. 多媒体计算机

通常把具有多媒体处理功能的计算机称为多媒体计算机，它是多媒体技术和计算机技术相结合的产物。在一台普通微机上添加一些多媒体接口卡和附件，如光驱、声卡、视频卡等，就可以组成一个多媒体微机（简称 MPC）。多媒体微机能够编辑和播放声音、录像、动画、图像、视频片断或文本，它还能够控制诸如光驱、录像机、图形扫描仪等外部设备。它具有大容量的存储器，能带来一种图、文、声、像并茂的视听享受，现在的微机一般都具有这种功能。

6.1.2　多媒体信息的类型

在多媒体技术中提到的多媒体信息主要包括文本、图形、图像、视频、动画及音频 6 类。

① 文本。文本是指数字、字母、符号、汉字等的组合。文本是最常见的一种媒体形式，各种书籍、文献、档案、信件等都是由文本媒体数据为主构成的。多媒体系统除了利用文字处理软件（如记事本、Word 等）对文本输入、存储、编辑、排版、输出等功能外，还可应用人工智能技术对文本进行识别、理解、翻译、发音等。

② 图形。图形一般是指由计算机绘制的各种几何图形。图形的一个显著特点是它主要由线条（如直线、弧线等）所组成。计算机辅助设计（CAD）系统中常用矢量图来描述复杂的机械零件和房屋结构等。

③ 图像。图像是通过图形扫描仪、数码相机、摄像机等输入设备获取的实际场景的静止画面，数字化后以位图格式存储。图像可以用图像处理软件如 Adobe Photoshop 等进行编辑和处理。

④ 视频。视频图像是由摄像机等设备获取的活动图像（或称动态图像）。数字化后以视频文件格式存储。

⑤ 动画。动画也是一种活动图像。图形或图像按一定顺序组成时间序列就是动画。计算机动画通常通过 Flash、3DS Max 等软件制作。

⑥ 音频。音频常被作为“音频信号”或声音的同义词，是属于听觉类媒体，其频率范围大约在 20Hz～20kHz。

6.1.3　多媒体技术的基本特征

多媒体技术的主要特征是多样化、数字化、集成性、交互性和实时性。

① 多样化。多媒体强调的是信息媒体的多样化和媒体处理方式的多样化，它将文本、图形、图像、视频和音频集成进了计算机，拓展了计算机所处理的信息空间，使人们能以自己所熟悉的声音、文字、图形同计算机进行信息交互，以更加自然、更加“拟人化”的方式使用计算机，使得信息的表现有声有色，图文并茂。

② 数字化。数字化是指所有媒体信息都能转换成数字形式表示，计算机能对这些信息进行数据处理。这正是多媒体信息能够集成的基础。

③ 集成性。集成性是指可对图、文、声、像等多种媒体进行综合处理，形成一个统一整体。

④ 交互性。交互性是指在播放多媒体节目时，可以实现人机对话，用户可以通过多种方式与计算机交流信息，对计算机进行控制。

⑤ 实时性。在多媒体中，有些媒体（如声音、图像等）是与时间密切相关的，这就决定了多媒体技术必须要支持实时处理。

6.2　多媒体信息处理的关键技术

使计算机具有多媒体功能是人们期望已久的事情，但直到 20 世纪 80 年代末，当人们在一些关键技术取得突破性进展后，多媒体技术才得到迅速发展。多媒体的关键技术主要指以下几个方面。

1. 数据压缩技术

数字化视频、音频信号的数据量非常大，直接进行处理会给计算机造成很大的负担。下面的两个例子说明不压缩时，多媒体数据存储所需要的空间。

例 6-1 存储一幅分辨率为 1 280 像素×1 024 像素的 24 位彩色高质量的图像，所需要的存储空间为：

$$1\,280（列）\times 1\,024（行）\times 24（位）\div 8 = 3.75\text{MB}$$

例 6-2 在计算机连续播放分辨率为 1 024 像素×768 像素的 24 位彩色的电视图像，按每秒 30 帧计算，显示 1 分钟，所需要的存储空间约为

$$1\,024\times 768\times 24\div 8\times 30（帧/秒）\times 60(秒)\approx 4\text{GB}$$

6 张 650MB 的 CD 光盘还不能存放例 6-2 中的未压缩的视频数据。此外，即使存储了这些视频数据，在实际播放时，还要求在 1 分钟内从光盘或硬盘中读出这 4GB 数据，才能保证播放，在目前的技术下，这几乎是无法做到的，在网络传输的环境下更是不可能的。宠大的数据量必然会给计算机的处理速度和存储空间带来很大的压力，故必须对它们进行压缩。压缩以后的数据再进行存储和传输，既节省了存储空间，又提高了数据传输率。

（1）无损压缩和有损压缩

数据压缩又分为无损压缩和有损压缩两种。无损压缩用于要求重构的信号与原始信号完全一致的场合，如磁盘文件的压缩，要求文件还原后不能有任何误差。有损压缩适合于重构信息不一定非要和原始信息完全相同的场合，如图像、视频、音频信号的压缩，这可以提高压缩比。

（2）压缩编码

典型的无损压缩编码有行程编码（Run-Length Encoding，RLE）、哈夫曼编码（Huffmam）、算术编码等，典型的有损压缩编码有预测编码、PCM 编码、变换编码、矢量编码等。

为使读者对数据压缩编码有一个初步认识，下面简单介绍一个压缩编码的例子。

例 6-3 无损压缩的行程编码。行程编码的原理是将原始数据中连续出现的信源符号（称为行程），用一个计数值（称为行程长度）和该信源符号来代替。例如，字母文本"AAABCCDDDDDD"就可以压缩为"3AB2C6D"（数字表示其后字母连续出现的次数），数据由 12 个字符变成了 7 个字符。又如，图像中有 400 个连续的像素，像素颜色值为"01"，则可以表示为"400 01"。

这种压缩方法简单直观，编码与解码速度快，其压缩比与压缩数据本身有关，行程长度大，压缩比就高，如对背景变化不大的图像文件能获得较高的压缩比。这种压缩方法对于 BMP、AVI 等格式文件较适合，而对于拍摄的彩色照片，由于色彩丰富，压缩比就小。

（3）数据压缩的国际标准

目前数据压缩有三大国际标准：JPEG，MPEG 和 H.261，其中 JPEG 是主要针对静态图像的压缩标准，MPEG 是动态图像的压缩标准，而 H.261（也称 P×64）则是使用在可视电话、电视会议等的压缩标准。采用这些标准，可以把多媒体数据大大压缩到只有原来的 1/200～1/25。

MPEG 主要有 3 个版本：MPEG-1、MPEG-2 和 MPEG-4。

① MPEG-1 标准：制定于 1992 年，是针对 1.5Mbit/s 以下数据传输率的数字存储媒体运动图像及其伴音编码设计的国际标准。

② MPEG-2 标准：制定于 1994 年，主要针对高清晰电视（HDTV）所需要的视频及伴音信号，数据传输率为 3～10Mbit/s，与 MPEG-1 兼容。

③ MPEG-4 标准：制定于 1998 年，是一种基于视听（AV）对象的多媒体编码标准，更加注重多媒体系统的交互性和灵活性。它可以应用于数字视频的存储和交互式视频信息服务。

2. 多媒体数据存储与管理技术

多媒体数据经过压缩后，信息量仍然很大，因此需要大容量的存储器。光盘存储器的出现正适应了这种需要。一张 DVD 光盘存储容量为 4.7GB，且价格低廉，又便于信息交流。

由于多媒体数据不仅数据量十分庞大，而且数据的信息联系非常复杂，表现也丰富多彩，现有的文件系统和传统的数据库管理技术都难以解决，因此人们研制出多媒体管理技术。这种多媒体管理技术能够更好地实现多媒体数据（图、声、像、视频等数据）的存储、查询、处理、显示、播放等。

多媒体数据库和超媒体技术是多媒体数据管理的热点技术。

3. 高速运算

进行音频和视频的数字化处理，特别是数据压缩处理，需要进行大量的计算且实时完成，有的运算速度需要用中型机才能达到。目前解决的方法，一是采用高速 CPU（如 Pentium/100 以上的 CPU），二是利用先进的大规模集成电路技术（VLSI）生产多媒体专用芯片（如音频/视频数据压缩和解压缩芯片、图像处理芯片、音频处理芯片等），以获得更快的处理速度。

4. 实时多任务操作系统

多媒体技术需要处理文字、图像、声音等多种信息，且信息同步和实时处理要求很高，因此，需要支持多媒体的实时多任务操作系统。Windows 95，Windows 2000，Windows XP，Windows 7 等的出现，正适应了多媒体应用的需要。

5. 多媒体网络与通信技术

多媒体通信要求能够综合地传输、交换各种类型的信息，而不同信息类型又呈现出不同的特征，如一般数据有较高的准确性要求，它允许出现时间延迟，但不能有任何错误，即使是一个字节的错误都会改变数据的意义；而对于视频和声音来说，它有较强的实时性要求，允许出现某些字节的错误，但不允许任何延迟。传统的通信方式不能满足多媒体通信的要求，目前的 Internet 可以传输高保真立体声和高清晰电视信号。

6. 虚拟现实技术

虚拟现实（Virtual Reality，VR）利用计算机多媒体技术生成一个高度逼真的、具有临场感觉的模拟环境（如汽车驾驶室、军事指挥中心等），使人能够"身临其境"，并能通过语言、手势等自然的方式与之进行实时交互，创建了一种多维信息空间。虚拟现实能够突破时空，模拟过去发生的事件和将要发生的事件等，使人感受到在真实世界中无法亲身经历的体验。

6.3 常见多媒体文件格式

常见多媒体文件格式可按音频文件、图形和图像文件、视频文件如流媒体几类进行划分。

1. 音频文件

在多媒体计算机中，存储音频信息的常用文件格式有 WAV，MIDI，RMI，MP3，WMA 等。

① WAV 文件（.wav）。WAV（Wave）格式是 Microsoft 公司开发的一种音频文件格式，被 Windows 及其应用程序所广泛支持。其内容记录了对实际声音进行采样的数据，因而也称为波形文件。但这种文件格式需要较大的存储空间，多用于存储简短的声音片断。

② MIDI 文件（.midi）。MIDI 也称为"乐器数字接口"，它是由世界 MIDI 协会设计的一种音乐文件标准。与 WAV 文件不同，MIDI 文件并不记录音乐本身，而是音乐演奏的指令序列，即

MIDI 合成器发音的音调、音码、音长等信息，它需要具有 MIDI 功能的乐器（如 Windows 的"媒体播放机"等）的配合，才能编曲和演奏。由于不包含声音数据，其文件占用的存储空间较小。

MIDI 文件占用的存储空间比 WAV 文件小得多。

RMI 文件是 Microsoft 公司的 MIDI 格式文件。

③ MP3 文件（.mp3）。MP3 是利用 MPEG 标准进行压缩的音频数据文件格式。它可以实现 12 : 1 的压缩比例，由于存在着数据压缩，其音质要稍差于 WAV 格式。MP3 格式是一种能在 Internet 传输的压缩效果最好、文件最小、质量最高的音频文件格式。

④ WMA 文件（.wma）。WMA 是 Microsoft 公司发布的一种音频压缩格式。它采用减少数据流量但保持音质的方法来达到比 MP3 压缩率高的目的。WMA 在压缩比和音质方面都超过了 MP3，是继 MP3 之后最受欢迎的音频格式。

⑤ CD 文件（.cda）。CDA（CD Audio）音频格式由 Philips 公司开发，是 CD 音乐所用的格式，具有高品质的音质。一张 CD 可以播放 45 分钟的声音文件。Windows 系统中自带了一个 CD 播放机，另外多数声卡所附带的软件都提供了 CD 播放功能，甚至有一些光驱独立于计算机，只要接通电源就可以作为一个独立的 CD 播放机使用。

⑥ Real Audio 文件（.ra，.rm，.ram）。Real Audio 是 Real Networks 公司开发的一种新型流行音频文件格式，主要用于在低速率的广域网上实时传输音频信息，可以采用流媒体的方式播放。

2. 图形和图像文件

在计算机中，图形（Graphics）与图像（Image）是两个既有联系又有区别的概念。它们都是一幅静态图，但图的创建、加工处理及存储方式不同。

图形一般是指通过绘画软件绘制出来的，其内容由基本图元组成，这些图元有点、直线、圆、矩形、任意曲线等，以矢量图文件存储。矢量图文件中记录一系列数学公式和某些特征值（如图元的坐标、大小、形状、颜色值等）。通过相应的绘画软件读取公式和特征值，经过计算后，转换为输出设备上显示的图形。矢量图文件的最大优点是对图形中的各个图元进行缩放、移动、旋转而不失真，而且它占用的存储空间小。

图像是由像素点阵组成的画面，它一般是通过图形扫描仪、数码相机、摄像机等输入的，也可以是通过图像处理软件（如 Photoshop）在计算机上制作的，数字化后以位图格式存储。位图格式文件中存储的是构成图像的每个像素点的亮度、颜色，位图文件与分辨率和色彩的颜色种类有关，放大和缩小会造成失真，占用空间比矢量图文件大。

常见图形和图像文件格式有 BMP，GIF，JPEG(JPG)，TIF，WMF，PCX 等。

① BMP 文件（.bmp）。BMP 是 BitMaP 的缩写，也即位图文件。它是一种最通用的图形存储格式，与其他格式文件相比，它所需的存储量会大些。

② GIF 文件（.gif）。GIF 格式支持 6.4 万像素的图形，能显示 256 到 16M 种颜色。它可用来存储颜色要求不高的图片，适合于网上传输交换。

③ JPEG（或 JPG）文件（.jpg 或.jpeg）。JPEG 格式文件可以表示计算机所能提供的最多颜色，适合于存储高质量的彩色图片。另外，JPEG 格式文件采用压缩方式存储信息，相同的图形所占空间比 GIF 文件要小，下载时间也较短。

④ WMF 文件(.wmf)。WMF 格式文件是 Microsoft 公司采用的图元文件，在 Office 中所使用的剪贴画有许多就是 WMF 文件。

3. 视频文件

视频图像又称为动态图像，它是一种活动影像。与电视、电影一样，视频文件都是利用人眼的视觉暂留现象，当足够多的画面（称为帧）连续播放（每秒播放 20 帧以上），人眼就觉察不出画面之间的不连续性。

视频图像的每一帧，实际上就是一幅静态图像，因此，视频图像文件需要的存储量特大。视频图像文件通常采用 MPEG 动态压缩技术。

常见的视频图像文件格式有 AVI，MOV，MPG 等。

① AVI 文件。AVI 文件是 Windows 采用的动画、动态图像格式文件，它采用了 Intel 公司的 Indeo 视频有损压缩技术，将视频信息和音频信息混合存储在同一个文件中，较好地解决了音频信息与视频信息的同步问题。

② MOV 文件。MOV 是 QuickTime for Windows 视频处理软件所采用的视频文件格式。它采用先进的视频和音频处理技术，其图像画面的质量要比 AVI 文件好。

③ MPG 文件。MPG 格式文件采用 MPEG 标准，是一种高度压缩的视频文件。目前许多视频处理软件都能支持这种格式文件。

4. 流媒体

流媒体是应用流技术在网络上传输的多媒体文件，它将连续的图像和声音信息经过压缩后存放在网站服务器，让用户一边下载一边观看、收听，不需要等整个压缩文件下载到用户计算机后才可以观看。流媒体就像"水流"一样从流媒体服务器源源不断地"流"向客户机。该技术先在客户机创建一个缓冲区，在播放前预先下载一段资料作为缓冲，避免播放的中断，也使得播放品质得以维持。

自 1995 年第一个流媒体播放器问世以来，流媒体技术在世界范围内得到广泛的应用，目前已有许多广播电台和电视台实现了网上流媒体点播。在许多大学中流媒体技术被广泛应用于远程教学、监控、直播等方面。

目前流媒体的主要文件格式有 RM，ASF，MOV，MPEG-1，MPEG-2，MPEG-4，MP3 等。

6.4　Windows 7 的多媒体应用软件

6.4.1　录音机

录音机（Sound Recorder）是 Windows 7 提供的一种声音处理软件，可以播放、录制和编辑 Wave 格式的声音文件。声音文件的扩展名为.wav。虽然"录音机"没有专业数字录音机的功能强大，但能满足广大用户的一般需要。

要启动录音机，可选择"附件" / "录音机"命令，系统弹出录音机窗口（见图 6-1）。单击"开始录制"按钮，即可录制所需要的声音。

图 6-1　录音机窗口

1. 录音

录制声音要有音频输入设备，如话筒等。录制声音的操作步骤如下。

① 把音频输入设备连接好。

② 在"录音机"窗口中单击"开始录制"按钮，此时用户可以对着话筒输入声音。

③ 完成声音输入后，单击"停止录制"按钮。

④ 在弹出的"另存为"窗口中，设置录音数据保存的位置及文件名，再单击"保存"按钮，

即可将录音数据以文件形式存盘。

2．播放声音文件

声音文件只有打开后才能进行播放。双击要播放的声音文件即可播放该声音对象。

如果不想从文件头开始播放，则可通过播放软件界面下的移动滑动块（采用鼠标拖动）到声音文件的任何位置，再单击"播放"按钮即可从该位置开始播放。

6.4.2　媒体播放机

在 Windows 7 中，内置了媒体播放机程序——Windows Media Player 9，使用它可以播放当前各种流行格式的音频、视频、DVD 和混合型多媒体文件，播放或复制用户的 CD 音乐，还可以查看或收听实况新闻报道或 Internet 广播，可观看 Web 站点的媒体文件。

要启动播放机，可选择"附件""/"Windows Media Player"命令，系统弹出"Windows Media Player"窗口。

在播放机窗口左侧，是文件目录窗格。窗口下方有许多控制按钮，用来控制当前正在播放的文件，如"播放"、"暂停"、"停止"、"到开始"、"到最后"、"静音"、"音量控制"等。

习　题　6

一、单选题

1．采用多媒体技术的主要目的是（　　　　）。

    A．扩大内存 　　　　　　　　　　B．提高运算速度

    C．缩短信息的传输时间 　　　　　D．增强计算机的处理功能

2．多媒体是指（　　　　）。

    A．电视中的文、声、图、像 　　　B．书报、音响

    C．以模拟形式表示的信息 　　　　D．以数字形式表示的信息

3．多媒体计算机是指（　　　　）。

    A．装有 CD-ROM 驱动器的计算机

    B．专供家庭娱乐用的计算机

    C．能综合处理文字、图形、影像和声音的计算机

    D．能上网下载音乐文件的计算机

4．假设 Windows 桌面设置为 1 024 像素 × 768 像素，以 16 位表示颜色，如果未经压缩，存储这样一个桌面的数据量是（　　　　）。

    A．16 × 768KB 　　　　　　　　B．2 × 768KB

    C．216 × 768KB 　　　　　　　　D．4 × 768KB

5．下列叙述中，错误的是（　　　　）。

    A．MIDI 文件中存储的是音乐数据

    B．与 MIDI 文件相比，WAV 格式的文件容量会比较大

    C．声卡可以完成模拟声波和数字信号的相互转换

    D．MP3 文件中的数据是经过压缩的

6．下面有关图像和图形的叙述中，错误的是（　　　　）。

A. 图像可以通过扫描仪或数码相机输入计算机

B. 位图图形放大或缩小会出现失真

C. 矢量图形是用像素点来描述的

D. WMF 图形文件采用的是图元格式

7. 下面的文件格式中，（　　　）不是视频文件。

A. AVI
B. MP3
C. MOV
D. MPG

8. 利用 Windows 7 中的录音机可以录制（　　　）。

A. Wave 音乐
B. MIDI 音乐
C. MP3 音乐
D. CD 音乐

二、填空题

1. 多媒体技术的基本特征是_____。

2. 数据压缩又分为无损压缩和_____压缩两种。

3. 波形文件的扩展名是_____。

4. 要表示一幅分辨率为 640 像素×480 像素的 24 位彩色图像，则需要的存储量为_____KB。

5. 设采用分辨率为 800 像素×600 像素播放彩色电视图像，每一像素采用 24 位表示彩色信号，每秒钟播放 30 帧，连续播放 1 小时。要提供这些图像信息一共需要_____GB 存储容量，按照上述帧速率播放，数据传输率至少要达到_____Mbit/s。（注：1KB = 1 024Byte，而 1kbit/s = 1 000bit/s）

第7章
计算机网络与 Internet

随着人类社会信息化水平的不断提高，人们对信息的需求量越来越大，为了更有效地传送和处理信息，计算机网络技术应运而生。计算机网络是现代通信技术与计算机技术相结合的产物。计算机网络的应用改变着人们的学习、生活和工作方式。

在进入网络时代的今天，人们必须学会在网络环境下使用计算机，通过网络进行交流、获取信息。本章主要介绍计算机网络的基础知识和基本应用常识。

7.1 计算机网络基础知识

7.1.1 计算机网络的组成

所谓计算机网络，就是利用通信线路和设备，把分布在不同地理位置上的多台计算机连接起来，再通过相应的网络软件，以实现计算机相互通信和资源共享的系统。连入网络的每台计算机本身都是一台完整的独立的设备，既可以通过网络去使用另一台计算机，又可以独立工作。通常称这些计算机为主机（Host）。

从网络逻辑功能角度来看，可以将计算机网络分成资源子网和通信子网两部分，如图 7-1 所示。通信子网又称数据通信子网，主要由通信设备和通信线路组成，实现主机之间的数据传送。资源子网又称数据处理子网，它处于网络的外围，主要由主机、终端、外部设备、各种软件、信息资源等组成，实现硬件和软件资源的共享。

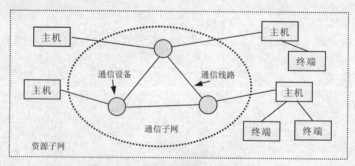

图 7-1 计算机网络的组成示意图

终端（Terminal）是用户用来使用主机的末端设备，通常由显示器和键盘组成，一台主机往往连接多台终端。现在常常使用 PC 来仿真终端工作，并且可以代替主机完成一部分处理功能，所以也称为智能终端。

7.1.2　计算机网络的发展

计算机网络的发展，经历了一个从简单到复杂、从低级到高级的发展过程。概括来说，计算机网络的发展可分为 4 个阶段。

第一阶段：远程终端联机的计算机网络。20 世纪 50 年代末期，计算机远程数据处理应用的发展导致了"主机—终端"网络的产生，它是远程终端利用通信线路与主机（一般为大型计算机）相连所形成的联机系统。这种系统以主机为核心，人们使用终端设备把自己的要求通过通信线路传给远程的主机，主机经过处理后把结果传给用户。

"主机—终端"系统虽然还称不上真正的计算机网络，但它提供了计算机通信的许多基本方法，而这种系统本身也成为日后发展起来的计算机网络的组成部分。

第二阶段：计算机—计算机网络。20 世纪 60 年代后期开始产生了计算机—计算机网络，它是将分布在不同地区的多台计算机主机用通信线路连接起来，彼此交换数据、传递信息，形成了真正意义上的计算机网络，其核心技术则是分组交换技术。这一阶段的典型代表是美国国防部 ARPAnet 网（广域网，1969 年建立）和以太网（Ethernet，局域网，1972 年美国施乐公司开发）。与第一代网络的最大区别在于多处理中心和数据共享。

第三阶段：国际标准化的计算机网络。早期的网络没有统一的标准，各公司的网络不能互相兼容，不易实现网络间的互连，每个小网络自成一个封闭的系统，这显然阻碍了计算机网络的普及和发展。1984 年国际标准化组织（ISO）公布了"开放系统互连"（OSI）参考模型，给网络的发展提供了一个可以遵循的规则。从此，网络走上了标准化的道路。

这个阶段，局域网技术也有了突破性进展，同时出现了光纤网（FDDI）、综合业务数据网（ISDN）、智能化网络（IN）等，局域网操作系统 Novell NetWare、Windows NT Server 等使局域网应用进入到成熟的阶段，客户机/服务器应用使网络服务功能水平更高。

第四阶段：现代计算机网络。目前，计算机网络的发展正处于第四阶段，这一阶段计算机网络发展的特点是互连、高速、智能与更为广泛的应用，以 Internet 为典型代表。1993 年美国政府提出信息高速公路计划——国家信息基础设施（NII），随后世界许多国家纷纷效仿，掀起了信息高速公路的建设热潮。美国政府又分别于 1996 年和 1997 年开始研究发展快速可靠的互联网 2（Internet2）和下一代互联网（Next Generation Internet）。

7.1.3　计算机网络的功能

计算机网络提供以下主要功能。

① 数据通信。计算机网络可以实现各计算机之间的数据传输。以前人们通信的基本工具是电话，而进入 21 世纪后，人们通信的基本工具则是以计算机网络为代表的通信网络。计算机网络提供的通信服务包括电子邮件（E-mail）、信息浏览、远程登录、IP 电话、传真、视频会议、电子数据交换（EDI）等。随着计算机网络功能的不断增强，在网络上用户还可以发送多媒体信息，包括文字、声音、图像，甚至活动图像。

② 资源共享。计算机网络突破了地理位置的限制，实现了资源共享。在网络范围内各地资源可以相互通用，用户能够共享到不同地区的各种硬件、软件和数据资源，包括大容量的硬盘、快速激光打印机、高分辨率绘图机、数据库、某些应用程序等，从而大大提高了资源利用率，降低用户的投资。

③ 提高计算机系统的可靠性和可用性。网络上每台计算机都可通过网络相互成为后备机。一旦某台计算机出现故障，它的任务就可由其他计算机代为完成，从而提高了系统的可靠性。当网上某台计算机负荷过重时，网络系统会将部分任务转交给其他负荷较轻的计算机去处理，均衡了各计算机的负载，从而提高了每一台计算机的可用性。

④ 分布式处理。通过计算机网络，可以把一个复杂的大任务分解成若干个子任务，并分散到不同的计算机上处理，同时运作，共同完成，以提高整个系统的效率。通过分布式处理，可以完成单机根本不可能完成的大型任务。

7.1.4　计算机网络的分类

计算机网络可以从不同的角度进行分类，常见的分类方法包括按地理范围、按拓扑结构、按工作模式分类等。

1. 按地理范围分类

根据网络覆盖地理范围的大小，计算机网络可分为广域网、局域网和城域网。

① 广域网。广域网（Wide Area Network，WAN）又称远程网，它所涉及的地区大、范围广，往往是一个城市、一个国家，甚至全球。为节省建网费用，广域网通常借用传统的公共通信网（如电话网），因此造成数据传输率较低，响应时间较长。

② 局域网。局域网（Local Area Network，LAN）又称局部网，它是指在有限的地理区域内建立的计算机网络。例如，把一个实验室、一座楼、一个大院、一个单位或部门的多台计算机连接成一个计算机网络。局域网通常采用专用电缆连接，有较高的数据传输率。局域网的覆盖范围一般不超过 10km。

20 世纪 80 年代末开始，局域网和广域网趋向组合连接，即构成"结合网"。在结合网中，每个用户可以同时享用局域网内和广域网（如 Internet）内的资源。

③ 城域网。城域网（Metropolitan Area Network，MAN）是介于局域网与广域网之间的一种高速网络。城域网一般覆盖一个地区或一座城市。例如，一所学校有多个分校分布在城市的几个城区，每个分校都有自己的校园网，这些网络连接起来就形成一个城域网。

2. 按拓扑结构分类

网络的拓扑结构是指网络的物理连接形式。如果不考虑网络的地理位置，把网络中的计算机、外部设备及通信设备看成一个节点，把通信线路看作一根连线，这就抽象出计算机网络的拓扑结构。按网络的拓扑结构，计算机网络通常可分为总线型、环型、星型和混合型 4 种，如图 7-2 所示。

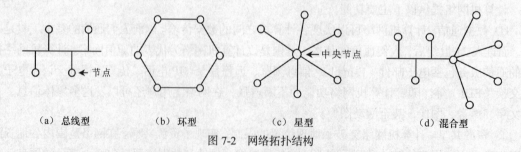

（a）总线型　　　（b）环型　　　（c）星型　　　（d）混合型

图 7-2　网络拓扑结构

① 总线型结构。总线型结构如图 7-2（a）所示，所有节点都连在一条主干电缆（称为总线）上，任何一个节点发出的信号均可被网络上的其他节点所接收。总线成了所有节点的公共通道。

总线型网的优点是：结构简单灵活，网络扩展性好，节点增删、位置变更方便，当某个工作节点出现故障时不会影响整个网络的工作，可靠性高。其缺点是：故障诊断困难，尤其是总线故障可能会导致整个网络不能工作。在这种结构中，总线的长度有一定的限制，一条总线也只能连接一定数量的节点。

② 环型结构。环型结构如图 7-2（b）所示，各节点通过公共传输线形成闭合的环，信号在环中作单向流动，可实现任意两点间的通信。环型网的优点是：网上每个节点地位平等，每个节点可获得平行控制权，易实现高速及长距离传送。其缺点是：由于通信线路的自我闭合，扩充不方便，一旦环中某处出了故障，就可能导致整个网不能工作。

③ 星型结构。星型结构（见图 7-2(c)）是以中央节点为中心，网络的其他节点都与中央节点直接相连。各节点之间的通信都通过中央节点进行，中央节点通常为一台主控计算机或网络设备（如集线器、交换机等）。星型网的优点是：外部节点发生故障时对整个网不产生影响，且数据的传输不会在线路上产生碰撞。其缺点是：所有节点间通信需经中央节点，因此当中央节点发生故障时，会导致整个网瘫痪。

④ 混合型结构。在实际使用中，网络的拓扑结构不一定是单一的形式，往往是几种结构的组合（称为混合型拓扑结构），如总线型与星型的混合连接（见图 7-2(d)）、总线型与环型的混合连接等。

3. 按通信传播方式分类

根据通信传播方式的不同，可以将网络分为广播式网络和点对点网络。

① 广播式网络。这种网络中的数据在公用信道中传播，任何一个节点都可以发送数据分组传到每台计算机上，被其他所有节点接收。这些计算机根据数据包中的目标地址进行判断，如果是发给自己的则接收，否则便丢弃它。

广播式网络适用于地理范围小或保密性不高的网络。无线网、总线型网就是采用这种传播方式。

② 点对点网络。这种网络中的数据以点对点方式在计算机或通信设备中传播。进行通信的计算机之间都有一条专用的通信信道，当一台计算机发送数据分组后，它会根据目标地址，经过一系列的中间设备的转发，直接到达目标站点。大型网络（如广域网）普遍采用这种传播方式。

4. 按网络的工作模式分类

计算机网络通常采用 2 种不同的工作模式：客户机/服务器（Client/Server，C/S）模式和对等（Peer-to-Peer）模式。

① 客户机/服务器模式。采用客户机/服务器模式的网络也称为基于服务器的网络。一台能够提供和管理可共享资源的计算机称为服务器（Server），而能够使用服务器上可共享资源的计算机称为客户机（Client）。通常有多台客户机连接到同一台服务器上，它们除了能运行自己的应用程序外，还可以通过网络获得服务器的服务。例如，查看服务器硬盘的上资料，把文件存储到服务器的硬盘上，以及通过服务器上的打印机进行打印等。

在这种以服务器为中心的网络中，一旦服务器出现故障或者被关闭，整个网络将无法正常运行。

目前，大多数的企业网都采用客户机/服务器模式，这种网络结构非常适合企业的信息管理需要，既能适应企业内部机构的分散独立管理，又有利于公共信息的集中管理。

② 对等模式。对等网络模式不使用服务器来管理网络共享资源。在这种网络系统中，所有的计算机都处于平等的地位，任何一台计算机既可以作为服务器，又可以作为客户机。例如，当用

户从其他用户的计算机硬盘上获取信息时，用户的计算机就成为网络客户机；如果是其他用户访问用户的计算机硬盘，那么用户的计算机机就成为服务器。在这种对等网中，无论哪台计算机被关闭，都不会影响网络的运行。

③ 浏览器/服务器模式。浏览器/服务器（Brower/Server，B/S）模式是为了适应 Internet 技术的需要，对 C/S 结构的一种改进。主要特点是它与计算机软、硬件平台的无关性，把软件应用的业务逻辑放在服务器端实现，客户端只需要使用浏览器即可进行业务处理。这是一种全新的软件系统构造技术，已成为当今应用软件的首选体系结构，但对计算机网络的结构和工作模式来说，它与 C/S 是完全相同的。

7.1.5　数据通信基础

1. 基本概念

① 信号与信道。信号是数据的电或电磁的表示形式。在通信中，可以把数据变成可在传输介质上传送的信号来发送。

信道是信号传输的通道，它包括通信设备和传输介质。习惯上把信道称为线路。

② 模拟通信和数字通信。在通信系统中，传送的信号可以是数字信号，也可以是模拟信号。例如，电话机送话器输出的语音信号是模拟信号，而计算机输出的是数字信号。根据通信线路上传送信号的类型，可将数据通信分为模拟通信和数字通信。

③ 数据传输方式。在通信信道中，数据的传输方式有并行传输和串行传输两种。在并行传输方式中，每次同时传送若干个二进制位，每一位占一条传输线。例如，要传送一个字节的数据，就需要 8 条传输线。串行传输是逐位传送二进制位，每次传输一位，故只需要一条传输线。例如，要传送一个字节的数据，需要传送 8 次。在远距离传输中，为了降低成本，通常采用串行传输方式。

④ 带宽和数据传输率。在模拟通信中，以带宽表示信道传输信息的能力。带宽是指信道所能传送的信号的频率范围（也称频率宽度），其单位是 Hz（赫兹）。例如，电话信道的带宽一般为 3kHz。

在数字通信中，用数据传输率（比特率）表示信道的传输能力，即每秒钟传送的二进制位数，记为 bit/s。例如，通常调制解调器的数据传输率为 56kbit/s。

带宽与数据传输率是两个不同的概念，但通信信道的带宽与其能支持的数据传输率有着直接的关系。一般来说，在带宽较宽的通信信道上，数据的传输率较高，带宽较窄的则传输率较低。因此在实际工作中，人们常用数据传输率的单位来标称某个通信信道的带宽，比如说某信道的带宽为 100Mbit/s，又如常把"高数据传输率的网络"称为"宽带网"。

⑤ 误码率。在传输过程中信号会发生衰减和失真，从而造成接收端无法识别传送过来的信号，称为错码。误码率是通过观测概率得到的，即观测期内接收端接收到的错码位（bit）数与传输的总位数之比。

2. 传输介质

传输介质是网络中节点之间的物理通路，它对网络数据通信质量有极大的影响。目前，常用的网络传输介质可分为有线（电缆）及无线两种，有线介质包括双绞线、同轴电缆、光纤等，无线介质包括微波、红外线、卫星通信等。

① 双绞线。双绞线是由绞合在一起的一对导线组成，如常见的电话线。通常把若干对双绞线捆在一起，再包上保护套形成一条双绞线电缆。双绞线价格低廉，但数据传输率较低，一般为几

Mbit/s～100Mbit/s，其抗干扰性能也较差。双绞线最大使用距离限制在几百米之内。

② 同轴电缆。同轴电缆由内外两条导线构成，内导线可以是单股铜线，也可以是多股铜线；外导线是一条网状空心圆柱导体。内外导体之间有一层绝缘材料，最外层是保护性塑料外壳。同轴电缆又有粗缆和细缆之分。同轴电缆价格高于双绞线，其抗干扰能力较强，连接也不太复杂，数据传输率可达到几 Mbit/s 到几百 Mbit/s，因此适用于各种中、高档局域网。

③ 光纤。光纤是一种能够传送光信号的传输介质，采用特殊的玻璃或塑料来制作。光纤的数据传输性能高于双绞线和同轴电缆，可达到几 Gbit/s，其抗干扰能力强，传输损耗少，安全保密好，但成本较高，且连接困难。光纤通常用于计算机网络中的主干线。

④ 微波。微波与通常的无线电波不一样，它是沿直线传播的，而地球表面是曲面，再加上高大建筑物和气候的影响，微波在地面上的传播距离有限，一般在 40km～60km 范围内。直接传播信号的距离与天线的高度有关，天线越高，传输距离越远。超过一定距离就要用中继站来"接力"。微波通信具有通信容量大、传输质量高、初建费用少等优点，但它最大的缺点是保密性差。

3. 数据通信技术

数据通信有 3 种重要的技术，即调制解调技术、多路复用技术和数据交换技术。

① 调制解调技术。在数据通信中，为了达到高效和低成本，人们往往利用现成的遍布全世界的电话网。在利用电话网进行计算机通信时，需要把计算机输出的数字信号转换成模拟信号，这一过程称为调制。接收端将收到的模拟信号复原成数字信号，称为解调。承担调制和解调任务的装置称为调制解调器（Modem），俗称"猫"。因此，调制解调器是实现数字信号和模拟信号转换的设备。

② 多路复用技术。多路复用技术（Multiplexing）是利用一条线路同时传输多路信号的技术。事实上，无论是在局域网还是广域网的传输中，大多传输介质固有的通信容量都超过了单一信道或单一通信用户所要求的容量。为了高效合理地利用资源，提高线路利用率，人们在通信系统中引入了多路复用技术，将一条物理信道分为多条逻辑信道，使多个数据源合用一条传输线进行传输。

③ 数据交换技术。在通信系统中，当用户较多而传输的距离较远时，通常不采用两点固定连接的专用线路，而采用交换技术，使通信传输线路为各个用户公用，以提高传输设备的利用率，降低系统费用。采用这种交换技术时，在用户地区内要选择一个合适的地点，建立中间节点（设置交换设备），把来自各用户的信息传给其他有关用户。中间节点要负责数据的转发，即提供交换。对规模较大的系统，可采用多级交换，即在某个用户群中建立一个中间节点，再把许多中间节点连到更高一级的中间节点。

在计算机网络中，两设备之间进行通信时，信号传输的途径称为路由（Route），有了多级交换之后，两设备之间的路由往往不止一个。图 7-3 所示为一个交换网结构示意图。

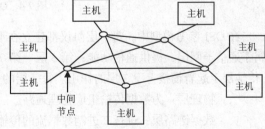

图 7-3　交换网结构示意图

计算机通信常用的数据交换技术有电路交换和分组交换。

● 电路交换。电路交换（也称线路交换）是指通过中间节点建立的一条专用通信线路来实现两个设备之间的数据交换。在通信过程中，该通信线路不得被其他设备使用。电话系统采用的就是电路交换技术。利用电路交换技术实现通信要经过 3 个阶段：建立线路、传输数据和拆除线路。

电路交换的优点是实时性和交互性好，比较适合成批传送数据，建立一次连接就可以传送大量的信息；其缺点是建立线路所需时间比较长，电路利用率低，因为电路一旦建立，即使双方不传送信息，也不能改作其他用途。

● 分组交换。在计算机网络中，为了提高网络的通信吞吐率，一般都采用用户轮流共享的方式来使用计算机网络，避免某个用户在传输大块数据时，长时间地独占传输线路，而使其他用户处于等待状态，造成网络资源的使用不均。分组交换的基本思想是：在发送端发送数据时，把大的数据块拆成较短的数据分组（Packet，又称数据段或信息包），再进行传送和交换。到达接收端时，再把数据分组按顺序组装成原来的数据。

分组交换方式有两个优点：一是分组较短，出错概率降低；二是各组在网上可动态地选择不同的路径（某条线路瘫痪了，可以另选线路），大大提高了传输效率。

7.1.6 计算机网络的体系结构

一个功能完备的计算机网络需要制定一整套复杂的协议集，而计算机网络协议就是按照层次结构模型来组织的。我们把网络层次结构模型与各层协议的集合称为计算机网络体系结构。

由于早期各个计算机厂家都有自己的网络体系结构，各个不同的网络体系结构又有各自不同的分层，不同厂家的网络产品很难互连。因此，国际标准化组织（ISO）于 1984 年提出一个"开放系统互连"（OSI）参考模型，它为网络协议的层次划分建立了一个标准的框架，在计算机网络的发展史上发挥了杰出的作用。

OSI 参考模型将网络通信的过程划分为 7 个层次，规定了每个层次的具体功能及通信协议，如图 7-4 所示。如果一个计算机网络按照 7 层协议进行通信，这个网络就成为所谓的"开放系统"，就可以跟其他的遵守同样协议的"开放系统"进行通信和不同网络之间的互连。

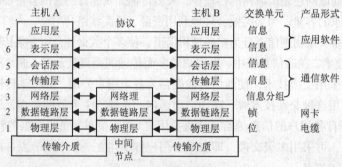

图 7-4 OSI 参考模型

在 OSI 参考模型中，每一层协议都建立在下层之上，并向上一层提供服务。第 1 层～第 3 层属于通信子网层，提供通信功能；第 5 层～第 7 层属于资源子网层，提供资源共享功能；第 4 层（传输层）起着衔接上下 3 层的作用。每一层的主要功能如下。

物理层：为数据传输组成物理通路。

数据链路层：进行二进制数据流的传输。

网络层：解决多节点传送时的路由选择。

传输层：提供端点到端点的可靠传输通路。

会话层：进行两个应用进程之间的通信控制。

表示层：解决数据格式转换。

应用层：提供与用户应用有关的功能。

图 7-4 所示为相互通信的两个节点（主机 A 和主机 B）及它们通信时使用的 7 层协议。数据从

A 端到 B 端通信时，先由 A 端的第 7 层开始，经过底下的各层和各层的接口，到达最底层——物理层，再经过物理层下的传输介质（如同轴电缆）及中间节点（如路由器）的交换，传到 B 端的物理层，穿过 B 端各层直到 B 端的最高层——应用层。各高层间并没有实际的介质连接，只存在虚拟的逻辑上的连接，即逻辑上的信道。

7.2　局　域　网

局域网是在小范围内将若干种计算机设备互相连接的计算机网络，其中计算机设备可以是微型机、小型机或中、大型计算机，也可以是终端、打印机、磁盘机等外部设备。局域网常用具有较高数据传输率（可高达 1 000Mbit/s）和较低误码率（$10^{-10} \sim 10^{-8}$）的物理通信信道。

7.2.1　局域网的组成

局域网一般由传输介质、连接设备（如网卡、集线器等）、网络服务器、工作站、网络软件等组成。图 7-5 所示为局域网的硬件设备组成。

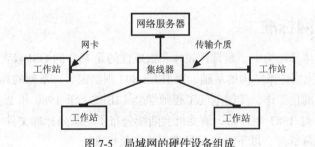

图 7-5　局域网的硬件设备组成

① 传输介质。局域网所采用的传输介质主要是双绞线、同轴电缆和光纤。

② 网卡。网卡（NIC）又称为网络适配器或网络接口卡。它是一块插件板，使用时插在计算机主板的扩展槽中。网卡起网络接口作用，主要用来完成电信号的匹配和实现数据传输。

说明：每个网卡都有一个号码，称为 MAC 地址。MAC 地址是在网卡出厂时，由生产商固化在网卡的 ROM 中的，用户无法修改，并且全球唯一，因此，成为网卡的根本标识。MAC 地址由 6 组两位十六进制数组成，前 3 组为制造厂商的编号，后 3 组是网卡的编号。查看本机 MAC 地址的方法：选择"附件"中的"命令提示符"命令，然后，在 DOS 状态下执行命令"ipconfig/all"。

③ 集线器（Hub）。集线器是在局域网上广泛使用的设备。可以将若干台计算机通过双绞线连接到集线器，从而构成一个星型结构的局域网。

集线器分为普通型和交换型（Switch）。普通型集线器采用的是共享带宽的工作方式，它好比一条单行道，"10Mbit/s"的带宽分多个端口使用，当一个端口占用了大部分带宽后，另外的端口就会显得很慢。相反，交换型集线器（也称交换机）是一个独享的通道，它能确保每个端口使用的带宽，如百兆的交换机，它能确保每个端口都有百兆的带宽。目前，普通型集线器基本上已被淘汰。

④ 网络服务器。服务器是为网络提供共享资源，并对这些资源进行管理的计算机。

按其提供的服务，服务器一般可分为文件服务器、打印服务器、通信服务器和数据库服务器。服务器一般采用高性能的微型机、小型机或大型机，并配有大容量硬盘和较大容量内存。

对于大型网络，可以有多台服务器，分别完成各种网络功能。

⑤ 工作站。工作站是用户在网上操作的计算机，用户通过工作站来访问服务器。工作站一般采用 PC，除了访问网上资源之外，工作站本身具有一定的处理能力。

目前的局域网大多采用先进的客户机/服务器的工作模式，在此模式中，客户机（即运行客户程序的工作站）通过网络来提出所需服务的请求，由服务器完成数据处理与服务任务。也有的局域网采用对等工作模式，这种局域网没有服务器，所有连网的工作站（必须运行一种对等网程序）的地位是平等的，每台工作站既可以作为服务器，又可以作为客户机。

⑥ 网络软件。网络软件主要包括网络操作系统、网络通信协议软件及网络实用软件。

网络操作系统（NOS）负责管理网上的所有硬件和软件资源，使它们能协调一致地工作。目前，最具有代表性的网络操作系统是 UNIX，Novell Netware，Windows NT，Windows XP Server，Linux 等。

所谓通信协议，是指通信的双方在通信时所应遵守的规则和约定，如什么时候开始通信，采用何种数据格式，数据如何编码，按什么方式交换数据等。现在局域网中经常使用的通信协议有 NetBEUI 协议，IPX/SPX 协议等。

7.2.2 局域网标准

在计算机网络的体系结构中，最具代表性和权威性的是 ISO 的 OSI 参考模型和 IEEE 802 协议标准。OSI 奠定了网络体系结构的基础，而 IEEE 802 则制定了一系列的局域网标准。

为适应局域网标准化工作，美国电气工程师学会（IEEE）于 1980 年 2 月成立了专门委员会（简称 802 委员会）。自 1983 年开始，该委员会陆续公布了一系列标准文件（见表 7-1），这些文件已被 ISO 接受为国际标准。以下介绍两种常用的协议标准。

表 7-1　　　　　　　　　802 协议标准

编号	协议标准	编号	协议标准
802.1	体系结构与网络互连	802.8	光纤技术标准
802.2	逻辑链路控制	802.9	语音数据综合局域网标准
802.3	CSMA/CD 访问控制	802.10	局域网的安全与解密
802.4	令牌总线访问控制	802.11	无线局域网技术
802.5	令牌环访问控制	802.12	新型高速局域网（100Mbit/s）
802.6	城域网标准	802.13	100Base-T 高速局域网
802.7	宽带技术标准	802.14	交互式电视网（含 Cable Modem）

1. CSMA/CD 协议（IEEE 802.3 标准）

IEEE 802.3 是总线型局域网最常用的标准，即带碰撞（冲突）检测的载波侦听多路访问法，简称 CSMA/CD。由于总线型网络中所有站点（工作站和服务器）共用一条总线，所有信息都要总线来传送，所以一次只能由一个站点发送信息。在这种方式下，当某个站点要占用传输介质发送数据时，先要"侦听"总线是否已被占用，如果没有被占用就发送数据，否则就等待一个时间间隔再发送数据。每一时刻只允许一个站点发送数据，如果两个以上的站点同时发送数据，就称为冲突。一旦发生冲突，每个发送点则自动退避一个随机时间，然后重发。

2. 令牌环协议（IEEE 802.5 标准）

IEEE 802.5 是令牌环（Token Ring）局域网的标准。这种网采用环型拓扑结构。所谓令牌，指的是逐点传送一个标记数据，标准形式是"00001000"。在这种方式下，令牌在环上顺次传送，当某个站点取得这个令牌时，它就有了"通行证"，就可以在规定时间内发送数据。当数据发送完或令牌指定的时间到期之后，这个站点就必须放弃令牌。然后，令牌继续往下依次传递。由于整个环上只有一个令牌，因此各站点在发送数据时不会发生碰撞，网络性能稳定，即使在非常大的负荷下，令牌环网也能正常工作。

7.2.3　常用局域网

1. 以太网

以太网是当今最流行的一种局域网，它是由美国施乐公司于 1972 年推出来的世界上第一个成熟的局域网。目前，全世界约有 70%以上的局域网是以太网。

以太网采用 CSMA/CD（IEEE 802.3）协议标准，因此，以太网也被称为 IEEE 802.3 局域网。传统的以太网有 3 种类型，它们是 10Base5、10Base2 和 10Base-T。

10Base5 称为粗缆以太网，名称中的"10"表示信号在电缆上的传输速率为 10Mbit/s，"Base"表示电缆上的信号是基带信号，"5"表示每一段电缆的最大长度为 500m。10Base2 称为细缆以太网，"2"表示每一段电缆的最大长度为 200m。10Base-T 称为双绞线以太网，"T"表示双绞线，所有站点均通过双绞线连接到一个中心集线器，构成一个星型结构，这种结构使增删站点变得十分简单，并且易于维护。

随着用户数量的大幅度提高和多媒体的引入，10Mbit/s 的传输速率已经不能满足某些应用的需要。在这样的形势下，推出了 100Mbit/s 传输速率的多种快速以太网，如 100Base-T（双绞线）、100Base-FX（光纤）等。

近年来，又推出了 1 000Mbit/s 的快速以太网 1 000Base-T。

2. 光纤网

采用（光纤分布式数据接口，FDDI）技术可以构建高性能光纤令牌环局域网，简称为 FDDI 网。FDDI 网采用的是令牌环协议（IEEE 802.5 标准）。FDDI 是目前高速网络中最成熟的商品化技术之一。

FDDI 网的数据传输率高达 100Mbit/s，跨越距离可达 100km，最多可连接 500 个站点，并能传送语音、视频图像等多媒体信息。

FDDI 网的电缆由两条光纤环（称为双环）组成，一条环为主环，平常主环进行正常的数据传输，另一条环为备用环。当主环上的设备失效或光纤发生故障时，网络系统会自动从主环向备用环切换，这样仍可继续维持 FDDI 的正常工作，大大提高了网络的可靠性。

FDDI 不仅可作为局域网，而且更多的是作为大范围的主干网使用。

7.2.4　网络互连

网络互连是将若干个网络相互连接，组成更大的网络，以便在更大的范围内传输数据和共享资源。随着计算机网络的迅速发展，网络互连已成为当今的热点问题，这正如在单机的世界里，人们需要网络一样。

网络互连的类型包括：局域网与局域网、局域网与广域网、广域网与广域网等的互连。网络互连时，通常都不能简单地直接相连，而需要通过一个中间设备（也称为互连器）进行连接。这些设备包括网桥、路由器、网关等。

① 网桥（Bridge）。网桥用于连接两个或几个局域网。它属于存储转发设备，能将从一个局域网送来的信号首先存储起来，再通过传输介质转发到目的地。

② 路由器（Router）。路由器用来连接多个同类或不同类的网络（局域网或广域网）。路由器还具有选择路径的功能，当多于两个网络互连时，节点之间可供选择的路径往往不止一条，路由器能自动为节点选择一条最佳路径传送数据。

③ 网关（Gateway）。网关用来连接不同类的网络，包括异种局域网的互连、局域网与广域网的互连、广域网与广域网的互连。

说明：有些资料（包括 Internet 有关文献）将网桥、路由器、网关等统称为"网关"。

图 7-6 所示为一个网络互连的例子。

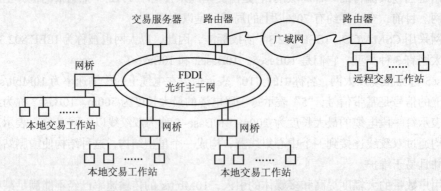

图 7-6　证券交易计算机网络互连结构图

7.3　Internet 基础知识

Internet（因特网）是由全世界各国、各地区的成千上万个计算机网互连起来而形成的一种全球性网络。Internet 可以连接各种各样的计算机系统和网络，不管它们处于世界上任何地方，具有何种规模，只要遵守共同的网络通信协议（TCP/IP），都可以加入到 Internet 大家庭中。它向所有接入 Internet 的用户提供各种信息和服务，成为推动社会信息化的主要工具。

7.3.1　Internet 简况

1．Internet 的由来

Internet 起源于美国的 ARPAnet（阿帕网）。1969 年，美国国防部高级研究局（ARPA）决定建立 ARPAnet，把美国重要的军事基地及研究中心的计算机用通信线路连接起来。首批连网的计算机主机仅有 4 台。其后，ARPAnet 不断发展和完善，特别是开发研制了互联网通信协议（TCP/IP），实现了与多种的其他网络及主机互连，形成了网际网，即由网络构成的网络——Internetwork，简称 Internet。

在 ARPAnet 的发展过程中，美国一些机构也开始建立自己的面向全国的计算机广域网，这些网络大多数使用 TCP/IP。1986 年，美国国家科学基金会（NSF）投资建成了 NSFnet 网，由于该网得到了美国国家科学基金的资助和支持，很多大学、政府科研机构甚至私营的科研机构都纷纷将自己的局域网并入 NSFnet 网，于是 NSFnet 取代了 ARPAnet 而成为 Internet 的骨干网。

随着 Internet 的迅速发展，美国的商业企业开始向用户提供 Internet 的连网服务。1991 年这些企业组成了"商用 Internet 协会"。商界的介入，进一步发挥了 Internet 在通信、资料检索、客户服务等方面的巨大潜力，也给 Internet 带来了新的飞跃。

自 1983 年 Internet 建成后，与它连网的计算机和网络迅速猛增。到 1996 年 5 月，Internet 覆盖全球 160 个国家和地区，连接着 6 万多个网络、600 万台以上的主机，拥有大约 6 000 万用户。

由于越来越多的计算机的加入，Internet 上的资源变得越来越丰富。到今天，Internet 已超出一般计算机网络的概念，不仅仅是传输信息的媒体，而且是一个全球规模的信息服务系统。

2．Internet 在中国

我国于 1994 年 5 月正式接通 Internet，之后 Internet 在中国的发展也异常迅速。到 1996 年初，中国的 Internet 已形成了中国科技网（CSTnet）、中国教育和科研网（CERnet）、中国公用互联网（Chinanet）和中国金桥信息网（CGBnet）4 大主流体系。后来，又有 3 大互联网络相继建成，它们是联通网（UNInet）、中国网通公司网（CNCnet）和中国移动互联网（CMnet）。

CERnet 是由国家教育部主持建设和管理的全国性教育和科研计算机互联网，其主要服务对象是全国教育部门的广大师生。目前 CERnet 已建成包括全国主干网、地区网和校园网的三级层次结构网络。CERnet 网络中心设在清华大学，地区网络中心分别设在各地区的某一大学里，如华南地区网络中心设在华南理工大学，东北地区网络中心设在东北大学，华中地区网络中心设在华中科技大学，等等。地区网络中心作为主干网的节点实现本地区高校校园网与 CERnet 的连网，并提供技术支持和服务。CERnet 所有主干网节点之间都采用 DDN（公用数字数据网）实现连接，并通过多条国际专线连入 Internet。

7.3.2　Internet 技术

Internet 能在短时间内取得巨大成功，究其原因就在于 Internet 技术的先进性和 Internet 具有强大的适应性。下面介绍 Internet 采用的一些技术。

1．路由技术

对于采用不同技术的各种网络，如何在硬件上将它们连接起来是实现 Internet 的基本保障。路由器在网络互连上起着至关重要的作用，通过路由器设备可以把不同的网络连接成一个范围更大的网络。整个 Internet 就是由路由器连接起来的众多计算机网络所组成的。从网络设计者角度看，它的结构如图 7-7 所示。

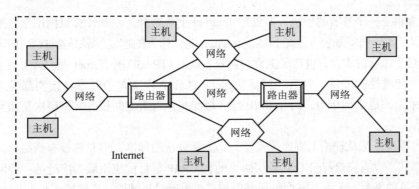

图 7-7　从网络设计者角度看 Internet

路由器类似于一台计算机，它的基本功能就是连接同类和不同类型的网络，并能实现协议转换、路由选择、网络管理等。路由选择要依据一定的路由算法。通常，路由算法是以最短路径为主要原则。此外，即使某条线路瘫痪了，只要有迂回的线路存在，路由器也能控制通信数据通过其他线路到达目的地。

2. 分组交换技术

Internet 是由 ARPAnet 发展演变而来，而 ARPAnet 是世界上最早采用分组交换技术的广域网络。在 Internet 上的所有数据都以分组的形式传送，发送端将信息划分成数据分组（或称数据包，一般不超过 1 000 字节）后在 Internet 上传送，而接收端则将接收到的分组重新组装成原来的信息。分组交换技术使 Internet 上的计算机之间可以同时进行数据传输。

3. 客户机/服务器工作模式

Internet 提供了多种信息服务，如 E-mail，FTP，WWW 等，尽管这些服务在功能和使用上有着明显的差别，但它们都采用相同的工作模式——客户机/服务器模式。从 Internet 使用者角度看，它的结构如图 7-8 所示。

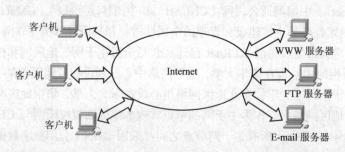

图 7-8　从用户角度看 Internet

在 Internet 中，服务器是信息资源与服务的提供者，如 E-mail 服务器、FTP 服务器、Web 服务器等，而客户机是信息资源与服务的使用者。服务器使用专用的服务器软件向用户提供信息资源与服务；而客户机使用各类 Internet 客户端软件来访问信息资源或服务。例如，个人计算机通过连入 Internet 和运行 IE 浏览器程序，就可以建立本身客户机与网上相应 WWW 服务器之间的通信关系。

服务器一般设置在 Internet 网站中，并具有自己的域名和 IP 地址。与客户机不同的是，服务器由于提供服务的需要，必须随时准备好接收客户端发来的请求（如上网查询、电子邮件等），因此作为服务器的计算机必须始终处于运行状态。

4. TCP/IP

TCP/IP 提供了一个开放的环境，能够把 Internet 上各种计算机和计算机网络很好地连接在一起，从而达到了不同网络系统互连的目的。Internet 能以惊人的速度发展是与 TCP/IP 分不开的。

TCP/IP 是个协议的集合，包括了上百种协议，如 HTTP, FTP, Telnet 等，其中最主要的两个协议是 TCP（传输控制协议）和 IP（网际协议）。TCP/IP 模型与 OSI 参考模型都采用了层次结构，但 OSI 采用的是 7 层结构，而 TCP/IP 是 4 层结构。二者之间仅有部分层次是相互对应的，如图 7-9 所示。

OSI 参考模型虽然从理论上讲比较完整，是国际公认的标准，但它还没有商品化，至今市场上流行的网络几乎没有完全符合 OSI 各层协议的。TCP/IP 是目前应用最为广泛的一种网络通信协议，它适用于各种平台，无论是微型机还是巨型机，无论是局域网、广域网还是 Internet，无论是

UNIX 系统还是 Windows 系统，都支持 TCP/IP，TCP/IP 是计算机网络世界的通用语言。

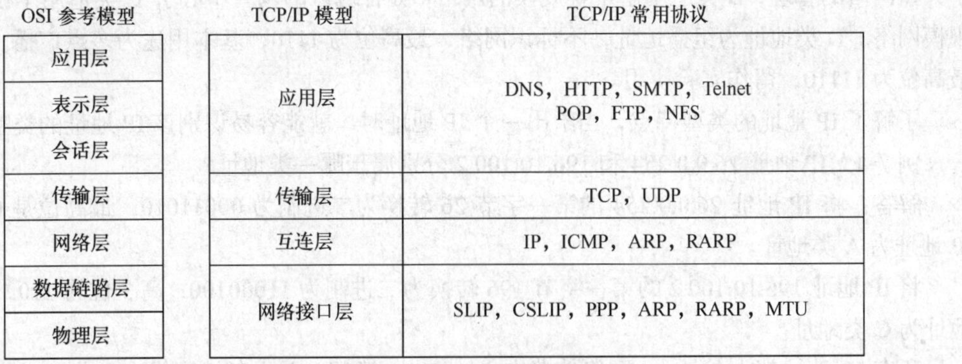

图 7-9   OSI 参考模型与 TCP/IP 模型

5. IP 地址及域名

（1）IP 地址

在 Internet 上，每一台连网的计算机（服务器或客户机）都称为主机。每台主机都必须有一个唯一的网络地址，称为 IP 地址。在 Internet 上进行信息交换离不开 IP 地址，就像日常生活中朋友间通信必须知道对方的通信地址一样。

IP 目前有 IPv4 和 IPv6 两种。现在使用的 IPv4 是 1970 年末期推出的，可以容纳 200 多万个网络和 36 亿台以上的主机。但由于采用层次结构，故大大减少了有效地址的实际数量。随着 Internet 的迅速发展，IPv4 定义的有限地址空间将被耗尽，目前有些地区（特别是亚洲）已出现 IP 地址不够用的现象。为了扩大地址空间，1995 年 12 月颁布的新的 IP 协议 IPv6，将 IP 地址长度增加到 16 个字节（128 位），可提供更多 IP 地址。IPv4 目前仍可继续使用，但今后将逐步转向 IPv6。以后除非特别说明，本书中所说的 IP 指的都是 IPv4。

IP 地址由 32 位二进制数组成，分为 4 段，每段 8 位（1 个字节）。为便于书写，通常用"点分十进制"表示法，即每段用一个等效的十进制数表示，其数值范围为 0～255，段间用小数点"."隔开。例如，设有 IP 地址 11001010　01110101　01000001　00000001，则用"点分十进制"表示为 202.117.65.1。

每个 IP 地址都由网络号和主机号两部分组成。网络号用来标识该地址从属的网络，主机号用于区分同一网络上的不同计算机（即主机）。IP 地址按网络规模和用途不同，分为 A，B，C，D，E 共 5 类，其中 A，B，C 3 类 IP 地址是基本地址，主要用于商业用途，D 类和 E 类 IP 地址主要用于网络测试。A，B，C 3 类 IP 地址类型及结构如图 7-10 所示。

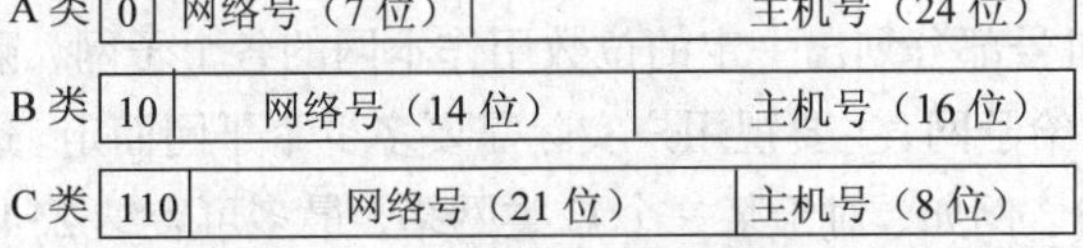

图 7-10   IP 地址类型及结构

A 类地址的最高位为 0（也称地址类型码），接着 7 位用来标识网络号，后 24 位标识主机号，所以 A 类地址范围为 0.0.0.0～127.255.255.255；B 类地址的最高两位为 10，14 位标识网络号，16 位标识主机号，所以 B 类地址范围为 128.0.0.0～191.255.255.255；C 类地址的高 3 位为 110，21

位标识网络号，8 位标识主机号，所以 C 类地址范围为 192.0.0.0～223.255.255.255。A 类主要用于大型网络的管理，B 类适用于中等规模的网络（如各地区的网管中心），C 类适用于校园网等小规模网络。D 类地址为组播地址，不标识网络，最高位为 1110，基本用途为多点广播。E 类地址最高位为 11110，留作实验使用。

了解了 IP 地址的类型特点，当给出一个 IP 地址时，就能容易识别该 IP 地址的类型。

例 7-1   IP 地址 26.0.0.254 和 196.10.100.2 分别属于哪一类地址？

解答：将 IP 地址 26.0.0.254 的第一字节 26 转换为二进制为 00011010，最高位是 0，因此该 IP 地址为 A 类地址。

将 IP 地址 196.10.100.2 的第一字节 196 转换为二进制为 11000100，高 3 位为 110，因此该 IP 地址为 C 类地址。

所有 IP 地址都由 Internet 网络信息中心（NIC）管理，并由各级网络中心分级进行管理和分配。我国高等院校校园网的网络地址一律由 CERnet 网络中心管理，由它申请并分配给有关院校。我国申请 IP 地址都通过 APNIC（负责亚太地区的网络信息中心），APNIC 总部设在日本东京大学。

IPv6 地址是用 "："隔开的 8 个十六制数，具有 16 个字节（128 位）。IPv6 地址为 128 位长，但通常写作 8 组，每组为 4 个十六进制数的形式。例如，2001:0db8:85a3:08d3:1319:8a2e:0370:7344，采用 "冒号十六进制" 编码方式，使得 IPv6 地址更加简洁易读。IPv6 地址由两个逻辑部分组成：一个 64 位的网络前缀和一个 64 位的主机地址，主机地址通常根据物理地址自动生成。IPv6 地址有 3 种主要类型。①单播：一对一的地址分配。②任播：IPv6 增加的一种类型。③组播：改进的多播地址格式。

IPv4 和 IPv6 的地址空间比较如表 7-2 所示。

表 7-2   IPv4 和 IPv6 的地址空间比较

规范	IPv4	IPv6
地址长度	32 位	128 位
主机标识符长度	2～20 位	64 位
网络标识符长度	7～30 位	61 位
每个子网中主机的最大数量	2^2～2^{24}	2^{64}
子网的最大数量	2^7～2^{30}	2^{81}
主机的最大数量	3.7E+09	4.25E+037

（2）子网和子网掩码

从上面可以看到，IP 地址中已划出一定位数来表示网络号，但所表示的网络数是有限的，因为对每一网络均需要唯一的网络号。实际使用中有时会遇到网络数不够的问题，解决的方法是采用子网寻址技术，将主机号部分划出一定的位数用作本网的各个子网，剩余的主机号作为相应子网的主机号。划出多少位给子网，主要视用户实际需要多少个子网而定。这样 IP 地址就划分为 "网络—子网—主机" 三部分。例如，对于某一个 C 类网络，最多可容纳 254 台机（1 个字节取值 0～255，其中有 2 个保留值），若需要将这 200 多台机再划分成不同的子网，如再划分出 4 个子网，这样标识网络—子网号就需要 26 个二进制位，即在原 24 位基础上再加上 2 位，剩余的 6 位（比原来 8 位减少 2 位）才用来区分子网中的主机号。

子网掩码用来区分 IP 地址中的网络—子网号和主机号。子网掩码也是一个 32 个二进制位的值，分别对应于 IP 地址中的 32 位二进制数，同样采用 "点分十进制" 表示。图 7-11 所示的

"255.255.255.0" 就是子网掩码。子网掩码中的 1 用来定出网络号和子网号，0 用来定出主机号，例如对于上述的某一个 C 类网络，它另有 2 个二进制位表示子网，其子网掩码为

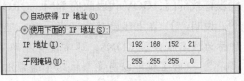

图 7-11　子网掩码

11111111, 11111111, 11111111, 11000000

写成十进制数形式是：255.255.255.192。

对于 A、B、C 三类网络，默认的子网掩码如下：

```
A类: 255.0.0.0
B类: 255.255.0.0
C类: 255.255.255.0
```

例 7-2　一台计算机的 IP 地址为 133.60.30.5，子网掩码为 255.255.248.0，求出该计算机的网络号、子网号和主机号。

求解方法如下。

① 将 IP 地址和子网掩码都转换为二进制：

IP 地址：　　10000101.00111100.00011110.00000101

子网掩码：11111111.11111111.11111000.00000000

② IP 地址第一字节的最高两位为 10，根据 IP 地址类型判断该 IP 地址属于 B 类地址，所以网络号为 10000101.00111100，十进制表示为 133.60。

③ 从子网掩码中，可知该 IP 地址的前 21 位为网络—子网号，而（左起）第 17~21 位的 5 个 "1" 表示用 5 位表示子网号，后 11 位为主机号。

④ 在 IP 地址中找到 5 位子网号对应的二进制位 00011，转换为十进制为 3，即子网号为 3，后 11 位为 110 00000101，转换为十进制为 1541，即主机号为 1541。

因此，这台计算机的网络号是 133.60，子网号为 3，主机号为 1541。

（3）域名

由于 IP 地址采用一串数字表示，用户很难记忆，因此还使用了另一种便于记忆的地址，称为域名（又称为域名地址）。例如，采用域名 www.pku.edu.cn 代表北京大学的 Web 网站 IP 地址 162.105.131.113。域名采用层次结构，一般含有 3~5 个子段，中间用 "." 隔开。例如：

在域名中，最右边的一段称为顶域名，由 2 个字符组成，常用作国家或地区的代码（对于美国来说，通常省略了国家名），一些顶域名如下：

澳大利亚	AU	日本	JP
加拿大	CA	中国香港	HK
中国	CN	新加坡	SG
德国	DE	中国台湾	TW
法国	FR	英国	UK
印度	IN	美国	US

部门性质代码一般由 3 个字母组成，如 COM 代表商业部门，NET 代表网络服务机构，EDU 代表科教部门，GOV 代表政府部门，ORG 代表各种非营利性的组织等。

说明：① 在上述两种地址中，IP 地址是 Internet 系统能直接识别的地址，而域名则必须由一种称为域名服务器（DNS，通常设置在网站上）的机器自动翻译成 IP 地址。

② 一台主机可以有多个域名（通常用于不同的目的），但是只能有一个 IP 地址。

③ 一台主机从一处移到另一处时，当它属于不同的网络时其 IP 地址必须更换，但是可以保持原来的域名。

7.3.3　连接 Internet

为了使用 Internet 上的资源，用户的计算机必须与 Internet 进行连接。所谓与 Internet 连接，实际上是与已连接在 Internet 上的某台主机或网络进行连接。用户入网前都要先联系一家 Internet 服务提供商（ISP），如校园网网络中心、电信局等，然后办理上网手续，包括填写注册表格、支付费用等，ISP 则向用户提供 Internet 入网连接的有关信息，包括上网电话号码（拨号入网）或 IP 地址（通过局域网入网）、电子邮件地址和邮件服务器地址、用户登录名（又称用户名或账号）、登录密码（或密码）等。

目前，用户连入 Internet 有以下几种常用方法。

1. 局域网连接

采用局域网方式，用户计算机通过数据通信专线（如电缆、光纤）连到某个已与 Internet 相连的局域网（如校园网）上。

局域网入网通常有两种方式：固定 IP 地址和代理服务器。

① 固定 IP 地址。使用这种方式，局域网中每台用户计算机均需一个固定的 IP 地址。

② 代理服务器。以这种方式上网，局域网中必须有一个代理服务器。代理服务器（Proxy Server）是建立在客户机和 Web 服务器之间的服务器，它为用户提供访问 Internet 的代理服务，使不具有 IP 地址的客户机通过代理服务器可以访问 Internet。代理服务器具有高速缓冲的功能，可以提高 Internet 的浏览速度。代理服务器还可用作防火墙，为网络提供安全保护措施。

通过局域网入网方式的特点是线路可靠，误码率低，本地数据传输率可达 10Mbit/s～1 000Mbit/s，但访问 Internet 的速率受到局域网出口（路由器）的速率和同时访问的用户数量的影响。这种入网方式适用于用户数较多且较为集中的情况。

通过局域网接入 Internet 的软件设置方法，见 7.7.1 小节。为检测网络配置是否正常，网络连接是否通畅，可以使用操作系统提供的网络测试工具来进行测试，见 7.7.2 小节。

2. 以电话线接入

目前，以电话线接入 Internet 主要有 4 种方式：普通拨号上网、ISDN 上网、ADSL 上网和 VDSL 上网。

① 普通拨号入网。一般家庭使用的计算机都采用电话拨号入网方式。采用这种入网方式，用户计算机必须装上一个调制解调器（Modem），并通过电话线拨号与 ISP 的主机连接。调制解调器可以是插入计算机的内置式，也可以是放在计算机外面的外置式。数据传输率可达 33.6kbit/s 和 56kbit/s。

使用电话拨号入网的用户，每次在连接 Internet 时会被临时分配到一个 IP 地址，这种地址称为动态 IP 地址，当连接结束时，就自动释放该动态地址，供其他人使用。这种入网方式的传输速度比通过局域网入网方式慢，适用于业务量较小的用户使用。

② ISDN 方式上网。ISDN（综合业务数字网）使用普通的电话线，但线路上采用数字方式传输，与普通电话不同。ISDN 能在电话线上提供语音、数据、图像等多种通信业务服务，故俗名为"一线通"。例如，用户可以通过一条电话线在上网的同时打电话。上网速率可以达到 128kbit/s。通过 ISDN 上网需要安装 ISDN 卡。

③ ADSL 方式上网。ADSL（非对称数字用户环路）是利用现有的电话线实现高速、宽带上网的一种方法。所谓"非对称"是指与 Internet 的连接具有不同的上行和下行速度，上行是指用户向网络发送信息，而下行是指 Internet 向用户发送信息。目前，ADSL 上行速度可达 3.5Mbit/s，下行速度最高可达 24Mbit/s。在一般 Internet 应用中，通常是下行信息量要比上行的信息量大得多。因此，采用非对称的传输方式，既可以满足单向传送宽带多媒体信号和进行交互的需要，又可以节省线路的开销。

采用 ADSL 接入，需要在用户端安装 ADSL Modem 和网卡。

ADSL 的接入方式通常有两种：虚拟拨号接入和专线接入。虚拟拨号接入需要用户输入用户名和密码进行身份认证，认证通过后才能接入网络，获得一个动态 IP 地址。专线接入要求用户在计算机上设置好 ISP 提供的 IP 地址、子网掩码、网关、域名服务器等网络参数，用户只要打开计算机，就可以使用这个连接。

④ VDSL 方式上网。VDSL（超高速数字用户环路）是 ADSL 的快速版本。使用 VDSL，短距离内的最大下传速率可达 55Mbit/s，上传速率可达 19.2Mbit/s，甚至更高。

3. 通过 DDN 专线接入

数字数据网（Digital Data Network，DDN）是随着数据通信业务需要而迅速发展起来的一种新型网络。DDN 的主干网传输介质有光纤、数字微波、卫星信道等，其最高速率为 150Mbit/s，可为用户提供各种速率的高质量数字专用电路和其他业务，满足用户多媒体通信和组建中高速计算机通信网的需求。DDN 适合对带宽要求比较高的应用，如企业网站。

采用 DDN 接入，需要向电信部门申请 DDN 专线，同时还要根据所租用的 DDN 的带宽和距离来支付月租金。

4. 利用有线电视网接入

中国有线电视网（CATV）非常普及，其用户已达到几千万户。通过 CATV 接入 Internet，速率可达 10Mbit/s。实际上这种入网方式也可以是不对称的，下行的速度可以高于上行速度。

CATV 接入 Internet 采用总线型拓扑结构，多个用户共享给定的带宽，所以当共享信道的用户数增加时，传输的性能会下降。

采用 CATV 接入需要安装 Cabel Modem（电缆调制解调器）。

5. 无线接入

无线接入是指从用户终端到网络交换节点采用或部分采用无线手段的接入技术。无线接入 Internet 的技术分成两类，一类是基于移动通信的无线接入，另一类是基于无线局域网的技术。目前，无线接入一般用于便携式设备（笔记本电脑和手机）。由于无须线缆连接，入网设备可以自由移动，无线接入已经成为一种重要的接入方式。

6. 光纤接入

FTTH（光纤到户），顾名思义就是一根光纤直接到家庭。具体说，是指将光网络单元（ONU）安装在住家用户或企业用户处，是光接入网应用类型。FTTH 放宽了对环境条件、供电等要求，具有极大的带宽，简化了维护和安装，是解决从 Internet 主干网到用户桌面的"最后一公里"瓶颈现象的最佳方案，是实现千兆到户，百兆到桌面的最理想的业务透明网络，是接入网发展的最终方式，也是宽带发展的最终理想。FTTH 接入方式更适合一些已经出现或即将出现的宽带业务和应用，如电视电话会议、可视电话、视频点播、IPTV、网上游戏、远程教育、远程医疗等。

根据光纤深入用户的程度，可分为 FTTB（光纤到大楼），FTTC（光纤到路边），FTTZ（光纤到小区），FTTO（光纤到办公室），FTTH（光纤到户），FTTD（光纤到桌面）等。

7.3.4　Internet 服务

Internet 提供的基本服务有电子邮件（E-mail）、环球网（WWW）、远程登录（Telnet）、文件传输（FTP）等。

1. 电子邮件

电子邮件（E-mail）是利用 Internet 发送和接收电子信件的现代化通信手段。它是 Internet 最基本、最重要的服务功能。与传统的邮件相比，电子邮件的主要优点是使用简易、投递迅速、收费低廉、易于保存、全球畅通无阻。利用 E-mail 发送的信件可以在几秒钟到几分钟之内发送到世界上任何指定的目的地。这些信件可以是文本、图像、声音等各种形式。

2. 环球网

环球网（World Wide Web，WWW）简称 Web，原意是"遍布世界的蜘蛛网"，又称为全球信息网或万维网，还有人称它为 3W。

Web 是一个全球规模的信息服务系统，也是在 Internet 中发展最快、最受欢迎的一种服务。利用 Web 人们可以快速地交流信息：从天气预报、班机时刻到股市行情，从政府公报、学术成果到企业产品，几乎应有尽有。利用 Web，人们还可以建立自己的 Web 网站（也称 Web 站点），在网上向全世界发布信息。的确，Internet 的迅速流行在很大程度上应该归功于 Web。

3. 远程登录

远程登录（Telnet）是指用户计算机通过 Internet 与远程的主机进行连接，使之成为远程主机的终端。用户进行远程登录时，首先要成为该远程主机系统的合法用户并拥有相应的账号和口令。一旦登录成功，用户便可以实时使用该远程主机对外开放的各种资源，如联机检索服务、大型数据库查询等。

4. 文件传输

文件传输（File Transfer Protocol，FTP）用来实现 Internet 上两台计算机之间传送文件。它允许用户从 FTP 服务器中复制文件到本地计算机（Download，称为下载），或从本地计算机中复制文件到 FTP 服务器（Upload，称为上传或下载）。

FTP 是一种实时的联机服务，在进行工作时，用户首先需登录到 FTP 服务器上，登录后才可进行与文件搜索和文件传送有关的操作。使用 FTP 几乎可以传送任何类型的文件，如文本文件、图像文件、声音文件、数据压缩文件等。

5. 其他服务

① BBS 和网上论坛。BBS 是电子公告牌系统（Bulletin Board System）的简称。BBS 利用 Internet 为用户提供了一个讨论交流的场所，它开设了许多专题，每个上网的人都可以对感兴趣的话题发表意见和查看别人写的信息。

随着 WWW 技术的发展，BBS 已经逐步被网上论坛淘汰。用户可以用浏览器直接访问网上论坛。网上论坛的功能与 BBS 基本相同，但提供更友好的界面和访问方式，内容更为丰富。现在的论坛几乎涵盖工作、学习和生活的各个方面。

② IP 电话和 IP 视像会议。通过 Internet 可以打国际长途电话，这种电话业务称为 IP 电话。由于 Internet 收费主要根据时间长短，而不是距离远近，因此用 IP 电话打国际长途比较省钱。

利用 Internet 还可以召开视像会议。通过网络将分散在各地的，远在千里之外的会议参加者的视像和声音传送到 PC 的显示器和扬声器上，缩小了距离，减少了费用。

③ 即时通信。使用某些专用软件，如 QQ，MSN Messenger 等，能够实时交流信息，包括使用键盘输入信息的"交流"、直接用语音交谈、视频通话和交换数据文件。

即时通信最早的产品是 ICQ，由 3 名以色列青年创建，目前 ICQ 用户数量在 4 000 万人~5 000 万人，主要分布在美洲和欧洲。

④ "博客"应用。"博客"（Blog 或 Weblog）是 WEB LOG 的缩写，简单来说就是网络日记，它是一种简易的个人信息发布方式。一个 Blog 其实就是一个网页，它通常是由简短且经常更新的帖子（Post）所构成，这些张贴的文章都按照年份和日期倒序排列。许多 Blogs 记录着 blog 个人所见、所闻、所想，还有一些 Blogs 则是一群人基于某个特定主题或共同利益领域的集体创作。利用 Blogs，可以文会友，结识和汇聚朋友，进行深度交流沟通。

现在新兴的一种小型博客被称为微博客（MicroBlog），简称微博，它是一种可以即时发布消息的系统，可以通过移动设备、IM 软件（如 MSN、QQ 等）等途径向微博发布消息。微博的一个特点在于这个"微"字，一般发布的消息只能是只言片语，每次只能发送 140 个字符。它是一种互动及传播性极快的工具，最早也是最著名的微博是美国的 Twitter。

⑤ 网上教育。网上教育及 Internet 远程教育，都是指跨越地理空间进行教育活动，它克服了传统教育在空间、时间、受教育者年龄、教育环境等方面的限制，带来了新的学习模式。

⑥ 电子商务。电子商务是指利用电子网络进行商务活动。它利用一种前所未有的网络方式，将顾客、销售商、供货商和雇员联系在一起，实现网上广告、网上洽谈、网上订货、网上付款、网上客户服务等。有人认为电子商务将会成为 Internet 最重要和最广泛的应用。

⑦ 网上娱乐。Internet 可以说是世界上最大的娱乐场。人们可以看网上电影，听网上音乐，可以与身居世界各地的人们进行网上聊天，可以与一个远隔重洋的对手下一盘棋，也可以与分布在世界各个角落的人一起玩多人游戏。

7.3.5 Intranet 与 Extranet

1. Intranet

所谓 Intranet，就是利用 Internet 各项技术建立起来的企业内部信息网络，简称企业内部网。它主要包含以下两个方面的含义：① Intranet 是一种企业内部的计算机信息网络；② 它将 Internet 许多技术运用于企业内部网，这些技术主要有 WWW，E-mail，FTP 以及数据库等。

Intranet 具有以下几个主要特点。

① 建网开销小、收益高。由于采用公开的、统一的标准和规则，Intranet 可使用不同厂家的硬件、软件产品。建立 Intranet 不需要一切从头开始，只需对现有的企业信息网稍加改变即可，如添加 TCP/IP 软件、安装一个 Web 服务器等，原有资源都可容易地加以利用。因此，它是实现企业网络化的最经济、最高效的一种方法。

② Intranet 具备 Internet 所提供的服务功能，如利用 WWW 来检索或发布企业信息、电子邮

件（E-mail）、文件传输（FTP）等。

③ Intranet 既可以与 Internet 连接，成为 Internet 的一部分，也可以完全独立而自成体系，成为企业内部的信息网络。

④ Intranet 使用"防火墙"等技术，隔离非法用户的访问，从而有力地保护企业内部信息资源。它还可克服 Internet 上信息过"多"过"滥"，以致影响查询和使用效率之弊端。

Intranet 已经成为不少企业（如企业单位、公司、国家机关、学校等）网络化的首选模式。为适应构建企业内部网的需要，Windows NT Server 4.0，Windows 2000，Windows XP Server 等网络操作系统已经内置了运用于企业内部网的各种 Internet 技术。

2．Extranet

Extranet 称为企业外连网，是 Intranet 概念的进一步延伸与扩展，即把 Intranet 构建的技术应用到了企业与企业之间的网络互连上。它可以把企业内部的 Web 应用扩展到企业的贸易伙伴或远程分公司，因而成为许多企业，特别是跨国公司新的网络设计方案。

Extranet 大多采用虚拟专网（Visual Private Network，VPN）技术，即在公共的 Internet 信息通道上采用隧道技术开辟用户自己的私有通道。Intranet/Extranet 环境能够使分散在世界各地的企业成员组成团队协同工作，并维持良好、有效的通信，完成一些合作性的商业应用，而无须考虑地理上的距离、时区的不同或计算机的不匹配等因素。

7.4　浏览 Internet

7.4.1　Web 基本概念

1．网页

在 Web 中，信息是以网页（Web Page，也称 Web 页或 Web 页面）的方式来组织的。在网页内容中，除了普通文本、图形、声音等外，还包含某些"链接"，而这些链接又可以指向另外一些网页（可以是 Internet 上某一网站上的网页）。浏览时当鼠标指针移到该链接所在的区域（如一个词、一幅图形等）时，指针形状将变成手指形，单击该链接时就会从当前的网页跳转到所指定的网页，这就是所谓的"超链接"（或称"超级链接"）。通过这一功能，可以把 Internet 上各站点的网页连接在一起构成一个庞大的信息网。

2．Web 网站和网址

用于存储网页并将它们发布到 Internet 上的计算机称为 Web 服务器，又称为网站。一个网站通常由众多的网页组成。在所有的网页中有一个起始页，称为主页（Home Page）。进入一个 Web 网站时，一般都是先进入它的主页，然后再一步步跳到要去的其他地方。按照 Microsoft 公司的比喻，如果把 Web 当做 Internet 上的大型图书馆，则每个 Web 网站就是一本书，每个网页就是一张书页，主页就是书的封面和目录。

每一个网页都有一个独立的地址，这个地址被称为统一资源定位符（Uniform Resourse Locate，URL），俗称网址。它是一个网页地址位置的完整描述，由 3 部分组成：访问方式（通信协议）、主机名和路径及文件名。下面是一个 URL 示例：

```
http://www.microsoft.com/pub/index.html
```

其中：http://是超文本传输协议的英文缩写，：//表示其后跟着的是 Internet 上网站的域名，再接下来的是文件的路径及文件名。示例中的文件扩展名为.html（或.htm），表明这是网页文档。

当省略了路径及文件名时，则表示 Web 网站的主页。主页地址（URL）的一般形式为：http://www.<主机域名>，如人民网主页地址是 http://www.people.com.cn，北京大学主页地址是 http://www.pku.edu.cn。

URL 不限于描述 Web 资源地址，也可以描述 Internet 上其他资源的地址，还可以表示本机磁盘文件。例如：

```
ftp://ftp.pku.edu.cn                           FTP 服务器
file:///D:/myweb/mypage.htm                    本地磁盘文件
http://www.gzic.gd.cn:81/mass/sxzn/x44001.htm  其中"81"为端口号
```

端口是服务器使用的一个通道，可以使具有相同 IP 地址的主机同时提供多种服务。例如，在 IP 地址为 202.117.64.1 的主机上同时提供 Web 服务和 FTP 服务，Web 服务使用端口 80，FTP 服务使用端口 21 等。当远程计算机连接到某个特定端口时，服务器会启动相应的程序来处理该连接和响应用户的请求。

对于通常的服务，端口号可省略，表示使用默认值。当某些服务使用非标准的端口号，则需要指定端口号。

3. Web 浏览器

用户要访问 Web 资源，必须在本地计算机上运行一个 Web 客户程序，借助它连接到 Web 网站上和查看 Web 页。Web 客户程序也称浏览器（Browser），目前，较为流行的浏览器有 Microsoft 公司的 Internet Explorer（简称 IE）和网景公司的 Netscape。

4. Web 工作过程

Web 通信协议是超文本传输协议（HTTP）。Web 通过 HTTP 实现客户机和服务器之间的信息交换。当用户通过 Web 浏览器提出 Web 查询请求时，这些请求信息就会通过网络传送给 Internet 上相应网站的 Web 服务器。服务器收到请求后作出"响应"，调出或产生相应的网页信息，再通过网络把该网页信息发送给客户端浏览器。最后由 Web 浏览器解释该网页信息，并在浏览器窗口中显示出来。

7.4.2 使用 Internet Explorer 浏览 Web 信息

IE 是 Windows 7 内置的 Web 浏览器。所谓 Web 浏览器，是指一个运行在用户计算机上的程序，它负责下载、解释和显示 Web 网页，因此也称为 Web 客户程序。安装 Windows 7 操作系统后，IE 被自动安装在计算机中。本小节以 IE9 浏览器为例。

要启动 IE，可单击"快速启动"栏上的"启动 Internet Explorer 浏览器"按钮。启动后用户计算机将与 Internet 连接，进入 IE 窗口并装入事先确定的起始页（如北京大学主页），如图 7-12 所示。

采用 IE 浏览网页，有以下几种常用方法。

1. 用地址直接访问

通过地址栏可以输入想要浏览的网页地址，如 http://www.pku.edu.cn（北京大学的网址，或 http://162.105.131.113），然后按 Enter 键，或从地址栏的下拉列表中选择某一网址（最近曾经访问过的），IE 即开始与此 Web 网站连接，连接后，将网页文件下载到本地计算机上，并在浏览器窗口中将此网页显示出来。

图 7-12　IE 窗口

说明：①所有的 Web 网址都以 http:// 开头，输入时也可以省略这开头部分，IE 会自动加上这部分内容；②IE 设置临时文件夹来存储从 Internet 下载的网页内容，当用户查询 Internet 上某地址的网页时，IE 会先查看这个文件夹中是否已经有这个网页的最新内容，如果有，则从临时文件夹中读取，否则从 Internet 下载。这种工作方式提高了访问 Internet 的效率，减少了从网上下载文件的次数。

2. 使用超链接

大多数网页上都有若干超链接，用以链接相关信息。当鼠标指针移到当前页上某一"超链接"所在的区域（文本块或图形）时，鼠标指针将变成手指形状，单击该超链接时，就可以打开超链接所指向的网页，即从当前页跳转到另一个网页。这样一级级浏览下去，就可漫游整个 Web 世界。

3. 浏览最近访问过的网页

IE 浏览器的工具栏上有些按钮可以方便地浏览本次启动 IE 时访问过的网页。单击"后退"按钮，可以返回访问过的上一个网页；使用"后退"按钮后，单击"前进"按钮可以再向下翻阅访问过的网页；单击"搜索"按钮旁边的下箭头，就会在某一方向显示出最近访问过的网页下拉列表，单击列表中的某一项，即可进入该网页。

4. 刷新网页

如果在网上浏览的时间比较长，较早浏览的网页可能已经被更新，特别是一些提供实时信息的网页，如有关股市行情的网页。为了得到最新的信息，可以选择"查看"/"刷新"命令，或单击工具栏上的"刷新"按钮来实现网页的更新。

当网页传输过程中出现错误时，执行"刷新"命令可以重新下载该网页。

5. 在 Internet 上搜索信息

Internet 是一个信息的大海洋，如何快速搜索到自己需要的有用信息，是每个 Internet 用户经常遇到的问题。为了提高用户的查找效率，不少网站提供了帮助用户搜索信息的专门工具——搜索引擎。

（1）搜索引擎网站

搜索引擎是一些 Internet 服务商为用户提供的检索网站，它搜集了网上的各种信息源地址，然后用一种固定的规律进行分类，提供给用户进行检索。搜索引擎查找信息的方式基本上分为分类搜索和按关键词搜索两类。下面是几个有名的搜索引擎网站及其网址：

百度	http://www.baidu.com
Google	http://www.google.com
中国雅虎（Yahoo!）	http://cn.yahoo.com
搜狗	http://www.sogou.com
北大天网搜索	http://e.pku.edu.cn

（2）搜索引擎的查询条件

除了目录索引方式外，搜索引擎都采用了关键词作为查询条件，关键词不区分大小写，也允许使用几个关键词。各关键词之间加空格一般被认为是 AND（与）的关系，OR（或）关系则用"|"代表，NOT（非）关系用"!"或"-"（减）来代表。例如，要查询采用四核处理器的笔记本电脑的价格，可以在搜索框中输入"四核　笔记本　报价"；如果要查询采用双核或四核处理器的笔记本电脑的价格，可以在搜索框中输入"双核|四核　笔记本　报价"。

（3）搜索技巧

① 对搜索的网站进行限制。方法是在搜索框内使用"site:"，如输入"免费邮箱申请 site:www.163.com"进行搜索。

② 在某一类文件中查找信息。如果搜索的内容是某些常用的文件类型，可以直接在搜索框内输入"关键词 filetype:文件扩展名"，如输入"无线上网 filetype:doc"，则可以搜索所有与无线上网有关的 Word 文件。

③ 强制搜索完整文本内容。方法是把该文本内容用英文双引号括起来，如在搜索框中输入""number one""，将强制搜索包含完整和精确的"number one"的网页。

④ 搜索的关键词包含在网页标题中。使用"intitle:"可以查找在网页标题中包含的某些关键词，如在搜索框内输入"留学 intitle:美国大学"，则可以查询所有内容中包含"留学"和标题中含有"美国大学"的网页。

⑤ 网页快照功能。由于网络信息的动态性（如遇到网站服务器暂时故障、网络传输堵塞等情况），有时会发现搜索出来的条目已经无法访问，这时可以使用"网页快照"来得到网页信息。搜索引擎在收录网页时，会对网页内容进行备份，存放在自己的服务器缓存里，当用户在搜索引擎中点击"网页快照"（如"百度快照"）链接时，搜索引擎会将当时所抓取并保存的网页内容展现出来，称为"网页快照"。但网页快照只会临时缓存网页的文本内容，所以那些图片、音乐等非文本信息，仍存储于原网页。

⑥ 其他高级搜索。为了提高查询效率，搜索引擎都提供了"高级搜索"功能。单击"高级搜索"按钮，弹出"高级搜索"网页，其中提供了各种查询条件，如"搜索网页语言"、"限定要搜索的网页的时间"、"关键词位置"等，用户可以按需要从中选定一个或多个条件。

7.4.3　快速访问 Web 网站

在网上漫游过程中，用户一定会遇到一些自己喜欢的 Web 网站或者一些自己需要经常访问的 Web 网站，这时，可以保存这些地址，以便以后能够快速地访问这些网站。IE 提供了 4 种网站快速访问方式：将 Web 页设置为主页、使用"链接"工具栏、使用历史记录和使用收藏夹。

1. 将 Web 网站设置为主页

主页又称起始页，是用户每次启动 IE 时最先显示的网页。如果用户对某一网站的访问特别频繁，可以选择"工具"/"Internet 选项"命令，把这个网站设置为主页。这样，以后每次启动 IE 或单击工具栏上的"主页"按钮时，首先打开该主页。

2. 使用历史记录

IE 能够将用户最近访问过的网页地址保存在"历史记录"中。当用户想再次访问这些网页时，只需从历史记录中选择该网页即可，而不必重新输入该网页地址。操作步骤如下。

① 单击 IE9 浏览器工具栏上的"五角星"按钮（"查处收藏夹、源和历史记录"按钮），则打开一个下拉列表。

② 在该下拉列表中选择"历史记录"选项卡，在打开的"历史记录"对话框中单击"按日期查看"下拉箭头，根据需要选择查看方式，即可在列表框中显示出已访问网页的记录。

③ 选择指定的网页地址，即可访问该网页。

④ 再次单击 IE9 浏览器工具栏上的"五角星"按钮，则可以退出上述访问方式。

说明：在历史记录中，网页地址记录保存的天数默认值为 20 天，要改变保存的天数，可选择"工具"/"Internet 选项"命令来实现。

3. 使用收藏夹

当看到一个喜爱的网页时，可以把它的地址保存到 IE 的收藏夹中，今后只需在收藏夹列表中选择该页地址，就可以再次访问它。

（1）把 Web 地址添加到收藏夹中

操作步骤如下。

① 进入要添加到收藏夹中的网页。

② 选择"收藏"/"添加到收藏夹"命令，打开"添加到收藏夹"对话框。

③ 单击"创建到"按钮，再选择要存放这一地址的文件夹（或新建文件夹），然后单击"确定"按钮。

（2）利用收藏夹快速访问所需的网页

操作方法如下。

① 单击工具栏上的"收藏夹"按钮，打开其下拉列表。

② 单击下拉列表中的指定文件夹，即可显示出该文件夹中的内容。

③ 单击所需的网页地址名称，就可以访问该网页。

④ 再次单击"收藏夹"按钮，则可以退出上述访问方式。

（3）整理收藏夹

当大量网页地址信息存放在收藏夹中时，将会降低其使用效率，因此，必须定期对收藏夹进行整理。操作方法是：在"整理收藏夹"对话框中，选定需要整理的对象（某个文件夹或网页地址），再选择有关命令即可。

7.4.4 保存网页

在网页上找到了有用的资料，就可以把它保存起来以供今后使用。

（1）以各种文件形式保存网页

进入要保存的网页，选择"文件"/"另存为"命令，打开"保存网页"对话框，输入要保存网页的文件名，并在"保存类型"下拉列表中选择保存网页的类型。

在"保存类型"下拉列表中有 4 个选项，其名称及含义如下。

① "网页，全部"：把当前网页全部内容保存下来。因为一个网页可能由多种媒体组成，所以如果把网页全部内容保存下来，可能要保存很多个文件。系统将以指定文件名保存网页的 HTML 代码和文本信息，再新建一个文件夹来存放多媒体文件和附加信息（如图像文件、声音文件等），新建文件夹名称为：指定文件名+".files"。例如，假设用户指定的网页文件名为 page1，则在保存网页文件夹中生成一个 page1.htm 文件和一个 page1.files 文件夹。

② "Web 档案，单个文件"：把当前网页以 Web 档案形式存储为单个文件。这种形式下，IE 把网页的所有内容压缩到一个单一的、扩展名为.mht 的文件中。这个文件往往比较大，但可以避免出现多个文件，以便于本地管理。

③ "网页，仅 HTML"：仅存储当前网页的 HTML 代码。以浏览器打开该文件会发现，文件夹仍能作为网页显示，但其中的图片等信息都显示为红色的小叉号。

④ "文本文件"：把当前网页的文字信息保存起来。这种形式下，网页中的 HTML 代码和多媒体信息全部丢失。

（2）保存网页中的图形

要保存网页中的一幅图像，可以在浏览该网页时，右击该图形对象，再从快捷菜单中选择"图片另存为"命令。当"保存图片"对话框出现后，可为图形文件指定存放位置和文件名，然后单击"保存"按钮。如果要将图形作为桌面的背景墙纸，则从上述快捷菜单中选择"设置为背景"命令。

（3）使用 SharePoint Designer 2007 来编辑和保存网页

进入指定的网页后，选择"文件"/"使用 Microsoft Office SharePoint Designer 编辑"命令，将调用网页编辑软件 SharePoint Designer 来编辑网页内容。在 SharePoint Designer 窗口中执行"文件"/"另存为"命令，则可以把该网页保存起来。

7.5　收发电子邮件

7.5.1　电子邮件概述

1. 电子邮件协议

与电子邮件相关的协议有 SMTP，POP3，IMAP 等。SMTP 为简单邮件传输协议，负责电子邮件的传输，它被安装在发送邮件服务器上。POP3 是第 3 版邮局协议，IMAP 是 Internet 邮件访问协议，接收邮件的服务器可以采用 POP3 和 IMAP 中的一种来处理邮件的接收。

使用 POP3 协议接收邮件，用户可以选择邮件下载到客户机后是否还要在服务器上保留，默认情况下是不保留。而使用 IMAP 时，服务器上会保留邮件，用户可以在服务器上阅读、删除和组织邮件，而不需要将邮件下载到计算机上，用户还可以在任何地方上网阅读邮件。

2. 电子邮件的工作过程

电子邮件系统的工作过程基于客户机/服务器方式，如图 7-13 所示。

在 Internet 上发送和接收电子邮件是通过邮件服务器实现的。邮件服务器包括两种类型：发送邮件服务器（如 SMTP 服务器）和接收邮件服务器（POP3 服务器）。这两种服务器通常设置在同一台主机上。

图 7-13　电子邮件的工作过程

当用户把编辑好的电子邮件开始发送时，邮件程序会把邮件传送到 ISP 的发送邮件服务器上。发送邮件服务器根据其注明的收件人地址，将邮件发送到 Internet 上。Internet 会自动将邮件通过网络一站一站送到目的地（如邮车把邮件从一个邮局送到另一个邮局）。邮件最终到达接收方 ISP 的接收邮件服务器上，保存在服务器上的收件方电子邮件信箱中（如邮递员将信件投递到收信人的信箱里），并通知收件方有新的邮件到来。接收方用户通过与 ISP 服务器的连接，从自己的信箱中读取信件。

3. 电子邮件地址

用户使用电子邮件的首要条件是必须拥有一个电子邮箱。一个电子邮箱实际上就是 ISP 在相应的服务器上为用户开辟的一个专用存储空间，用于存放用户需要发送和接收的电子邮件。电子邮箱号就是电子邮件地址。服务器上包含有大量用户的电子信箱，而每个用户的电子邮件地址是唯一的。

电子邮件地址一般由用户名和主机域名两部分组成，中间写上符号@，@读作 at，表示"在"。例如：

    kf@peopledaily.com.cn
    webmaster@pku.edu.cn

4. 电子邮件的收发方式

电子邮件服务有两种方式：Web 方式和邮件客户程序方式。

① 邮件客户程序方式。使用邮件客户程序方式收发电子邮件时，需要在用户客户机上安装邮件客户程序，如 Outlook Express, Foxmail 程序等。这种程序都需要预先进行软件配置，设置接收邮件服务器的域名（或 IP 地址）、发送邮件服务器的域名（或 IP 地址）以及用户的账号和密码等。软件设置完成后，用户就可以利用软件收发电子邮件。

② Web 方式。使用 Web 方式收发电子邮件，先要登录到提供电子邮件服务的网站，再通过网站收发邮件，目前国内不少网站（如新浪、搜狐、网易等）提供免费电子邮件服务，采用的是这种方式。

7.5.2　使用 Web 方式收发电子邮件

在 E-mail 发展初期，以邮件客户程序收发电子邮件确实发挥了巨大作用。然而软件设置过程比较烦琐，不适合在公用机房以这种方式收发电子邮件，随着 Internet 技术的发展，出现了另一种收发电子邮件的方式——Web 方式（也称 Webmail 方式）。

所谓 Webmail，就是利用网页实现 E-mail 收发的一种技术。它用 Web 浏览器作为电子邮件客户程序，能够从任何连接到 Internet 的计算机访问电子邮件账户，不需要配置客户端软件。当用户使用浏览器登录到电子邮件服务网站后，系统只是把用户计算机作为服务器上的一个终端，用户对信件的所有操作都是在服务器上完成的。在 Webmail 界面上输入用户名与密码，登录成功后就可以在网站上进行电子邮件的收发。

Internet 上有许多网站提供免费的 Webmail 服务，用户可以从这些网站申请一个免费电子邮箱。国内提供免费 Webmail 服务的知名网站有 www.sohu.com，www.sina.com.cn，www.163.com 等。用户只需要登录到相应的网站，如 www.163.com，通过超链接查看说明或按要求填写个人资料，就可以获得一个免费电子邮箱。

7.6 文 件 传 输

Internet 上提供了大量的共享或免费资源，获取这些资源最主要方法就是通过文件传输（FTP）服务。FTP 比其他服务方式（如电子邮件）交换数据都要快得多。

7.6.1 FTP 的功能

FTP 服务提供了在 Internet 主机之间传送文件的功能，它所使用的协议是 FTP。FTP 服务采用的是客户机/服务器工作模式，提供 FTP 服务的计算机称为 FTP 服务器，用户的本地计算机称为客户机。

提供 FTP 服务的服务器，一般存放了大量共享文件，包括操作系统文件、工具软件、开发工具软件、娱乐文件等。这些文件可供网上用户访问和下载。

FTP 是双向的，既可以把文件从服务器传送到客户机上，也可以从客户机传送文件到服务器。

7.6.2 FTP 服务器的有关概念

1. 匿名 FTP 服务

FTP 服务器有两种服务方式：一类 FTP 要求客户机给出登录的用户名和密码，认可后才允许访问；另一类 FTP 向用户开放公用文件，即所谓匿名 FTP 服务。

匿名 FTP 服务的实质是：提供服务的管理者在 FTP 服务器上建立一个公开账号，并赋予该账户访问公用文件的权限，以便提供免费的服务。

要访问这些提供访问匿名服务的 FTP 服务器，一般不需要输入用户名和密码。也有些 FTP 服务器规定登录名为 anonymous（意为"匿名"或"不记名"），而密码为 guest（意为"客人"）或用户的电子邮件地址。

目前，Internet 用户使用的大多数 FTP 服务都是匿名服务。为了保证 FTP 服务器的安全性，几乎所有的匿名 FTP 服务器只允许用户下载文件，而不允许用户上传文件。

2. 断点续传

在 FTP 文件传输过程中，特别是下载容量大的文件的时候，有时会出现断掉网络连接的情况。在这种情况下，如果再次从文件开始处下载文件内容，一方面造成重复下载，浪费网络资源；另一方面也无法避免这次下载出现掉网的情况。一种较好的处理方法是：在发生掉网后，再次连接后应从掉网处继续下载文件，把上一次没有完成的下载任务继续向下执行，而不是再次从头开始下载文件，这就是断点续传的概念。

3. 多线程下载

在 FTP 文件传输过程中，如果要下载的文件比较大，直接下载文件会耗费比较多的时间，如果服务器支持多线程下载，则可以把文件分成几块，然后由几个线程同时执行下载任务（即将文件分成几部分同时下载），下载结束后再进行合并，这样可以大大加快下载速度。

7.6.3　FTP 客户程序

早期的 FTP 操作是以命令行方式（类似 MS-DOS 操作方式）进行的，现在可以通过图形界面来进行。有许多方法可以登录到 FTP 服务器，最常用的有两种方法，一种是直接在 Web 浏览器上进行，另一种是使用 FTP 客户端程序，如 CuteFTP，WS_FTP，AceFTP 等。

1. 用 Web 浏览器访问 FTP 服务器

IE 和 Netscape 浏览器均已内置了 FTP 功能，它可以使用户连接上某个 FTP 服务器并下载文件。

打开 IE 浏览器，在地址栏上输入：ftp://ftp 服务器地址（如 ftp://ftp.pku.edu.cn，此处 ftp:// 不能省略，它代表 FTP）便可以匿名登录 FTP 服务器。登录到 FTP 服务器后，用户就可以在该服务器不同层次的文件夹之间（允许访问范围内）查找文件。找到所需的文件后，用鼠标右键单击，从快捷菜单中选择"目标另存为"命令，即可实现下载。如果用户连接的服务器不能匿名登录，FTP 将弹出登录对话框，要求用户输入用户名和密码，只有成功登录的用户才能访问该服务器。

许多 Web 网站都在自己的主页上加入下载文件的超链接。在下载时，用户可按照 Web 页中的提示下载文件。

2. 使用 FTP 下载工具

FTP 下载工具种类繁多，各种下载工具在功能上各有特点，用户可根据自己的具体需要和操作习惯选择使用哪种工具。

（1）FTP 专用软件

FTP 专用软件是基于 FTP 的文件传输工具，常用的有 CuteFTP，WS_FTP，AceFTP 等，它们既可以下载文件，又可上传文件。通常，这类软件打开后，其工作窗口会分成左、右窗格（见图 7-14），左窗格为用户本地计算机上的文件和文件夹，右窗格为 FTP 服务器下的文件和文件夹。当要下载内容时，先在左窗格中选定目标位置，再从右窗格中选定源对象（文件或文件夹），然后把源对象拖放到左窗格中。上传过程与此刚好相反，但上传内容到 FTP 服务器通常必须具有写的权限。

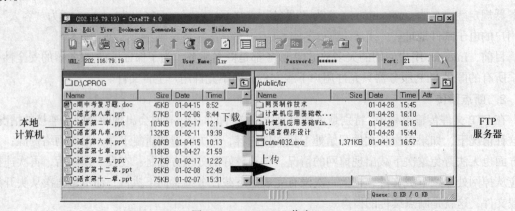

图 7-14　CuteFTP 工作窗口

（2）专用下载工具

在浏览器中下载文件时，可使用支持 HTTP 的专用下载工具。它们能配合浏览器自动下载，直接取代浏览器的下载工具。目前，国内比较流行的下载软件有 FlashGet（原名 JetCar，国际快车）和 NetAnts（网络蚂蚁）。

FlashGet 是一个多任务、多线程、断点续传的下载工具，它最多可把一个软件分成 10 个部分同时下载，而且最多可设定 8 个下载任务，具有较高的传输速度。FlashGet 的下载网站是 http://www.flashget.com。

NetAnts 可以多点连接、断点续传、计划下载等，具备了很多下载工具常用的功能，大大提高了下载速度。NetAnts 的下载网站是 http://www.netants.com。

7.7　Windows 系统的网络设置和测试

7.7.1　通过局域网接入 Internet 的软件设置

用户在办理局域网入网账号时，会从 ISP 那里得到如下信息：用户名、密码、IP 地址、网关地址、DNS 地址、域名等。通过局域网连入 Internet 网，连接设置的操作步骤如下。

① 在计算机中安装网卡及配置相应的驱动程序（通常采用"即插即用"网卡）。安装后，Windows 7 会自动配置 TCP/IP，但要进一步使用，还要设置 TCP/IP 属性。

② 在"控制面板"窗口中双击"网络连接"图标，系统弹出"网络连接"窗口，在窗口中右击"本地连接"选项，从快捷菜单中选择"属性"命令，系统弹出"本地连接属性"对话框。

③ 在"此连接使用下列项目"列表框中选中"Internet 协议（TCP/IP）"后，单击"属性"按钮，系统弹出"Internet 协议（TCP/IP）属性"对话框，如图 7-15 所示。

④ 选中"使用下面的 IP 地址"，键入 ISP 提供的"IP 地址"、"子网掩码"及"默认网关"。

⑤ 选中"使用下面的 DNS 服务器地址"，然后键入 ISP 提供的"首选 DNS 服务器"地址及"备用 DNS 服务器"地址。

⑥ 单击"确定"按钮，再单击"本地连接属性"对话框中的"关闭"按钮。

图 7-15　"Internet 协议（TCP/IP）属性"对话框

至此，完成了从局域网连入 Internet 的基本配置操作。

通常，上述设置后，启动 IE 浏览器就可以通过局域网连接到 Internet。如果在连接 Internet 过程中出现问题，则还要利用"Internet 连接向导"来建立局域网到 Internet 的连接。打开"Internet 连接向导"的方法是：在"控制面板"窗口中双击"Internet 选项"图标，打开"Internet 属性"对话框，从"连接"选项卡中单击"建立连接"按钮，即可打开"新建连接向导"。用户可以根据向导提示操作，完成通过局域网到 Internet 的连接。

7.7.2　常用网络测试工具

Windows 7 提供了基本的网络测试工具，以下介绍几个基于 TCP/IP 的常用测试工具。

1．IPCONFIG 命令

命令格式：ipconfig/all

功能：查看网络中 TCP/IP 有关配置信息，如 IP 地址、子网掩码、默认网关、网卡的物理地址、DNS 服务器等。

具体操作如下：在"开始"菜单中选择"所有程序"/"附件"/"命令提示符"命令，打开"命令提示符"窗口。也可以在"开始"菜单中选择"运行"命令，输入"cmd"后按 Enter 键，打开"命令提示符"窗口。然后在"命令提示符"窗口中输入命令"ipconfig/all"，则显示计算机的网络配置信息。例如，某机的本地连接：

```
Ethernet adapter 本地连接：
    Connection-specific DNS Suffix  .:
    Description . . . . . . . . . . : Realtek RTL8139 Family PCI Fast Ethernet Adapter
    Physical Address . . . . . . . .: 00-40-5B-17-2C-7E        （网卡的物理地址）
    DHCP Enabled . . . . . . . . . .: No
    IP Address . . . . . . . . . . .: 219.222.204.89           （IP 地址）
    Subnet Mask . . . . . . . . . .: 255.255.255.128           （子网掩码）
    Default Gateway . . . . . . . .: 219.222.204.1             （默认网关）
    DNS Servers . . . . . . . . . .: 202.116.64.1              （域名服务器）
```

2．PING 命令

命令格式：ping 目标主机的 IP 地址或主机名。

功能：检查网络是否连通，测试与目标主机之间的连接速度。

ping 命令在"命令提示符"（窗口）方式下使用，以下是 ping 的几个使用实例。

① ping 127.0.0.1——测试本地网卡安装是否正常。

② ping 本地计算机的 IP 地址（如 ping 172.16.6.240）——测试本地计算机的 TCP/IP 工作情况。

③ ping 远程计算机的 IP 地址（如 ping www.pku.edu.cn）——测试与远程计算机的连接情况。

执行 ping 命令后，如果返回类似于"Packets: Sent = n, Received = n Lost = 0 <0% loss>"（其中 n 为数字）的信息，表示发送的 n 个数据包都被接收，没有丢失，表明网络连接畅通，否则网络连接的某个环节可能出现了故障。

3．TRACERT 命令

tracert 命令是一个网络路由跟踪程序，利用该工具可查看从本地计算机到目标主机所经过的全部路由。tracert 命令在"命令提示符"（窗口）方式下使用。

命令格式：tracert 目标主机的 IP 地址或主机名。

功能：判定数据到达目标主机所经过的路径、显示路径上各个路由器的信息。

示例：tracert www.pku.edu.cn 或 tracert 162.105.131.113。

7.7.3　设置 Internet 防火墙

Windows 7 提供了免费的"Internet 防火墙"，利用该功能，Windows 7 能对出入系统的所有信息进行动态数据包筛选，允许系统同意访问的人与数据进入用户计算机，同时将阻止未能授权用户通过 Internet 或网络访问用户计算机，这将有助于提高计算机的安全性。

默认情况下，Windows 7 已经设置了"Internet 防火墙"功能，用户也可以通过以下操作检查本设置，或者修改其中一些功能。操作方法如下。

① 在"控制面板"窗口中双击"Windows 防火墙"图标。

② 在打开的"Windows 防火墙"对话框中，选中"启用（推荐）"选项，即可开启 Windows 防火墙对计算机进行保护。也可根据自己的要求设置其他选项。

7.7.4　设置 IE 浏览器的安全级别

默认情况下，IE 提供了安全级别设置，这些设置可以帮助用户免受已知的安全威胁，如网站在用户不知道的情况下安装加载项或其他程序，恶意网站通过发送恶意网页对访问用户计算机进行攻击等。对于新的和未知的漏洞和威胁，IE 的"保护模式"设置可防止网站获得对用户计算机的访问权限。

要了解和重新设置 IE 的安全级别，操作方法如下：在 IE 浏览器窗口中，选择"工具"/"Internet 选项"命令，在弹出的"Internet 选项"对话框中打开"安全"选项卡。通过"安全"选项卡，可以定义 IE 访问 Internet 站点的规则。例如，可以定义 IE 访问 Internet 站点的安全级别为"中"，访问本地 Intranet 的安全级别为"低"，把确认没有问题的友好站点添加到受信任站点中，把有恶意的站点添加到受限制站点中。这样就可以避免访问过程中不知不觉地被恶意网页攻击自己的计算机。

习　题　7

一、单选题

1. 计算机网络的主要目的是实现（　　）。
   A. 网上计算机之间通信
   B. 计算机之间互通信息并连上 Internet
   C. 广域网（WAN）与局域网（LAN）互连
   D. 计算机之间的通信和资源共享

2. 一座建筑物内的几个办公室要实现连网，应该选择（　　）方案。
   A. WWW
   B. LAN
   C. WAN
   D. MAN

3. 下列传输介质中，抗干扰能力最强的是（　　）。
   A. 微波
   B. 光纤
   C. 同轴电缆
   D. 双绞线

4. 分组交换比电路交换（　　）。
   A. 实时性好但线路利用率低
   B. 实时性差但线路利用率高
   C. 实时性好线路利用率也高
   D. 实时性和线路利用率均差

5. 在计算机网络中，数据传输的可靠性指标是（　　）。
   A. 传输率
   B. 信息容量
   C. 误码率
   D. 带宽

6. 决定计算机网络使用性能的关键是（　　）。
   A. 网络的拓扑结构
   B. 网络实用软件
   C. 网络的传输介质
   D. 网络操作系统

7. 下列设备属于计算机网络所特有的是（   ）。

    A. 显示器　　　　　　　　　　　B. 磁盘

    C. 服务器　　　　　　　　　　　D. 鼠标

8. 调制解调器的功能是实现（   ）。

    A. 模拟信号与数字信号的转换　　B. 数字信号的编码

    C. 模拟信号的放大　　　　　　　D. 数字信号的传输

9. 将普通微机连入网络中，至少要在微机内增加一块（   ）。

    A. 网卡　　　　　　　　　　　　B. 显示卡

    C. 声卡　　　　　　　　　　　　D. 内置调制解调器

10. 网卡的主要功能不包括（   ）。

    A. 把计算机连接到通信介质上　　B. 进行电信号匹配

    C. 实现数据传输　　　　　　　　D. 网络互连

11. 下列关于对等网特点的说法中，不正确的是（   ）。

    A. 没有网络服务器　　　　　　　B. 不能共享硬件资源

    C. 建网较为容易　　　　　　　　D. 不能集中管理网络

12. 组建星型局域网时，通常采用双绞线把若干台计算机连到一个"中心"设备上，这个设备称为（   ）。

    A. 网卡　　　　　　　　　　　　B. 工作站

    C. 集线器　　　　　　　　　　　D. 调制解调器

13. 把同种或异种类型的网络相互连接起来，称为（   ）。

    A. 广域网　　　　　　　　　　　B. 万维网（WWW）

    C. 城域网　　　　　　　　　　　D. 互联网

14. 下列 4 项中，合法的 IP 地址是（   ）。

    A. 190.220.5　　　　　　　　　　B. 206.53.0.78

    C. 206.53.312.76　　　　　　　　D. 123，43，82，220

15. 下列 4 项中，不是 Internet 的顶域名的是（   ）。

    A. EDU　　　　　　　　　　　　B. GOV

    C. WWW　　　　　　　　　　　D. CN

16. 用户要想在网上查询 Web 信息，必须安装并运行一个被称为（   ）的软件。

    A. HTTP　　　　　　　　　　　B. 浏览器

    C. 网络操作系统　　　　　　　　D. FTP

17. IE 浏览器可以同时打开的网页数是（   ）。

    A. 1　　　　　B. 2　　　　　C. 多个　　　　　D. 可由用户事先定义

18. 使用浏览器浏览 Web 信息时，当鼠标指针变成手指形时，说明（   ）。

    A. 已经到了首页

    B. 可以返回主页

    C. 已经到了尾页

    D. 所指的文字或图形是一个超链接

19. 用户可以将经常访问的主页地址保存在浏览器的（   ）中，以便于以后再次访问。

    A. "我的文档"文件夹　　　　　　B. "历史记录"文件夹

C. "收藏夹"   D. "Internet 临时文件" 文件夹

20. 以下关于 URL 的说法中，正确的是（   ）。

    A. URL 就是网站的域名

    B. URL 是网站的服务器名

    C. URL 中不能包括文件名

    D. URL 表明用什么协议，访问什么对象

21. Internet 搜索引擎是 Internet 的一个（   ）。

    A. 机构   B. 网站

    C. 服务商   D. 软件

22. 如果电子邮件到达时，收件方计算机没有开启，则电子邮件将会（   ）。

    A. 保存在发件方的 ISP 主机上

    B. 保存在收件方的 ISP 主机上

    C. 电子邮件内容丢失，需要发件方再次发送

    D. 退回发件方

23. 下列关于匿名 FTP 的叙述中，正确的是（   ）。

    A. 匿名 FTP 允许用户不接入 Internet 的情况下下载文件

    B. 匿名 FTP 在 Internet 上没有地址

    C. 匿名 FTP 允许用户免费登录并下载文件

    D. 匿名 FTP 允许用户之间传送文件

二、多选题

1. 下列叙述中，正确的是（   ）。

    A. 计算机网络必须要有网络操作系统才能相互通信

    B. 连网的计算机中，至少要有一台服务器

    C. 网络上计算机的机型必须一致

    D. 工作站上的计算机可单独运行程序

    E. 在客户机/服务器模式的网络中，所有共享的软件资源都分散存放在工作站上

2. 下列关于 IP 地址的叙述中，正确的是（   ）。

    A. 所有要直接接入 Internet 的计算机都要用一个 IP 地址

    B. 在 Internet 上发送信息的主机可以任意选用一个 IP 地址

    C. IP 地址 129.101.255.1 为 B 类地址，IP 地址 198.10.100.2 为 C 类地址

    D. 用户输入的域名需要通过 DNS 服务器进行转换，将域名转换为对应的 IP 地址

    E. 在 Internet 中，IP 地址与 URL 的意义完全相同

3. 下列叙述中，正确的是（   ）。

    A. IP 域名的长度是固定的

    B. 从 http://www.jnu.edu.cn 可以看出，它是中国的一个科教部门网站

    C. 使用电子邮件的首要条件是必须拥有一个电子邮箱

    D. Internet 上每个用户的电子邮件地址是唯一的

    E. 在 Windows 系统中，只能使用 IE 浏览器浏览 Web 网页，而不能使用其他浏览器

4. 下列关于电子邮件的叙述中，正确的是（   ）。

    A. 向收件人发送邮件时，要求收件人一定开机

B. 一次只能发给一个收件人

C. 收件人无须了解发件方的电子邮件地址就可回复邮件

D. 可用电子邮件发送 Word 文档

三、填空题

1. 计算机网络可以看做是由_____和_____两部分构成。

2. 计算机网络采用的拓扑结构主要有_____、_____和_____ 3 种。

3. 1984 年，国际标准化组织制定的"开放系统互连"（OSI）参考模型中，将计算机网络划分为 7 个层次，自下而上第 3 层是_____。

4. Internet 的通信协议主要是_____。

5. B 类 IP 地址的默认子网掩码是_____。

6. 已知某个主机的 IP 地址是 202.122.14.137，子网掩码是 255.255.255.224，则该主机所在网络的网络号、子网号及主机号分别是_____、_____和_____。

7. 为用户提供 Internet 服务的服务商称为_____。

8. 如果用户计算机已接入 Internet，用户名为 puswdr，连接的服务器主机域名为 jnu.edu.cn，则相应的 E-mail 地址是_____。

9. 将文件从 FTP 服务器传输到客户机的过程称为_____。

上机实验

实验 7-1　IE 浏览器的使用

一、实验目的

（1）设置 IE 浏览器的主页。

（2）掌握浏览器的使用方法。

（3）掌握收藏夹的使用。

二、实验内容

1. 设置浏览器的主页

（1）单击"快速启动"栏上的"启动 Internet Explorer 浏览器"按钮（或双击桌面上的 IE 图标），启动 IE 浏览器。

（2）在 IE 浏览器中，选择"工具"/"Internet 选项"命令，弹出"Internet 选项"对话框。选择"常规"选项卡，修改"主页"框中的地址为"www.tsinghua.edu.cn"。

（3）退出对话框，在 IE 浏览器中单击工具栏上的"主页"按钮，则可以访问刚设置的网站主页。

（4）再次进入"Internet 选项"对话框，把"主页"地址恢复成原来设置的地址。

2. 浏览网站信息

（1）在地址栏上输入北京大学网址 www.pku.edu.cn（或 162.105.131.113），按 Enter 键，即可浏览北京大学网站。

（2）利用超链接在网上漫游。

将鼠标指针指向超链接所在的区域（如"新闻资讯"/"北大新闻网"等）时，指针变成手指形，单击时，即可进入该链接所指向的网页。

3．浏览各著名网站

在浏览器地址栏上分别输入下列各著名网站地址，然后进行浏览。

- 腾讯网站（http://www.qq.com/）
- 网易网站（http://www.163.com/）
- 新浪网站（http://www.sina.com.cn/）
- 搜狐网站（http://www.sohu.com/）
- 中文雅虎网站（http://cn.yahoo.com/）

4．使用收藏夹

（1）"收藏"网页地址：进入北京大学主页，选择"收藏"/"添加到收藏夹"命令，然后在"添加到收藏夹"对话框中新建文件夹"北大"（在"收藏夹"下），再把当前网页地址以"北大主页"为名存放在该文件夹中。

（2）利用"收藏夹"浏览网页：单击工具栏上的"收藏夹"按钮，在左窗格的"收藏夹"栏中单击"北大"文件夹，再单击"北大主页"，即可访问北京大学主页。

实验 7-2　网页信息的下载和保存

一、实验目的

（1）掌握网页的下载和保存的方法。

（2）保存网页中的图片，并把网页中的图片设置为桌面背景。

二、实验内容

1．保存网页信息

启动 IE 浏览器，进入北大主页，按下面（1）和（2）进行操作，以不同方式保存网页信息。

（1）选择"文件"/"另存为"命令，在"保存网页"对话框中指定"保存类型"为"网页，全部"，将当前网页信息以"北大主页"为文件名"保存在"用户文件夹下的"第 7 章"子文件夹中。

说明：保存该主页信息后，在指定文件夹中将生成一个网页文件"北大主页.htm"和一个文件夹"北大主页.Files"。文件夹"北大主页.Files"中存放该网页用到的图形等文件。

（2）选择"文件"/"另存为"命令，在"保存网页"对话框中指定"保存类型"为"文本文件"，文件名为"北大主页"，将当前网页文本信息以"北大主页"为文件名"保存在"用户文件夹下的"第 7 章"子文件夹中。

2．保存网页中的图片

把鼠标指针指向北京大学主页的左上方的校徽处，右击鼠标，从弹出的快捷菜单中选择"图片另存为"命令，然后在"保存图片"对话框中指定文件名为"北大校徽"和"保存在"用户文件夹下的"第 7 章"子文件夹，再单击"保存"按钮。

3．把网页中的图片设置为桌面背景

移动鼠标指针到北京大学主页的左侧的图像，右击鼠标，从弹出的快捷菜单中选择"设置为背景"命令。

单击任务栏的"快速启动"栏上的"显示桌面"按钮，可看到桌面显示效果。之后打开"显示属性"对话框，恢复原来的桌面背景。

实验 7-3　网上搜索

一、实验目的

使用"搜索引擎"查找网上资料的操作方法。

二、实验内容

（1）在"百度"（www.baidu.com）或"中国雅虎"（cn.yahoo.com）中搜索以下网站的网址：新华网、天极网、中关村在线、美国哈佛大学。

（2）使用"百度"或"中国雅虎"搜索引擎，分别用下列关键词上网搜索：VDSL、什么是微博、物联网、智慧地球。

（3）搜索 MP3 格式的"好汉歌"歌曲。

【提示】在"百度"网站中，选择"MP3"选项，在关键词输入框中输入"好汉歌"，单击"百度一下"按钮，就可以得到 MP3 格式的"好汉歌"歌曲目录。

（4）查找包含"超级计算机"和"天河一号"的网页。

【提示】在"百度"网站中，选择"网页"标签，在关键词输入框中输入"超级计算机"，单击"百度一下"按钮，在网页中就会显示出搜索结果，然后在此网页下方的关键词输入框的右边单击"结果中找"按钮，弹出"百度结果中找"网页，再在下面的搜索框里填写新的词语"天河一号"，就可以在这些结果内进行搜索和得到最后的查询结果。

使用多个关键词搜索，"百度"等搜索引擎允许在各个关键词之间加空格表示，如"超级计算机 天河一号"。

（5）从网上搜索资料，整理一份关于"世界七大奇迹"的 Word 短文（文中简单列出"世界七大奇迹"清单），并以"世界七大奇迹"为文档名"保存在"用户文件下的"第 7 章"子文件夹中。

（6）从网上搜索资料，整理一份关于"中国十大名山"的 Word 短文（文中列出"中国十大名山"的名称及地址），并以"中国十大名山"为文档名"保存在"用户文件下的"第 7 章"子文件夹中。

实验 7-4　收发电子邮件

一、实验目的

（1）掌握电子邮件软件的使用。

（2）掌握邮件的编写及收发方法。

二、实验内容

1. 申请免费邮箱

申请一个免费邮箱（可以选择 www.163.com，www.sina.com.cn，www.sohu.com 等网站进行申请），通常在申请邮箱时要填写用户名、密码、性别、出生日期等信息。注册成功后，记好用户名和密码，并查看"帮助"，了解邮箱的设置、使用等相关内容。

2. 通过 Web 方式收发电子邮件

（1）发送邮件：打开 IE 浏览器，访问申请了免费邮箱的网站（如 http://mail.163.com/），用用户名和密码登录用户的免费邮箱。

登录后，单击"写信"按钮，然后在 Web 界面上编制新邮件。在"收件人"栏中键入自己申请到的免费邮箱地址（自己发送电子邮件给自己，即"自发自收"）或朋友的电子邮箱地址，在"内容"区中输入一些文字（如"我的新邮件"），主题指定为"以后多联系"，并附上一个小文件（如实验 7-3 编制的"中国十大名山"文档），然后单击"发送"按钮，把编好的新邮件发送出去。

（2）接收邮件：打开 IE 浏览器，访问申请了免费邮箱的网站（http://mail.163.com/），用用户名和密码登录用户的免费邮箱，然后接收邮件。

【提示】如果"发送"时收件人地址使用用户自己的邮箱，则从"收件箱"中查看是否有新邮件，此时应该出现主题为"以后多联系"的新邮件，单击该邮件的主题，可看到邮件内容。

Web 是 Internet 网上最受欢迎的一种信息服务系统。它主要由两部分组成，一是服务器端，即信息提供者，也称 Web 网站；二是客户端，即信息接收者。在服务器端使用的程序称为服务器程序，在客户端使用的程序称为浏览器程序。Web 信息是以网页的方式来组织的。

通过前面的学习，我们已经可以通过 IE 浏览器来查询、浏览各 Web 网站上的网页，本章将介绍如何制作网页。在由无数网页构建起来的庞大的 Web 网中，只有学会制作网页，才能真正进入这个庞大的 Web 大家庭中。

8.1 概　　述

8.1.1　网页的基本概念

1. 网站与网页

Internet 上有无数个形形色色的网站，网站又是由一系列具有相关主题的、经过组织和管理的网页组成。每一个网页存放在一个单独文件中，这种文件称为网页文档或 HTML 文档，其扩展名为.htm 或.html。

通常，在 Internet 上浏览时输入网址访问网页，该网址对应的网站中的网页往往不止一个，首先被访问的那个网页称为首页或主页，通过单击主页上的"超链接"可以跳转到别的网页文档中。主页网页文档的文件名一般命名为 index.htm 或 default.htm。

因为网页文档中的插入图片、声音、视频等都不保存在网页文档中，而需要作为单独的文件另外保存在网站中，所以一个网站是各种文件的集合体。网页通常成组出现，这组网页之间通过"超链接"相互组织成反映某个主题的网站。图 8-1 所示为一个简单的网站示例。网站按照文件管理原则对网页文档进行相应的组织和管理。

网站的网页信息存放在与 Internet 相连的计算机中，这种计算机称为 Web 服务器。一台服务器上可同时存在多个网站，每个网站都会存放在一个特定的地址，浏览者可根据此地址访问到所需的网站。

2. 标记语言

（1）HTML 语言

HTML（Hyper Text Markup Language）是一种超文本标记语言，用来编制网页文档。HTML采用了标记方式，描述了每个在网页上的组件，例如文本段落、文本格式、图像、超链接等。

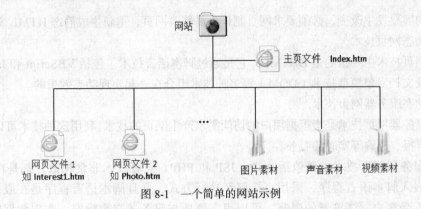

图 8-1　一个简单的网站示例

HTML 语言是欧洲粒子物理实验室（CERN）于 1989 年首次提出来的，他们想用一种简单的方法，使科学家们很容易地浏览其他研究者的论文，为此他们创立了一种新的语言来显示和传输文档，这种语言就是 HTML 语言。

1998 年 4 月互联网联合组织（W3C）发布了 HTML4.0，将 HTML 语言扩展到一个全新的领域。

（2）DHTML 语言

DHTML 称为动态 HTML，是 HTML 技术上的扩展。使用这种技术，在网页下载到浏览器之后仍然能够控制网页中各个 HTML 元素，使其随时变换。例如，当鼠标移至文字时，文字能够改变大小或颜色。

（3）CSS 语言

层叠样式表（Cascading Style Sheets，CSS）简称样式表。它是用于控制网页样式，并允许将样式信息与网页内容分离的一种标记性语言。CSS 通过对 HTML 标记进行设定，来达到对网页中的字体格式、颜色、背景图像，以及其他图文效果的控制功能，使网页的基本排版信息不随着浏览器及系统显示的分辨率等因素的变化而变化，使得网页外观具有一定的"固定"性。

CSS 不属于 HTML，但它的使用可以扩展 HTML 的功能。现在已经为大多数的浏览器所支持。

（4）XML 语言

扩展标记语言 XML（eXtensible Markup Language）是一种新兴的面向 Web 应用的标记语言，由 W3C 组织于 1998 年 2 月制定。XML 与 HTML 一样，都是从标准通用标记语言（SGML）导出来的。它具有 HTML 语言所欠缺的可扩展性和灵活性，允许使用者根据它所提供的规则，定义各种标记来描述文档中的任何数据元素，从而突破了 HTML 固定标记集合的约束。

HTML 无法描述数据内容，对数据表现的描述能力也是十分不够的；而 XML 能够定义数据元素和属性，具有创建复杂文档和检查文档结构的能力，其最大优点是适合网上发布和在网页上组织信息。XML 已得到广泛应用，不少电子商务都是采用以 XML 为基础的文件来交换网络数据。

目前，XML 还无法完全取代 HTML，因为 Web 目前仍由难以计数的 HTML 文档组成。W3C 已提出一种过渡语言 XHTML，以实现从 HTML 过渡到 XML。

3.　网页制作技术

网页制作技术一般可以分为 3 大类：静态网页技术、动态网页技术和动态服务器网页技术。

（1）静态网页技术

静态网页将要显示的内容组织在静态的 HTML 文档中，网页一旦制作完成，内容便固定下来。

如果文档内容要发生改变，必须要求网页制作人员修改网页，重新生成静态 HTML 文档。

（2）动态网页技术

动态网页技术主要指的是 DHTML，它是通过脚本语言技术（包括 VBScript 和 JavaScript）、CSS 技术及文档对象模型技术（DOM）等多种技术组合在一起实现动态效果的。

（3）动态服务器网页技术

动态服务器网页技术是指根据用户的访问需求产生网页的技术。利用这种技术可以 为用户提供查询、申报、选购等实时的服务。

动态服务器网页技术主要包括 ASP，JSP 和 PHP。三者技术非常相似，都是在 HTML 文档中直接嵌入脚本语言程序，采用直接解释执行方式，并且脚本语言程序是在服务器端运行的，所以不受客户端浏览器的限制，可以很方便地与服务器交换数据，实现数据库和网页之间的数据交换。

4. 网页制作工具

随着 Web 技术的发展，已涌现出许许多多优秀的网页制作工具，使 Web 技术人员能够高效地开发出丰富多彩的网页。目前最具代表性的开发工具是 SharePoint Designer 2007 和 Micromedia 公司的网页制作"三剑客"（即 Dreamweaver，Flash 和 Firework）。

FrontPage 是微软公司早期推出的一种网页制作软件。由于 FrontPage 具有良好的易用性，被认为是优秀的网页初学者的工具。但其功能无法满足高端用户的需要，为此从 2006 年开始微软公司推出 SharePoint Designer 2007 软件，以此替代 FrontPage。SharePoint Designer 2007 是微软的新一代网站创建工具，它不仅继承了 Office 系列软件界面友好、操作简便、功能强大等优点，而且还提供了更加与时俱进的制作工具，可帮助用户在 SharePoint 平台上创建 SharePoint 网站，快速构建启用工作流的应用程序。SharePoint Designer 2007 包含不少新特性，如全新的视频预览功能，互动性体验，支持工作流程可视化等。

本章主要介绍中文 SharePoint Designer 2007（简称 SPD 2007）的使用。

8.1.2 两个简单的 HTML 文档

在详细介绍使用 HTML 编写网页之前，先看两个简单的 HTML 文档。

例 8-1 编写一个 HTML 文档，使之在屏幕上显示文字"欢迎您来到 HTML 世界"。编写的 HTML 文档如下：

```
<html>
    <head>
        <title>例 8-1 </title>
    </head>
    <body>
        欢迎您来到 HTML 世界
    </body>
</html>
```

使用 SPD 2007 可以直接编辑 HTML 文档，其基本操作方法是：打开 SPD 2007 主窗口，选择"文件"/"新建"，在其级联菜单中选择"HTML"选项，进入网页"代码"视图模式，在此状态下可输入和编辑 HTML 文档。

注意：上述文档录入和编辑完成后，要先将其保存，即先执行"文件"/"另存为"命令，将该 HTML 文档以某个文档名（如"Welcome.htm"）存放在当前文件夹中，再选择"文件"/"在浏览器中浏览"命令，才能看到如图 8-2 所示的显示结果。

欢迎您来到HTML世界

图 8-2　例 8-1 文档的显示结果

例 8-2　建立一个含有两个超链接的 HTML 文档，一个链接到 "Welcome.htm" 网页（见例 8-1）中，另一个链接到北京大学网站中。编制的 HTML 文档如下：

```
<html>
    <head>
        <title>例 8-2 </title>
    </head>
    <body>
        <p><a href = "Welcome.htm"> 欢迎您 </a></p>
        <hr>
        <p><a href = "http://www.pku.edu.cn/"> 浏览北大 </a></p>
    </body>
</html>
```

其中：<p></p> 表示分段，即设置段落；

　　　<hr>表示插入一条水平线；

　　　<a href…></a>表示插入超链接。

8.1.3　HTML 文档的基本结构

从例 8-1 和例 8-2 中可以看出，一个 HTML 文档的基本结构具有如下几个特点。

① 每个 HTML 文档，以标记<html>开始，以标记</html>结束。HTML 文档中的 4 种基本标记及作用如下：

<html></html>	标明 HTML 文档的开始和结束，用来定义文档；
<head></head>	标明文档的头部；
<title></title>	标明标题。该标题被显示在浏览器的标题栏中；
<body></body>	标明文档的体部。

② HTML 文档一般由两大部分组成：头部和体部。

头部由标记<head>及</head>定义，一般包含标题和有关网页文档本身的相关信息。

体部（也称主体）由标记<body>及</body>定义。Web 网页的主要内容都在体部之中。

③ HTML 中的标记由尖括号 "<"、">" 括起来，而且通常是成对出现的，如<html>及</html>、<title>及</title>等。标记（及其属性）不区分大小写。

成对出现的标记也称为双边标记。除了双边标记，还有单边标记，如例 8-2 文档中的水平线标记<hr>就是单边标记。

综上所述，一个不包含任何内容的基本 HTML 文档可以如下所示：

```
<html>
    <head>
        <title>无标题 1</title>
    </head>
    <body>
    </body>
</html>
```

该文档可作为一个 Web 页标准模板，以后每次创建新 HTML 文档时都可以以它为基础进行扩充，从而减少录入的时间，提高效率。

8.2 使用 SharePoint Designer 2007 制作网页

8.2.1 SPD 2007 窗口

启动 SPD 2007 后，打开了 SPD 2007 主窗口，如图 8-3 所示。

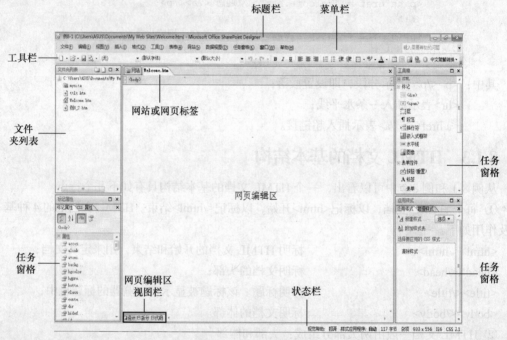

图 8-3 SPD 2007 主窗口

主窗口主要由标题栏、菜单栏、工具栏、文件夹列表、任务窗格、网页编辑区和状态栏等组成。

SPD 2007 提供了"文件夹"、"远程网站"、"报表"、"导航"和"超链接"5 种网站视图模式以及"设计"、"拆分"和"代码"3 种网页视图模式。

SPD 2007 的网页编辑区功能非常强大，不仅可以直观地对网页进行编辑，还可以通过编写 HTML 代码来编辑网页。

① "设计"视图模式。利用菜单（或右侧任务窗格）中的命令，或者工具栏上的按钮，以网页的实际效果显示和编辑网页，即所谓的"所见即所得" 方式。在编辑网页过程中，SPD 2007 编辑器会自动生成相应的 HTML 代码。

② "代码"视图模式。利用 HTML 来制作网页，可以直接对 HTML 代码进行编辑。

③ "拆分"视图模式。在"拆分"视图模式下，窗口分为上下两部分，上端为"代码"视图模式，下端为"设计"视图模式。

8.2.2　网页的创建、保存和测试

1. 新建网页

要新建一个网页，可以通过如下 3 种操作方式之一种来完成。

① 选择"文件"/"新建"/"网页"命令，在弹出的"新建"对话框中，选择"常规"子目录下的"HTML"选项，再单击"确定"按钮即可。

② 选择"文件"/"新建"命令，在其级联菜单中选择"HTML"命令即可。

③ 单击工具栏中"新建"按钮。

新建好的网页将在网页编辑区中显示出来，并在"网站或网页标签"栏中出现一个"无标题_1.htm"的标签。对于空白网页，若选择"设计"视图模式来显示，就是一个空白的区域；若采用"代码"视图模式来显示，则显示如图 8-4 所示的代码。

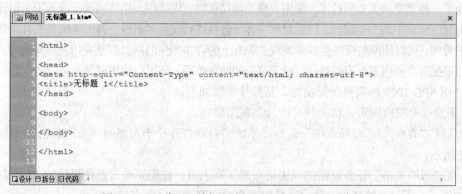

图 8-4　以"代码"编辑方式显示的"空白网页"代码

2. 网页的保存、打开及关闭

① 保存网页。要保存当前网页内容，可以单击"工具栏"上的"保存"按钮，或选择"文件"/"保存"命令。

注意： 在 SPD 2007 中，一定要先将网页保存好，才能选择"文件"/"在浏览器中预览"命令（或按"F12"功能键）预览该网页。

② 打开网页。打开网页分为"打开最近使用过的网页"和"打开已存在的网页"两种。

若要打开最近使用过的网页，则可选择"文件"/"最近使用过的文件"命令；若要打开已存在的网页，选择"文件"/"打开"命令，或单击"工具栏"上"打开按钮"，在"打开"对话框中选择所需要打开的网页文件。

打开的网页内容将显示在编辑区中，而网页文件名标签则显示在编辑区的"网站或网页标签"栏。打开多个网页时，就有多个文件名标签显示。单击文件名标签，就可以实现当前网页的切换。

③ 关闭网页。要关闭当前网页，可以选择"文件"/"关闭"命令，或右击文件名标签，在弹出的列表选项中选择"关闭"命令。

3. 网页的测试

网页编辑完成并存盘后，可以采用以下 3 种方式来测试它，即浏览该网页效果。

① 在 SPD 2007 主窗口中，选择"文件"/"在浏览器中预览"命令，在其级联菜单中选择相关选项即可。

② 按 F12 功能键。

③ 启动 IE 浏览器，再打开指定的网页文档。

还要说明的是：由于 HTML 文档的实质是 ASCII（文本）文档，因此，除了使用 SPD 2007 等网页制作工具编辑 HTML 文档外，也可以采用其他任何文本编辑器来编辑，如 Windows 的记事本、写字板、Word 等。当 HTML 编辑完成后，应该采用.htm（或.html）扩展名来保存文档。

8.2.3　网页布局

制作网页时，需要有计划地摆放网页内的各个对象，这就是网页内容的精确定位（或布局），对网页进行布局常用 3 种方法：一是利用表格，二是利用层，三是利用框架。

（1）表格布局

最初的表格只是为了显示行列对齐的文本内容，随着表格中数据类型扩充到图像、视频等内容时，表格成为了一种重要网页布局技术。使用表格布局功能时，先选用表格将网页分成若干个单元格，每个单元格对应网页中的一个部分，然后对每一部分分别进行设计和制作。利用表格实现对网页内容摆放位置的管理，可以使网页变得整齐和美观。Web 上的许多漂亮的网页都是利用表格实现的。一个网页中可以根据需要使用多个表格布局，对于复杂的网页布局，还可以使用嵌套表格。

要使用 SPD 2007 的表格布局功能，其操作步骤如下。

① 新建一个空白网页，切换到"设计"视图模式。

② 选择"表格"/"布局表格"命令，系统将自动打开位于左侧的"布局表格"任务窗格，如图 8-5 所示。

③ 在"布局表格"任务窗格的"表格布局"列表中，按需要单击系统提供的 12 种表格布局样式（如图 8-6 所示）的其中一种，系统即可自动在网页编辑区应用该样式。

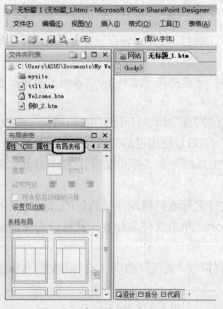

图 8-5　"布局表格"任务窗格

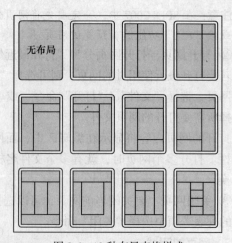

图 8-6　12 种布局表格样式

此外，还可以选择"表格"/"插入表格"命令，然后在"插入表格"对话框中根据需要设置"行数"和"列数"，就在当前网页上生成了一个表格。

插入表格后，还需对表格属性进行设置（如"边框"、"背景"等），然后在表格内输入文字，也可以把页面内容（如图片、超链接、Web 部件等）摆放在表格的不同单元格中。

注意：若设置边框"粗细"为 0，则表示表格没有边框（浏览网页时只看到表格内容，看不到边框）；如果设置边框"粗细"大于 0，则是一个可见表格（有边框的表格，即一般表格）。

④ 在表格区域内右击鼠标，选择快捷菜单中的"表格属性"命令，根据需要在"表格属性"对话框设置"边框"选项和"背景"选项等。

（2）层

层是进行网页布局的另一重要工具，通俗地说，层就像是含有文本、图形等元素的胶片，一张张按顺序叠放在一起，组合起来形成页面的最终效果。层是网页元素的容器，它可以加入文本、图片、表格、插件，甚至还可以放入其他层（即嵌套层），利用层就可把网页中的元素放置在任何位置，实现精确定位；各个层可以重叠，因此可以实现网页元素的重叠效果；层可以被显示或隐藏，因此可以实现层内容的动态交替显示。

引入层的概念，是网页制作技术的一大进步，它既提高了网页控制能力，也体现了网页技术从二维空间向三维空间的一种延伸。

要在一个网页中插入新层，可以采用下列两种方法之一种来完成。

① 在"设计"视图模式下，选择"插入"/"HTML"/"层"命令。

② 双击右侧"工具箱"任务窗格中的"层"选项，即可在网页中插入层。

（3）框架

框架也是一种进行网页布局的工具，但它比表格和层更复杂。框架网页是一种特殊的 Web 网页，它将浏览器窗口分成几个不同区域（框架）。每一部分框架可显示不同的网页。当单击某一框架上的超链接时，超链接所指向的网页可在同一框架网页上的其他框架中显示。框架网页本身并不包括可见内容，它只是一个容器，用于指定要在框架中显示的其他网页及其显示方式。一般来说，采用框架布局的网页可分为：左右框架型、上下框架型和综合框架型 3 种。

在"设计"视图模式下，选择"文件"/"新建"/"网页"命令，在弹出的"新建"对话框左边列表框中单击"框架网页"选项，在其中间"内置模板"列表中选择所需的模板即可，如图 8-7 所示。

图 8-7　"新建"对话框"框架网页"的设置

8.3　常用的 HTML 标记

总的来说，HTML 是由标记和文本组成。标记（Tag）能产生各种效果，就像是一个排版工具，它将网页的内容编排成要求的效果。

8.3.1　文本格式设置

（1）文字标记

标记格式：<FONT SIZE = "#"FACE = "#"COLOR = "#">文字</FONT>

本标记设置文字的大小、字体和颜色。

其中，大小 SIZE 参数#有两种取值方式，一是在"设计"视图模式下以"pt"（也称"磅"）为单位，如：8pt（xx-small），10pt（x-small）……；二是在"代码"视图模式下以 1～7 字号表示，最大字号为 7，缺省字号为 3（对应于 12pt）。

字体 FACE 参数#为幼圆、宋体、隶书、楷体等。

颜色 COLOR 参数#采用颜色代码，可以是英文描述的颜色（如 red，blue 等），也可以是#与 6 位十六进制代码（如#FF0000，#0000FF，#FF00FF 等），见附录 C。

示例：<FONT SIZE = "4"FACE = "隶书"> 这是隶书 4 号字 </FONT>

注意：所有涉及标记的符号必须用半角符号，否则浏览器是不能解释执行的，如<FONT SIZE = "4">这是 4 号字</FONT>不能写成<FONT SIZE = "4">这是 4 号字</FONT>。

（2）BODY 标记的颜色、背景等属性

标记格式：

　　　<BODY TEXT="#" BGCOLOR="#"LINK="#"ALINK="#"VLINK="#">文档内容</BODY>

设定整个网页的文字（TEXT）颜色、背景（BGCOLOR）颜色等基本属性。#为颜色代码。

其中，TEXT 指定网页的文字颜色，BGCOLOR 指定网页的背景颜色，LINK 指定网页中未被访问的超链接的颜色，ALINK 指定活动链接（即当前选定的超链接）的颜色，VLINK 指定已被访问的超链接的颜色。

示例：<BODY TEXT = "red"> 网页文字采用红色 </BODY>

如果不在 BODY 标记中设置网页的背景颜色，以及文字和超链接颜色，则浏览器将采用默认的设置。

（3）字符修饰标记

HTML 有多个字符修饰标记，其中<B>，<I>，<U>，<SUB>及<SUP>分别用于设置粗体字、斜体字、带下画线、下标及上标。均为双边标记。

示例 1：<B> 这是粗体字</B>

示例 2：<B><I>这是粗、斜体字</B></I>

说明：示例 2 实际上涉及标记嵌套的问题。如果所设置的格式是相容的，则取格式叠加的效果，如该例文字将以粗、斜体显示；如果所设置的格式是冲突的，则取最近标记的修饰效果，如在<BODY>标记中设置了正文的颜色，但在正文中可以用<FONT>更改指定文字的颜色。

（4）META 标记

META 标记是一种单边标记，放入 HEAD 部分中，可以说明与 Web 页有关的信息，其中一个作用是说明文字编码方面的信息，如以下 META 标记告知浏览器本文档是 HTML 文档，且中文编码使用的是 utf-8（国际标准编码）。

```
<META HTTP-EQUIV = "Content-Type" CONTENT = "text/html; charset = utf-8" >
```

其中，属性 HTTP-EQUIV 描述特征名，属性 CONTENT 描述特征值。

如果要使用中文 GB2312 编码，可选择"网站"/"网站设置"命令；在弹出的"网站设置"对话框中，单击"语言"选项；在"语言"选项对话框中分别设置"服务器信息语言（国家/地区）"为"中文（简体，中国）"；"默认的网页编码"为"简体中文（GB2312）"。则在 META 标记中显示如下：

```
<META HTTP-EQUIV = "Content-Type" CONTENT = "text/html; charset = GB2312" >
```

又如，<META HTTP-EQUIV = "Refresh" CONTENT = "10; URL = http://www.pku.edu.cn" >表示完成当前网页文档加载 10 秒后自动加载另一文档（本例为北京大学主页）。

（5）特殊字符

同其他语言一样，HTML 也有一些保留字符和控制字符，比如，"<"、">"在 HTML 中有着特殊的用途，若要在文本中按一般字符使用它们，必须采用特殊的方法。以下是几个常用的特殊字符及其相应代码：

特殊字符	字符代码
<	&lt;
>	&gt;
&	&amp;
空格	

例如，"<   >"显示为"<   >"（即两个尖括号中间留一个空格）。

8.3.2 段落格式设置

在显示 HTML 文档时，浏览器是忽略文档中的自然分行与段落的。为了将文档按一定的段落和行显示，在编辑 HTML 文档时必须通过加入<P>,
等标记来实现。

（1）段落标记

标记格式：<P ALIGN ="#"> 文字块 </P>

指定此处文字块为一个段落。参数#为对齐属性：left（左对齐）、right（右对齐）和 center（居中对齐）。

示例：<P ALIGN ="right"> 文字右对齐 </P>

（2）标题标记

HTML 提供 6 级标题，标记格式：

```
<Hn ALIGN="#"> 标题文字 </Hn>
```

本标记设置标题的文字大小及对齐方式。

其中，n 为 1～6，1 为最大字号；参数#为对齐属性：left, right 和 center。

示例：<H3 ALIGN ="center"> 这是居中显示的 3 号标题字 </H3>

（3）换行标记

有时需要在段落中的特定位置强制分行而不想另起新段，如一首诗应当书写成几个短行，但要属于同一段落。

标记格式：

使用
标记时，文本从标记处开始新的一行，即在此处被强行换行，但不分段。

此外，<P>也产生换行的效果，但它是以段落为单位。

（4）居中对齐标记

标记格式：<CENTER> 文字居中对齐 </CENTER>

例 8-3 显示唐诗《静夜思》，编制的 HTML 文档如下：

```
<HTML><HEAD>
    <TITLE> 静夜思 </TITLE>
</HEAD>
<BODY TEXT = "blue" BGCOLOR = "skyblue"><CENTER>
    <H2> 静夜思 </H2><H4>(唐诗)</H4>
    <FONT size = "4" FACE = "幼圆" COLOR = "red">
    床前明月光，疑是地上霜。</FONT><BR>
    <FONT SIZE = "4" FACE = "仿宋" COLOR = "black">
    举头望明月，低头思故乡。</FONT>
</CENTER></BODY>
</HTML>
```

图 8-8 所示为预览该文档时的显示结果。

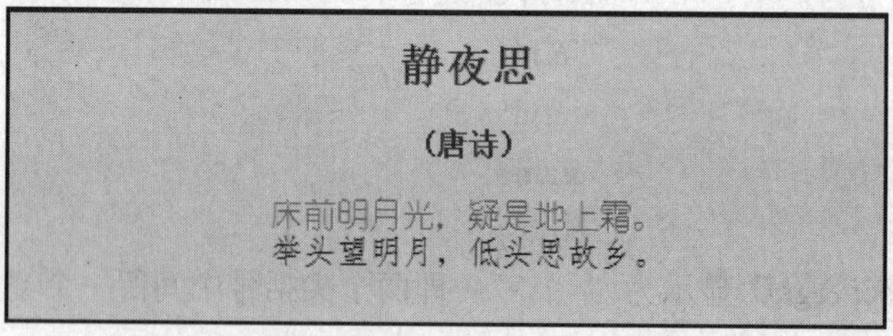

图 8-8 "静夜思"文档显示结果

（5）STYLE 标记

STYLE 标记由<style>和</style>组成，是风格样式标签，位于<HEAD>和</HEAD>之间，其作用是统一整个页面的风格，用于定义网页的样式。如：

```
<HEAD>
<STYLE>
<!--
  BODY{font-size:12px; line-height = 16px; color: "#0000ff"}
-->
</STYLE>
</HEAD>
```

其中：代码 BODY 用来控制网页中的文字表现形式。font-size 定义了文字大小，line-height 用于控制行距，color 定义了字体颜色。

8.3.3 加入水平线、超链接和表单

（1）注释标记

标记格式：<!-- 注释内容 --> 或 <! 注释内容 >

HTML 的注释标记由开始标记符<!-- 和结束标记符 -->构成。这两个标记符之间的任何内容都将被浏览器解释为注释，而不在浏览器中显示。例如，以下 HTML 文档在浏览器中的显示如图 8-9 所示。

```
<HTML><HEAD>
    <TITLE> 注释标记的作用 </TITLE>
    </HEAD>
    <BODY> 这是正文
        <!--本行内容并不在浏览器中显示-->
    </BODY>
</HTML>
```

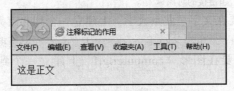

图 8-9　注释内容并不在浏览器中显示

添加注释是增强文档可读性的重要手段，它为其他人员阅读该 HTML 文档起提示和解释作用，或是为程序的创作人起备忘作用。

（2）水平线标记 HR

标记格式：<HR ALIGN ="#"SIZE ="#"WIDTH ="#"NOSHADE>

本标记可以在 Web 页面中插入一条水平线，它的属性有 ALIGN，WIDTH，SIZE 和 NOSHADE，分别用于设置水平线的位置、长度、高度和是否实心。

ALIGN 表示水平线的对齐属性与前面类似，有 left，right，center，缺省时居中。

WIDTH 表示水平线长度，可以用满屏宽度的百分数表示，也可以用像素值指明，缺省时为 100%。

SIZE 表示水平线高度，可以用像素 2，4，8，16，32 等指明，缺省时为 2，2 也是最小值。

NOSHADE 表示水平线是否为实心线，缺省时为一条阴影线。

示例：<HR ALIGN ="left"SIZE ="6"WIDTH ="75%" >

（3）图像的标记 IMG

标记基本格式：<IMG src = 图像的 URL 地址>

本标记可以在 Web 页面中插入一个图像，scr 指出图像的存放位置和文件名。

例如，在网页文档中有如下内容：

计算机<IMG src ="E:\pic\computer.gif">是一种通用的信息处理工具

则在浏览器窗口中显示如图 8-10 所示。

图 8-10　显示图像

（4）超链接标记

HTML 的优势并不是网页的排版功能，这方面它显然不如 Word 等专门的排版软件。HTML 最大优势在于其超链接能力。超链接表示一种跳转动作。通过超链接，可以从网页的某一个地方跳转到网页的另一个地方或另一网页。

在 SPD 2007 中可以用文本或图形创建超链接，链接目标可以是 Internet 上的任何 Web 网站，也可以是本地网站内的一个文件，还可以链接到同一网页内的某一个具体位置（称为书签式超链接）。

插入超链接的标记基本格式为：

```
<A HREF = "URL"> 超链接的对象 </A>
```

① 文本链接。例如，要在文字"北京大学"上建立一个到北京大学的超链接，可以采用：

```
<P><A HREF = "http://www.pku.edu.cn/"> 北京大学 </A>是我国一所著名的大学</P>
```

② 图形链接。例如，要在图形"computer.gif"上建立一个到微软公司的超链接，可以采用：

```
<P> 链接到微软公司<A HREF="http://www.microsoft.com/"><IMG src="computer.gif"> </A></P>
```

③ 书签式超链接。如果要链接到网页内的一个具体位置，则事先要在这个位置上做好标记，这个标记称为"书签"（或称"锚点"）。

例如，要在文字"这里是书签 1"处定义名称为"location1"的书签。采用的标记是：

```
<A Name = "#location1"> 这里是书签 1 </A>
```

有了书签后，就可以链接它了（注意：书签名前加上符号"#"），如：

```
<A HREF = "#location1"> 链接书签 1 </A>
```

（5）表单标记

利用网页不但能发布信息，而且能收集信息。表单（FORM，也称窗体）是网页中收集信息、与访问者进行交互的主要元素。不少企业、机关等都使用表单来接收用户的资料，目前不少高校推出的"网上选课"也是表单的一种应用。

表单标记的基本格式：

```
<FORM NAME="#"ACTION="#"METHOD="#">
    <INPUT TYPE="#"NAME="#"SIZE="#"VALUE="#">
</FORM>
```

其中：

- ACTION 属性告诉浏览器将表单数据送到何处进行处理，参数#通常是一个 URL（网址）或电子邮件地址。

- METHOD 属性指定表单数据的传送方向，是获得表单还是送出表单。一般选择 post 或 get。Get 表示得到表单，post 表示发送表单数据。

- NAME（FORM 标记中的 NAME）属性指定表单的名称。

- INPUT 标记为单边标记，用来定义一个用于输入的表单控件。

- TYPE 属性表示控件类型，参数#为 text（文本框）、password（输入口令的文本框）、botton（一般按钮）、reset（"重置"按钮）、submit（"提交"按钮）等。

- NAME（INPUT 标记中的 NAME）属性指定控件的名称。当在脚本程序中处理该控件时可以引用该名称。

- SIZE 属性指定文本域的字符数（默认为 20）。

- VALUE 属性用于设置初值。

例 8-4 建立一个简单的表单，编制的 HTML 文档如下：

```
<HTML><HEAD>
        <TITLE> 一个简单的表单 </TITLE>
    </HEAD>
```

```
<BODY><CENTER>
    <FORM><H3>在表单中设置一个文本框和两个命令按钮</H3>
    请输入姓名：<INPUT TYPE = "text" NAME = "text1" SIZE = "15">
    <BR><BR>
    <INPUT TYPE = "button" NAME = "button1" VALUE = "确定">   
    <INPUT TYPE = "button" NAME = "button 2" VALUE = "取消"><BR>
    </FORM>
</CENTER></BODY>
</HTML>
```

图 8-11 所示为预览该文档时的显示结果。

从上可以看到，在 HTML 文档中创建一个表单是容易的，但要对用户在表单中录入的信息进行处理就不是一件那么容易的事情了，它涉及脚本语言编程等概念。HTML 是一种标记性语言，它不能用来进行数据处理和运算，因此，必须通过网页脚本语言等编程工具来解决。

图 8-11 例 8-4 文档的显示结果

8.4 网页脚本语言初步认识

1. 脚本的概念

使用 HTML 标记编制的 Web 网页文档，只能以静态方式显示页面信息，缺乏动态的交互特征，使用户和 Web 上的信息之间仅仅是一种被动的浏览关系。随着 Internet 技术的不断发展，人们不再仅仅满足于通过 Web 阅读文本和欣赏图片，他们更希望能向计算机网络服务器提出问题，并能获得具有针对性的解答，也就是说，用户希望网页具有一些交互能力。对于这样一些交互能力，HTML 语言是不能满足的。

在这种背景下，早期推出了公共网关接口中（CGI）和应用程序编程接口等技术，用于制作交互式网页，但由于这些技术存在兼容性差、开发难度大、修改困难等缺点，使许多开发人员望而却步。

1996 年开始相继开发了许多适合制作网页的脚本语言。脚本语言用于编制网页脚本（Script）程序，它通过使用变量、表达式、函数、各种控制语句等，可以控制网页内容，增强动态交互性。通常脚本语言的语法规则比较简单，没有一般编程语言那样严格和复杂，因此学习起来比较容易。目前较为流行的脚本语言有 VBScript 和 JavaScript。

VBScript 是一种解释性的网页脚本语言，由 Microsoft 公司推出。它是 ASP（活动服务器页）的默认脚本语言，也支持客户端脚本程序的编写。本章主要介绍 VBScript 脚本语言在开发客户端脚本程序中的应用。

VBScript 采用小程序段的方式进行编程。当客户端请求一个含有 VBScript 脚本程序的网页时，VBScript 脚本程序会随 HTML 文档一起从服务器下载到客户端，然后由客户端浏览器解释和执行这个脚本程序，并以页面方式显示出来。

但要注意，有些浏览器（如 Netscape）并不支持 VBScript。

2. 认识 VBScript 程序

为了使读者对 VBScript 程序设计有一个初步认识，以下举两个简单的例子。

例 8-5 在浏览器上显示 "大家好！"、"新年快乐"，编写的 VBScript 程序如下：

```
<HTML><HEAD>
      <TITLE> 例 8-5 </TITLE>
   </HEAD>
   <BODY>
     <SCRIPT LANGUAGE = "VBScript">
       Document.Write("大家好!<BR>")          ' 输出第一句问候语
                                              ' <BR>表示换行

       x = "新年快乐!"                        ' x 是一个变量
       Document.Write(x)                      ' 输出第二句问候语
     </SCRIPT>
   </BODY>
</HTML>
```

在 SPD 2007 中，在 "网页编辑区" 下方 "代码" 视图模式下可以直接编制 HTML 文档，也可以输入和编辑 VBScript 脚本程序代码，保存后按 F12 功能键查看 "浏览" 结果。

输入本例程序保存后，按下 F12 功能键执行程序，输出结果如图 8-12 所示。

关于在 HTML 文档中加入 VBScript 程序代码块，说明以下几点。

图 8-12 例 8-5 的执行结果

（1）<SCRIPT></SCRIPT>为脚本标记，后续的 LANGUAGE="VBScript"表示以下采用的是 VBScript 脚本语言编写的。

（2）'（或 REM）为 VBScript 的注释语句，与注释标记作用相同。

（3）Document.Write（"大家好！
"）表示在网页上输出 "大家好！"并换行。

（4）SCRIPT 程序块可以出现在 HTML 文档的任何地方，即可以放入体部（BODY）内部，也可以放在头部（HEAD）之中。

例 8-6 根据不同的时间段在网页上显示 "早上好"、"下午好" 和 "晚上好"，程序如下：

```
<HTML><HEAD>
      <TITLE> 例 8-6 </TITLE>
   </HEAD>
   <BODY><SCRIPT LANGUAGE = "VBScript">
       h = Hour(Time())                     '求出系统时间的小时数
       If h<12 Then                         '判断时数是否小于 12
          Document.Write("早上好 ！")
       Else
          If h<18 Then                      '再判断时数是否小于 18
             Document.Write("下午好 ！")
          Else
             Document.Write("晚上好 ！")
          END IF
       End If
   </SCRIPT></BODY>
</HTML>
```

说明：程序中首先通过两个系统函数 Time()和 Hour()取出当前时间的时数并保存在变量 h 中，然后使用条件语句（If-Then-Else）来进行时间判断和控制输出。

条件语句的作用是：判断条件 "h<12"（即当前时数是否小于 12 时）是否成立，若条件成立，

则执行 Then 下面的语句，即输出"早上好!"；若条件不成立（即 h≥12），则执行第一个 Else 下面的语句（也是一个条件语句），再判断条件"h<18"是否成立，若条件成立，则输出"下午好!"；若条件不成立（即 h≥18），则输出"晚上好"。

习 题 8

一、单选题

1. HTML 是一种用于制作网页的___（1）___语言，它由___（2）___解释执行。
   （1）A. 脚本　　　 B. 超文本标记　　 C. Web 服务器　　 D. 计算机高级
   （2）A. 记事本　　 B. 操作系统　　　 C. Web 服务器　　 D. Web 浏览器

2. 在下列 HTML 标记中，（　　）是单边标记。
   A. 段落标记<P>　　　　　　　　　 B. 体部标记<BODY>
   C. 换行标记
　　　　　　　　　 D. 文字标记<FONT>

3. 要将下列文字"Web 网页"设置为斜体，填写所缺部分（2 个空格填写相同内容）。
   <P><_____> Web 网页 </_____></P>
   A. I　　　　　　　 B. B　　　　　　　 C. U　　　　　　　 D. SUP

4. 下列叙述中，错误的是（　　）。
   A. 对于网页上的文字、图片及邮件地址，都可以创建超链接
   B. 在一个网页中可以有多个超链接
   C. 一个网页内文本之间可以建立超链接
   D. 在 HTML 文档中，标记是区分大小写的

5. <TITLE>标记包含文档的标题，该标题显示在（　　）中。
   A. SPD 的标题栏中　　　　　　　　 B. 记事本的标题栏中
   C. 浏览器的地址栏中　　　　　　　 D. 浏览器的标题栏中

6. 下列 HTML 标记中，格式正确的是（　　）。
   A. <FONT FACE ="隶书" 大小 ="6" COLOR ="red"> FONT 标记 </FONT>
   B. <FONT FACE ="隶书" SIZE ="6" 颜色 ="red"> FONT 标记 </FONT>
   C. <FONT 字体 ="隶书" SIZE ="6" COLOR ="red"> FONT 标记 </FONT>
   D. <FONT FACE ="隶书" SIZE ="6" COLOR ="red"> FONT 标记 </FONT>

7. 要设置 HTML 页面的默认文字颜色为白色、背景为黑色，则可在<BODY>标记中加入以下（　　）属性。
   A. COLOR ="#FFFFFF"BGCOLOR ="#000000"
   B. COLOR ="#000000"BGCOLOR ="#FFFFFF"
   C. TEXT ="#FFFFFF"BGCOLOR ="#000000"
   D. TEXT ="#000000"BGCOLOR ="#FFFFFF"

8. 以下超链接标记中，格式正确的是（　　）。
   A. <A HREF = "http://www.pku.edu.cn/" 北京大学> </A>
   B. <A HREF = "http://www.pku.edu.cn/" 北京大学 /A>
   C. <A HREF = "http://www.pku.edu.cn/"> 北京大学 </A>

D. <A > HREF = "http://www.pku.edu.cn/" 北京大学 </A>

9. 在网页中，表单的作用是_____。

A. 接收信息   B. 显示信息

C. 传出信息   D. 交互信息

二、填空题

1. Web 是一种建立在 Internet 网上的信息服务系统，它采用_____协议在服务器与客户机之间传输数据。Web 信息是以_____的方式来组织的。

2. 使用_____，可以将浏览器窗口分割成几个不同的区域，这几个区域可以显示不同的网页。

3. 在 HTML 文档中，标题标记 TITLE 是在_____部分中定义的。

4. 在 HTML 中，提供了_____级标题。

5. 在 HTML 文档中要描述特殊符号（如<，>等），必须使用字符代码（以&开头）。如果要显示 "A<>B "（后面留一个空格），其 HTML 代码如下所示，请填写所缺部分。

A ___(1)___; ___(2)___; B ___(3)___;

6. 有下列的简单 HTML 文档：

```
<HTML>
    <HEAD> <TITLE>简单 HTML 文档</TITLE></HEAD>
    <BODY> 欢迎您 </BODY>
</HTML>
```

在浏览器中显示的结果是_____。

7. 以下 HTML 代码定义了两段文字，第一段强制分成了两行，填写所缺部分。

```
<P> 第一段的第一行 ___(1)___
第一段的第二行___(2)___
<P> 第二段 </P>
```

8. 以下 FONT 标记将文字 "文本格式" 设置为：大小为 "2"，颜色为 "red"（红色），字体为 "隶书"，填写所缺部分。

```
<FONT___(1)___="2"___(2)___="red" FACE = " ___(3)___ " > 文本格式 </FONT>
```

上机实验

实验 8-1　制作普通网页

一、实验目的

使用 SPD 2007 的 "设计" 视图模式制作普通网页。

二、实验内容

在 SPD 2007 "网页编辑区" 视图方式下，单击工具栏上的 "新建文档" 按钮，然后在无标题_1.htm 空白网页上输入内容，编辑和排版，操作步骤如下。

① 单击编辑区下方 "设计" 选项卡，在 "设计" 视图模式下，按下面的格式要求录入以下的文字内容：

读书的习惯

一个没有书籍、杂志、报纸的家庭，等于一所没有窗户的房屋。家庭的藏书，在古代是一种奢侈，在现代却是一种生活需要了。

格式要求：

- 标题"读书的习惯"采用 6 号"楷体"字，红色，加粗，居中；
- 其他正文文字采用 4 号宋体字，蓝色，加粗，左对齐。

② 在标题"读书的习惯"下方加入一个空行，把插入点移到该空行处，选择"插入"/"Web 组件"命令，在弹出的"插入 Web 组件"对话框中，设置"组件类型"为"动态效果"，设置"选择一种效果"为"字幕"，单击"完成"按钮，然后在"字幕属性"对话框中设置：

- 在"文本"框中输入文字"读几本好书"；
- 把"表现方式"设定为"滚动条"；
- 在"重复"框中选中"连续"；
- 把"背景色"设定为"水绿色"；
- 在"方向"框中选中"左"。

③ 选定已录文字"生活需要"，选择"插入"/"超链接"命令，然后在"插入超链接"对话框中设置网址"URL"为 http://www.lib.pku.edu.cn/（即北京大学网上图书馆）。单击"确定"按钮。

④ 选择"文件"/"另存为"命令，把编辑好的网页以"读书.htm"文档名存放到用户文件夹下的"第 8 章"子文件夹中。

⑤ 按 F12 功能键观看网页的效果。

⑥ 选择"文件"/"关闭"命令。

实验 8–2　网页设计

一、实验目的

掌握使用 SPD 2007 设计网页和构建网站的方法。

二、实验内容

利用 SPD 2007 创建一个个人网站，基本结构如图 8-13 所示。

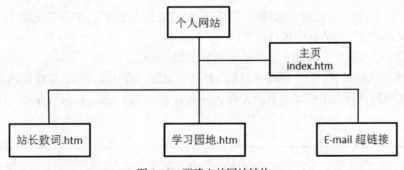

图 8-13　要建立的网站结构

说明：以下制作完成的网页文件及相关文件均存放在用户文件夹的"第 8 章"文件夹下的"个人网站"子文件夹中。

（1）制作主页文件（文件名为 index.htm）

① 主页内容如图 8-14 所示。

图 8-14　主页

【提示】设计时使用表格来定位（设置表格"边框"的"粗细"为 0，即没有边框），制作完成后，在浏览器中看不到表格线。

② 在"我的个人网站"标题下方有 3 个文字链接，分别是网站各个栏目的超链接。

③ "友情链接"分别链接到教育网（http://www.edu.cn/）、科技网（http://www.cstnet.net.cn/）和中央电视台（http://cctv.cntv.cn）。

④ "搜索引擎"链接到"百度"网站（http://www.baidu.com）。

（2）制作"站长致词"网页（文件名为"站长致词.htm"）

① 自选一张图片（或选用现成图片文件"图片库\LifeFrame\1.jpg"）作为页面背景图案。

【提示】通过"网页属性"对话框中的"格式"选项卡，可以设置页面背景图案。

② 网页文字内容（居中显示）：

站长致词

知识就是力量，信息就是财富

让我们携起手来，共创 IT 的美好明天！

③ 在网页上设置一个交互式按钮，按钮类型为"发光标签 1"，按钮上显示文字"返回"，"链接到"主页 index.htm。单击该按钮后可以返回主页。

【提示】选择"插入" / "Web 组件"命令，在弹出的"插入 Web 组件"对话框中，设置"组件类型"为"动态效果"，设置"选择一种效果"为"交互式按钮"，单击"完成"按钮；然后在打开的"交互式按钮"对话框中进行设置。

（3）制作"学习园地"网页（文件名为"学习园地.htm"）

按图 8-15 所示的样式，以"横幅和目录"框架网页方式设计本网页，总框架网页、标题框架网页、左下框架网页和右下框架网页的文件名分别为学习园地.htm，page_1.htm，page_2.htm 和 page_3.htm。

图 8-15　学习园地

【提示】创建框架网页的方法：选择"文件"/"新建"/"网页"命令，在弹出的"新建"对话框中，选择"框架网页"子目录下的"横幅和目录"模板。

在框架网页中，每个框架需要一个网页文件保存信息，此外还需要一个总框架网页（也称框架集网页）文件来记录各个框架的相互位置、组织结构及其他属性等信息。也就是说，如果有 n 个框架，则需要 $n+1$ 个网页文件。

① 录入例 8-3 的 HTML 文档，文件名为"静夜思.htm"．

② 为左下框架中的两行文字创建超链接。

为"静夜思"文字创建超链接，链接目标为当前文件夹中的网页"静夜思.htm"，"目标框架"设置为右下框架。

为"其他唐诗"文字创建超链接，链接目标为网站 http://www.shiandci.net（"唐诗宋词"网站），"目标框架"设置为"新建窗口"。

【提示】设置"目标框架"的方法：在"插入超链接"对话框中，单击"目标框架"按钮，打开"目标框架"对话框，然后在"目标设置"框中，输入目标框架的名称。通常用户没有必要直接输入目标框架的名称，只需在上方"当前框架网页"和"公用的目标区"两个选项中选定一个选项就行了。

（4）插入"联系我们"的 E-mail 超链接

打开"插入超链接"对话框，在左侧"链接到"栏中选择"电子邮件地址"按钮，然后输入 E-mail 地址（假设 E-mail 地址为 someone@163.com）

（5）预览网页效果

制作完成和保存后，打开主页文件"index.htm"，选择"文件"/"在浏览器中预览"命令，预览各个网页的实际效果。

实验 8–3　用 HTML 编制网页

一、实验目的

使用 HTML 编制简单的网页文档，初识 VBScript 脚本语言。

二、实验内容

使用 SPD 2007 的"代码"视图模式，完成以下操作。

① 单击工具栏上的"新建文档"按钮，然后在新建网页上编制一个如图 8-16 所示的 HTML 文档。

其中：第一行"游子吟"采用蓝色的 1 号标题字（H1），其他文字采用字号为 large(18pt)黑色字，网页中的其他格式采用默认方式，样式如图 8-16 所示。

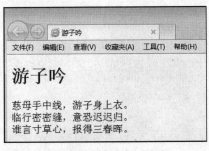

图 8-16　"游子吟"网页

编制完成后，以"游子吟.htm"为文档名，把文档保存在用户文件夹的"第 8 章"文件夹下。按 F12 功能键，观看该网页的实际效果。

② 编写一个 HTML 文档，使之显示以下 3 行文字的网页；

办班通知

定于 9 月 1 日开办网页制作培训班，欢迎全校师生报名参加。

学校网络中心　2011.7.30

要求：

a. 第 1 行"办班通知"采用红色的 2 号标题字，"楷体"字，居中。

b. 第 2 行采用蓝色的 3 号宋体字，居中；

c. 第 3 行文字右对齐，黑色，宋体 4 号字；

d. 在"网络中心"文字处设置一个超链接，使之能链接到清华大学网站；

e. 网页中其他格式采用默认方式；

f. 以"办班通知.htm"为文档名，把文档保存在用户文件夹的"第 8 章"文件夹下。

③ 制作如图 8-17 所示的表单。其中：标题"录入学生资料"采用 3 号标题字；"学号"框及"姓名"框均为 8 个长度的文本框（Text），名称分别为 Text1 和 Text2；"确定"按钮及"取消"按钮均为"botton"按钮，名称分别为 botton1 和 botton2。

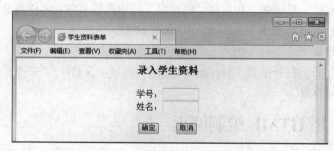

图 8-17　"学生资料表单"网页

网页中其他格式采用默认方式，样式如图 8-17 所示。

以"学生资料表单.htm"为文档名，把文档保存在用户文件夹的"第 8 章"文件夹下。

④ 录入例 8-6 所列出的 HTML 文档，录完后以"条件语句.htm"为文档名，把文档保存在用户文件夹的"第 8 章"文件夹下，按 F12 功能键预览该网页的实际效果。

第9章
VBScript 程序设计

计算机能自动进行进行处理，实际上就是执行特定程序的结果。当人们使用计算机来完成某项工作时，一般都借助于现成的应用软件来实现，如文字处理可使用 Word，表格处理使用 Excel，简单数据库处理使用 Access 等。但也会遇到另一情况，在解决某些实际问题时，没有合适的现成软件可供使用，这时就需要用户使用程序设计语言编制程序来完成特定的功能。

本章将以脚本语言 VBScript 为操作平台，介绍程序设计的基本知识和方法。

9.1　VBScript 程序设计概述

9.1.1　程序设计语言的发展

程序设计语言大致分为三类：机器语言、汇编语言和高级语言，其中机器语言和汇编语言又称为低级语言。因此，可以说程序设计语言的演变经历了由低级向高级发展的过程。

从使用程序设计方法的角度来看，程序设计语言的发展也大致经历了面向过程程序设计、面向对象程序设计、面向组件程序设计几个阶段。

20 世纪 50 年代的程序都是用指令代码或汇编语言来编写的，这种程序的设计相当麻烦，编制一个稍大一点的程序要花费很长时间，程序通用性也差，这种状况严重影响了计算机的普及应用。

20 世纪 60 年代高级语言的出现大大简化了程序设计，缩短了解题周期，因此显示了强大的生命力。随着计算机的应用日益广泛地渗透到各学科和技术领域，也发展了一系列不同风格的、为服务不同对象的程序设计语言，较为著名的高级语言有 FORTRAN, COBOL, BASIC, C, LISP, PL/I 及 PASCAL 等十几种语言。

1969 年提出了结构化程序设计的概念，这种程序设计方法采用自顶向下、逐步求精的方式对复杂的问题进行逐步分解，将一个较大规模的程序系统分解成若干个功能相互独立的、简单的模块，再将模块分解成更简单的子模块，直至最简。每一个模块最终都可用顺序、选择、循环 3 种基本结构来实现。用结构化程序设计方法编写出来的程序不仅结构清晰，易写易读，易于调试，而且为众多程序设计人员一起有效地编制大型程序提供了可能。结构化程序设计方法成为 20 世纪 70 年代至 80 年代最主要、最通用的程序设计方法。

传统程序设计方法是以解决问题的过程作为程序的基础和重点（即面向过程的），程序员必须基于过程来组织程序模块。20 世纪 80 年代，人们提出了面向对象的程序设计方法。面向对象方法引入新的概念和思维方式，使人们对复杂系统的认识过程与系统的程序设计与实现过程尽可能地一致，它不再将问题分解为过程，而是将问题分解为对象。面向对象程序设计方法的最大优点是可以重用现存的对象，把对软件的改动限制在很小的范围内，从而使软件的调试和修改更方便，使高效率、高质量地开发、维护和升级大型软件成为可能。具有面向对象特征的语言有 Visual Basic，C++及 Java 等。

面对程序复杂性不断增长、重复开发造成的资源浪费问题，人们越来越重视软件复用的问题，面向组件技术就是在这种背景下应运而生的。软件组件（Component）可理解为自包含的、可编程的、可重用的与语言无关的代码片段。可以作为整体很容易插入到应用程序中。它具有明确的接口，软件就是通过这些接口调用组件所提供的服务，多种组件可以联合起来构成更大型的组件乃至整个系统。支持组件的技术包括 Com+，CORBA 和 EJB 等。随着软件技术的不断发展及软件工程的不断完善，软件组件将会作为一种独立的软件产品出现在市场上，供应用开发人员在构造应用系统时选用。

9.1.2　一个简单的 VBScript 程序

VBScript 是一种解释性的网页脚本语言，具有一些面向对象的特性。它是 Visual Basic（简称 VB）语言的一个子集（或称简化版本），沿袭了 VB 语言的大部分语法，语法简单并适合在客户端边解释边执行，而且执行的效率比较高。VBScript 删除了 VB 语言中有安全性顾虑的一些功能，如读写、删除本地硬盘文件等，使开发人员可放心地在 Internet 上传递的网页中使用 VBScript。

在 8.4 节中已经列举了两个简单的 VBScript 程序，下面再举一个例子。

例 9-1　已知 a=6，b=9，计算 $c=\sqrt{a+b}$。编写的 VBScript 程序代码如下：

```
<HTML><HEAD>
    <TITLE>例 9-1</TITLE>
    <SCRIPT LANGUAGE="VBScript">
    Dim a, b, c                        '声明变量 a, b, c
    a = 6                              '把 6 赋给变量 a
    b = 9                              '把 9 赋给变量 a
    c = Sqr (a + b)                    'Sqr 是 VBScript 函数，用于求平方根
    Document.Write ("c=" & c)          '输出 c 的值
    </SCRIPT></HEAD>
<BODY></BODY></HTML>
```

输入和保存该程序后，按 F12 功能键执行程序，输出结果如图 9-1 所示。

c=3.87298334620742

图 9-1　例 9-1 程序的输出结果

说明：脚本标记 <SCRIPT></SCRIPT> 用来定义 VBScript 脚本代码块，后续的"LANGUAGE="VBScript""也可以简写为"LANGUAGE=VBScript"或"LANGUAGE=VBS"。

9.1.3　编制 VBScript 程序的工具

1. 使用纯文本编辑器

使用纯文本编辑器（如 Windows 的记事本）来编写脚本程序，是早期脚本程序开发人员常用

的一种方法。这种方法的优点是简单、易用，缺点是不能支持脚本语言的特性。因此它只适用于编写和修改程序量不多的脚本程序。而要进行较大的脚本程序的编写和调试，则需要专业化脚本开发工具。

通过记事本编制出来的脚本程序（扩展名为.htm），可以直接装入到 IE 浏览器中去执行。执行中发现错误时，可以选择 IE 浏览器的"查看"/"源文件"命令，系统会打开"记事本"，以供修改脚本程序。程序修改并保存后，选择 IE 浏览器的"刷新"命令，又可以再次执行程序。

2. 使用 SPD 2007

在 SPD 2007 中，在"网页"视图中的"代码"选项卡下可以直接编制 HTML 文档，也可以输入和编辑 VBScript 脚本程序代码，并能在 IE 浏览器中浏览执行的效果。

3. 使用 Microsoft Script Editor（Microsoft Office 内置的脚本调试器）

Microsoft 脚本编辑器是 SPD 2007 提供的一种专业化 Web 编程工具，用于查看和编辑 HTML 文档，还可以调试 VBScript 脚本程序。

启动 Microsoft Script Editor 的操作方法：在 SPD 2007 中打开或新建任意一个 HTML 文档，选择"网页"视图下的"代码"选项卡，执行"工具"/"宏"命令，然后，从弹出的子菜单中选择"Microsoft Script Editor"选项，即可打开 Microsoft Office 内置的脚本编辑器。

使用 Microsoft Office 内置的脚本编辑器来编辑 VBScript 脚本程序，有时会加入一些 HTML 冗余代码，另外还需要学习该编辑器的使用方法，因而初学者一般都不使用它。

9.1.4　程序代码编写规则

同其他程序设计语言一样，VBScript 语言也有自己一套严格的书写规则，其主要规定如下。

（1）通常每个语句占一行，如果要在一行中写下多个语句，则每个语句之间必须用冒号分隔，例如：

```
a = 6 : b = 9
```

VBScript 规定，一个程序行的长度最多不能超过 255 个字符。

（2）有时一个语句很长，一行写不下，可使用续行符（一个空格后面跟随一个下划线"_"），将长语句分成多行。例如：

```
Document.Write("尊敬的" & name & "先生：欢迎您进入" & ␣_

"计算机基础教育网！")
```

（注：符号"␣"表示空格，&为连接运算符）

（3）VBScript 支持注释语句，以帮助其他程序员理解该程序文件。在 HTML 文档中注释标记格式为<! -- 注释内容-->，而在 VBScript 中的注释语句以单引号（'）或 Rem 表示。例如：

```
r = 2 :  Rem  r 表示圆的半径
s = 3.14158*r*r              '求圆的面积
```

（4）VBScript 不区分程序代码的字母大小写，用户可以随意使用大小写字母编写代码。为了便于阅读，本书列出的程序中将各关键字的首字母用大写表示，如 Rem。

还要特别注意的是，编写程序时一定要采用 VBScript 规定的有效符号。除注释内容及字符串外，语句中使用的分号、引号、括号等符号必须使用英文状态下的符号（如双撇号"），不能使用中文状态下的符号（如中文引号"、"等）。如语句 x="VBScript"不能写成 x= "VBScript"。

9.2　VBScript 编程基础

作为一门程序设计语言，其中两个重要的方面就是数据及程序控制。数据是程序要处理的对象，处理的结果也用数据来表示和存储；而程序控制则是对程序运行流程的控制。本节主要介绍程序中的数据及运算，包括数据类型、变量、表达式和函数等。

9.2.1　数据类型

与其他程序设计语言一样，VBScript 也是采用变量存储信息的，但不同的是 VBScript 只有一种称为 Variant（变体型）的数据类型。Variant 是一种特殊的数据类型，根据使用的方式来确定数据子类型（见表 9-1），并能按照最适合于其包含的数据的方式进行操作。例如：

```
a = 1
a = 3.2
a = "VBScript 脚本语言"
```

其中，第 1 行定义变量 *a* 为整型，第 2 行定义变量 *a* 为单精度型，第 3 行定义变量 *a* 为字符串型。

这就是说，如果使用看起来像是数字的数据，则 VBScript 会假设其为数字并以适用于数字的方式处理。与此类似，如果使用数据只可能是字符串，则 VBScript 将按字符串处理。当然，也可以把数字包含在双撇号中使其成为字符串（如"123"）。

除了可以表示数字或字符串信息外，Variant 还可以表示日期型、布尔型等数据，表 9-1 列出了 Variant 常用数据子类型。

表 9-1　　　　　　　　　　Variant 包含的常用数据子类型

子类型	名称	范围及说明
Integer	整型	−32768～32767
Long	长整型	−2147483648～2147483647
Single	单精度型	负数范围为−3.402823E38～−1.401298E-45 正数范围为 1.401298E-45～3.402823E38
Double	双精度型	负数范围为−179769313486232E308～−4.94065645841247E-324 正数范围为 4.94065645841247E-324～179769313486232E308
String	字符型	包含变长字符串，最大长度可达 20 亿个字符
Boolean	布尔型	True 或 False
Date	日期型	日期范围为 1/1/100～12/31/9999

一般情况下，Variant 变量会将其数据类型自动转换。当需要时，可以使用 VBScript 中的转换函数（见后面表 9-8）强制转换。

（1）字符串

在网页上要使用大量的字符串来表示许多信息，那么，什么是字符串呢？字符串是由一串字符组成的序列，它可以包含字母、数字、标点符号以及特殊符号，在中文环境下还可以包含汉字。字符串通常用于表示文本信息。例如，上面例子中的"先生：欢迎您进入全国高等院校"、"VBScript脚本语言"等都是字符串。

说明：① 字符串必须用双撇号""""（也称英文双引号）括起来。例如：

正　例	错　例
x = "VBScript 脚本语言" t = "VBScript" & "程序例"	x = VBScript 脚本语言 t = VBScript　&　"程序例" 或　t = "VBScript"　&　程序例

② 字符串中包含的字符个数称为字符串长度。在 VBScript 中，通常把一个汉字作为一个字符（长度为 1）来处理。

③ 不含任何字符（即长度为 0）的字符串称为空字符串，用一对双撇号表示（不含空格），记为""。

（2）数字

在进行算术运算时所使用的数字有不带小数的和带小数的两种，VBScript 为了支持各种算术运算也相应提供了两种类型的数字：整型数字和浮动型数字。

① 整型数字：整型数字有时简称为整数，可以表示 1，20，-80，0 等的整数。根据数值的表示范围，又分为整型和长整型两种类型

② 浮点型数字：浮点型数字也叫作实数，是带小数部分的数。根据数值的表示范围，又分为单精度数和双精度数两种类型。

单精度数和双精度数可以采用一般形式表示，如 34.5，1.23，24579.85 等，也可以采用指数形式（以 10 为底的指数形式）表示，如 6.53E8（6.53×10^8），3.736014E-13（$3.736\,014 \times 10^{-13}$）等。单精度数可表示最多 7 位有效数字的数，而双精度数可表示最多 15 位有效数字的数。

注意：单精度数和双精度数表示的数值范围是非常大的（见表 9-1），一般的数值计算不必担心会超出此范围。但单精度数可表示的有效数字位数最多只有 7 位。

（3）日期型数据

日期型数据用来表示日期和时间。它采用两个 "#" 符号把日期和时间的值括起来，就像字符型数据用双撇号括起来一样，例如#08/20/2010#，#2010-08-20#，#08/20/2010 ⌴ 8:30 ⌴ AM#。

9.2.2　变量

变量是内存中的临时存储单元，用于存储数据。变量是在程序运行中其值可以改变的量。一个变量有 3 个要素：变量名、数据类型和变量值。通过变量名来引用一个变量，数值类型则决定了该变量的存储方式，而变量值是指内存中的变量所存储的值。

（1）变量的命名规则

每个变量都有名字，给变量命名时应遵守以下规则：

- 变量名必须以字母开头；
- 只能由字母、数字和下划线组成。不能含有小数点、空格等字符；
- 字符个数不得超过 255 个；
- 不能使用 VBScript 的关键字（也称保留字，如对象名、语句名、函数名等）作为变量名。

例如，Document，Sub，If 等都是 VBScript 的关键字，不能作为变量名。

（2）变量的声明

在 VBScript 中变量一般不需要预先声明，它在赋值后由变量的数据子类型自动定义。但是为了使程序具有较好的可读性，并利于程序的调试，程序中经常用 Dim 等语句声明变量，其格式如下：

```
Dim 变量名列表
```

例如：

```
Dim total
Dim top, Bottom, sum
```

9.2.3 运算符和表达式

VBScript 中有 4 类运算符：算术运算符、字符串运算符、关系运算符和逻辑运算符。

1. 算术运算符

VBScript 有 8 种算术运算符，如表 9-2 所示。

表 9-2　　　　　　　　　　　　　算术运算符

运算符	名称	优先级	例子
^	乘方	1	a^b
−	取负	2	-a
*、/	乘除	3	a*b, a/b
\	两个数相除并返回整数结果	4	19\7 的结果为 2
Mod	求两个整数整除后的余数	5	19 Mod 7 的结果为 5
+、−	加、减	6	a+b, a−b

2. 连接运算符

连接运算符（或称字符串运算符）有两个：&和+，它们的作用都是将两个字符串连接起来，合并成一个新字符串。例如：

```
"计算机" & "软件"        结果是："计算机软件"
"Windows" & 98          结果是："Windows98"
"123" + "45"            结果是："12345"
```

当连接的两个数据都是字符串时，"&"和"+"的作用完全相同。因为"+"容易与算术加法运算符发生混淆，建议最好使用"&"。&还会自动将非字符串类型的数据转换成字符串后再进行连接，而"+"则不能自动进行转换。

3. 比较运算符

比较运算符又称为关系运算符，用于对两个表达式进行比较，比较的结果为逻辑值（也称布尔值）。表 9-3 列出了 VBScript 中的比较运算符及其示例。

表 9-3　　　　　　　　　　　　比较运算符及其例子

运算符	名称	比较表达式例子	结果
<	小于	3<8	True
<=	小于等于	"2"<="4"	True
>	大于	6>8	False
>=	大于等于	7>=9	False
=	等于	"ac"="a"	False
<>	不等于	3<>6	True

字符串数据也能比较大小，它是按其 ASCII 码值进行比较的。比较两个字符串时，先比较两个字符串的第一个字符，其中字符大的字符串大。如果第一个字符相同，则取第 2 个字符比较以决定它们的大小，依此类推。例如：

```
"A" 小于 "B"
"12" 小于 "2"
"ABC" 大于 "AB2"
"ABC" 大于 "AB"
```

4. 逻辑运算符

逻辑运算符的作用是将操作数进行逻辑运算，结果是逻辑值。基本的逻辑运算符有 And（与）、Or（或）、Not（非）3 种。逻辑运算符的运算规则如表 9-4 所示。

表 9-4   逻辑运算符的运算规则

A	B	A And B	A Or B	Not A
True	True	True	True	False
True	False	False	True	False
False	True	False	True	True
False	False	False	False	True

例如，数学式 $1 \leqslant x < 3$ 可以表示为逻辑表达式 1<=x And x<3，但不能写成 1<=x<3 或 1<=x，x<3。

从表 9-4 可以看出，经过 Not 运算后，原为真值（True）的量变为假值（False），而假值则变为真值；两个量均为真值，经过 And 运算后得到真值，否则为假值；两个量中只要有一个真值，经过 Or 运算后得到真值。

以下是逻辑表达式的示例：

```
Not（1< 3）                       1<3 为真，再取反，结果为假
5<=5  And  4<5+1                  两个比较表达式为真，结果为真
"3"<="3"or  5>2                   结果为真
```

说明：（1）逻辑表达式的运算顺序是：先进行算术运算或字符串连接运算，再作比较运算，最后进行逻辑运算。括号优先，同级运算从左到右执行。

（2）有时一个逻辑表达式里还包含多个逻辑运算符，例如

$$3<>2 \text{ And Not } 4<6 \text{ Or } "12"="123"$$

运算时，按 Not，And，Or 的优先级执行。上述逻辑表达式中，先进行 Not 运算，则有：真 And 假 Or 假，再进行 And 运算，后进行 Or 运算，结果为假（False）。

9.2.4 函数

VBScript 中的内部函数也称标准函数，是由 VBScript 系统提供的，每个内部函数完成某个特定的功能。在程序中要使用某个函数时，只要调用该函数就行了。例如，要求某个数 x 的平方根，可以采用以下函数：

```
Y=Sqr（x）
```

其中，Sqr 是内部函数名，x 为参数，运行时该语句调用内部函数 Sqr 来求 x 的平方根，其计算结果由系统返回作为 Sqr 的值，本例把返回值赋给变量 Y。

VBScript 的内部函数大体上分为 4 大类：数学函数，字符串函数，日期与时间函数和转换函

数。VBScript 中所有函数返回值的数据类型都是 Variant。

1. 数字函数

VBScript 提供 10 多种数学函数，表 9-5 列出其中的 6 种常用函数。

表 9-5　　　　　　　　　　　　　　常用数学函数

函数	功能	例子	结果
Abs(x)	返回 x 的绝对值	Abs(−4.6)	4.6
Sqr(x)	返回 x 的平方根	Sqr(9)	3
Int(x)	取不大于 x 的最大整数	Int(99.8) Int(−99.8)	99 −100
Round(x,n)	对 x 四舍五入，保留的小数位数由 n 确定	Round(1.35,1) Round(1.236,2)	1.4 1.24
Sgn(x)	取 x 的符号	Sgn(5) Sgn(0) Sgn(−5)	1 0 −1
Rnd[(x)]	产生 0～1 的随机数	Rnd	随机数

其中：随机函数 Rnd 产生于介于 0 和 1 之间的随机数。所谓随机数是人们不能预先估计到的数。

Rnd 通常与 Int 函数配合使用。例如 Int(4*Rnd+1)可以产生 1～4 范围内（含 1 和 4）的随机整数，也就是说，该表达式的值可以是 1，2，3 或 4，这由 VBScript 运行时随机给定。

要生成[a, b]区间范围内的随机整数，可以使用公式：

Int((b−a+1)*Rnd+a)

默认情况下，每次运行一个应用程序，VBScript 会提供相同的"种子数"，使 Rnd 产生相同序列的随机数。为了每次运行时产生不同序列的随机数，可先执行 Randomize 语句。

例 9-2　通过随机函数产生 2 个 1～100 的整数，求这 2 个数之和并显示出来。

编写的 VBScript 程序代码如下：

```
<HTML><HEAD>
  <TITLE>例 9-2</TITLE>
  <SCRIPT LANGUAGE="VBScript">
    Dim a, b, c
    Randomize                              '初始化随机数生成器
    a = Int(101 * Rnd + 1)                 '产生[1, 100]区间内的随机整数
    b = Int(101 * Rnd + 1)
    c = a + b                              '求两数之和
    Document.Write("产生的第一个随机数: " & a & "<BR>")    '显示本行后换行
    Document.Write("产生的第二个随机数: " & b & "<BR>")    '显示本行后换行
    Document.Write("和数: " & c)
  </SCRIPT></HEAD>
<BODY></BODY></HTML>
```

保存后，按 F12 功能键预览程序，输出结果是：

产生的第一个随机数：56
产生的第二个随机数：71
和数：127

再次按 F12 功能键预览程序，输出结果是：

产生的第一个随机数：38
产生的第二个随机数：21
和数：59

2．字符串函数

在计算机的各种应用中，有大量的文字处理操作，如字符串的查找、比较、截取等。为此，VBScript 提供了一些用于字符串处理的函数。表 9-6 列出了常用的字符串函数。

表 9-6　　　　　　　　　　　　　字符串函数

函数	功能	例子	结果
Len(字符串)	取字符串长度	Len("ABCD")	4
Left(字符串，n)	取左边 n 个字符	Left("ABCD", 3)	"ABC"
Right(字符串，n)	取右边 n 个字符	Right("ABCD", 3)	"BCD"
Mid(字符串，p[, n])	从第 p 个开始取 n 个字符	Mid("ABCDE",2, 3)	"BCD"
Instr([f,]字符串 1, 字符串 2[, k])	在字符串 1 中查找字符串 2，返回字符串 2 在字符串 1 中出现的起始位置	Instr("ABabc","ab") Instr("ABabc","C")	3 0
String(n, 字符)	生成 n 个字符	String(4, "*")	"****"
Space(n)	生成 n 个空格	Space(5)	5 个空格
Trim(字符串)	去掉左、右空格	Trim("␣␣AB␣")	"AB"
Lcase(字符串)	转成小写	Lcase("Abab")	"abab"
Ucase(字符串)	转成大写	Ucase("Abcd")	"ABCD"

使用字符串函数的几点说明如下。

（1）在函数 Mid 中，若省略 n，则得到的是从 p 开始的往后所有字符，如 Mid（"ABCDE"，2）的结果为"BCDE"。

（2）函数 Instr 在"字符串 1"中查找"字符串 2"，如果找不到，返回值为 0；如果找到了，则返回"字符串 2"的第一个字符在"字符串 1"中的位置。"字符串 1"的第一个字符的位置为 1。

f 和 k 均为可选参数，f 表示开始搜索的位置（默认值为 1），k 表示比较方式，若 k 为 0（默认），表示区分大小写；若 k 为 1，则不分大小写。例如，Instr（3，"A12a34A56"，"A"）的结果为 7，而 Instr（3，"A12a34A56"，"A"，1）的结果为 4。

（3）在函数 String 中，字符也可以用 ASCII 代码（见附录 1）来表示，例如 String（6，42）与 String（6，"*"）作用相同。

例 9-3　使用字符串函数示例。从字符串中取出头部、尾部各一个字符，连接后组成一个新字符串并显示出来。例如，如果字符串为"windows"，处理后的新字符串为"ws"。

```
<HTML><HEAD>
    <TITLE>例 9-3</TITLE>
    <SCRIPT LANGUAGE="VBScript">
    Dim x, a, b, y
        x = "computer"              '假设该字符串 x 的内容为"computer"
        a = Left(x,1)               '取左边一个字符
        b = Right(x,1)              '取右边一个字符
        y = a & b                   '连接起来
        Document.Write ("新组成的字符串: " & y)
    </SCRIPT></HEAD>
<BODY></BODY></HTML>
```

保存后，按 F12 功能键预览程序，输出结果是：

新组成的字符串：cr

3. 日期与时间函数

日期/时间函数用于进行日期和时间处理。表 9-7 列出常用的日期/时间函数。

表 9-7   日期/时间函数

函数	功能	例子	结果
Date()	返回系统期	Date()	示例：11/03/2010
Time()	返回系统时间	Time()	示例：7:03:28
Day(日期)	返回日数	Day(#2010/9/24#)	24
Month(日期)	返回月数	Month(#2010/9/24#)	9
Year(日期)	返回年数	Year(#2010/9/24#)	2010
Weekday(日期)	返回星期几。返回值 1～7，依次表示星期日～六	Weekday(#2010/9/24#)	6
Hour(时间)	返回小时数	Hour(#8:3:28 PM#)	20
Minute(时间)	返回分钟数	Minute(#8:3:28 PM#)	3
Second(时间)	返回秒数	Second(#8:3:28 PM#)	28

例如，要取得当前时间的小时数，可以采用函数 Hour(Time())（见第 8 章的例 8-6）；而要取得当前日期的月份数，可采用函数 Month(Date)。

4. 类型转换函数

转换函数用于数据类型的转换。表 9-8 列出常用的转换函数。

表 9-8   转换函数

函数	功能	例子	结果
Asc(x)	求字符串中首字符的 ASCII 码	Asc("AB")	65
Chr(x)	将 x（ASCII 码）转换为字符	Chr(65)	"A"
Cstr(x)	将数值转为字符串	Cstr(53)	"53"
Cint(x)	将 x 转为整型数，小数部分四舍五入	Cint(1234.57)	1235
Clng(x)	将 x 转为长整型数，小数部分四舍五入	Clng(325.3)	325
Csng(x)	将 x 转为单精度数	Csng(56.541117)	56.54211
Cdbl(x)	将 x 转为双精度数	Cdbl(1234.5678914)	1234.5678914

9.3 程 序 控 制

结构化程序设计方法有 3 种基本控制结构，它们是顺序结构、选择结构和循环结构。图 9-2 是这 3 种基本结构的流程图。

顺序结构是这 3 种结构中最基本的结构，如图 9-2（a）所示，它由一串按顺序排列的语句组成。运行时，按语句出现的先后次序执行，如从 A 顺序执行到 B。

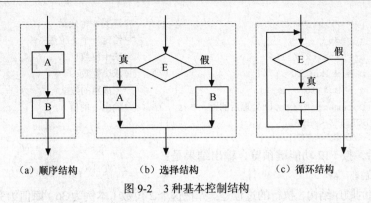

　　　(a) 顺序结构　　　　　　(b) 选择结构　　　　　(c) 循环结构

图 9-2　3 种基本控制结构

　　选择结构（又称分支结构）如图 9-2（b）所示，通过 E 判断后分支，满足条件时执行 A，否则（不满足条件）执行 B。

　　循环结构如图 9-2（c）所示，通过 E 判断，满足条件时重复执行循环体 L（一组语句或称语句块），不满足条件时跳出循环（出口）。

　　VBScript 支持结构化的程序设计方法，人们可以用这 3 种基本结构及其组合来表现程序，从而使程序结构清晰，可读性好，也易于查错和修改。

　　一个完整的 VBScript 应用程序，一般都包含 3 部分内容，即输入数据、数据处理、输出结果，它们的关系是：

　　　　输入 → 处理 → 输出

9.3.1　顺序结构

　　顺序结构是最基本的程序结构，它按程序中语句编写的先后顺序（"从上而下"）逐条执行。程序从主体上说都是顺序的，每个语句执行完以后都自动执行下一个语句，只在遇到分支结构、循环结构等时才会暂时改变执行的顺序。

　　顺序结构程序中使用的语句主要有赋值语句、输入/输出语句及其他一些简单语句。VBScript 中的输入/输出可以通过键盘输入函数 InputBox，输出方法 Document.Write，输出函数 MsgBox 等实现。

1. 赋值语句

　　赋值语句是程序设计中最基本、最常用的语句。它的语法格式如下：

```
[Let]变量= 表达式
```

　　功能：计算右端的表达式，并把结果赋值给左端的变量。Let 表示赋值，通常省略。符号"="被称为赋值号。

　　例如：

```
sum=99                     '把数值 99 赋给变量 sum
txt1="程序设计"            '把字符串赋给变量 txt1
txt2="学习" & txt1         '把右端字符串表达式的值赋给 txt2
```

　　例 9-4　给定一个两位数（如 36），要求交换个位数和十位数的位置，把处理后的数显示在网页上。

　　编写的 VBScript 程序代码如下：

```
<HTML><HEAD>
    <TITLE>例 9-4</TITLE>
    <SCRIPT LANGUAGE="VBScript">
```

```
Dim x, a, b, c                              '声明 4 个变量
x = 36                                      '给定一个 2 位数
a = Int (x / 10)                            '求十位数
b = x Mod 10                                '求个位数
c = b * 10 + a                              '生成新的数
Document.Write ("处理后的数: " & c)          '输出 c 的值
</SCRIPT></HEAD>
<BODY></BODY></HTML>
```

保存程序后，按 F12 功能键预览，输出结果是：

处理后的数: 63

本程序采用的顺序结构，执行的过程是：先把这个 2 位数（本例为 36）赋值给变量 x，再求 x 的十位数和个位数，并分别赋值给变量 a 和 b，再生成新的数（63）和赋值给变量 c，最后输出结果。

关于赋值语句，说明以下几点。

（1）表达式中的变量必须是赋过值的，否则变量的初值自动取零值（对于数值变量，数值为 0；对于变长字符串变量，取空字符""）。例如：

```
a = 1
c = a + b + 3                                       'b 未赋过值，为 0
```

执行后，c 值为 4。

（2）赋值语句跟数学中等式具有不同的含意，例如赋值语句 x=x+1，表示把变量 x 的当前值加上 1 后再将结果赋给变量 x，如果 x 的当前值为 2，则执行这个语句后，x 的值为 3。而数学中 x=x+1 是不成立的。

（3）变量出现在赋值号的右边和左边，其用途是不相同的。出现在右边表达式中时，变量是参与运算的元素，其值被读出（被读后其值保持不变）；出现在左边时，变量起存放表达式的值的作用（被赋值）。例如

```
x =1
a = 2
x= 3*a + 4
```

当执行第 3 行语句 "x= 3*a + 4" 时，将读出变量 a 的值（即 2）乘 3 后加 4，然后将结果（10）赋值给变量 x。也就是说，执行该语句后，变量 a 的值仍保留原有的值（2），而变量 x 的原有的值（1）已被"冲"掉，换成新值（10）。

使用赋值语句可以改变变量的值，因此，同一变量在不同时刻可以取不同的值。

2. Document.Write 输出方式

Document（文档）对象是 Web 浏览器中的一个重要对象，它代表当前的整个网页。Document 对象提供了一些简单的属性和方法，可以设置网页的前景色、背景色等属性，也可以向网页添加文本等内容。

使用 Document 对象的 Write 方法可以向网页输出信息。它的常用格式：

```
Document.Write(输出项)
```

功能：向网页输出信息，但不换行。

3. 消息对话框

使用 MsgBox 函数可以产生多种形式的消息对话框。它的最常用的语法格式为：

```
MsgBox(输出信息)
```

功能：在对话框中显示"输出信息"，并含有一个"确定"按钮，用户阅读完所显示的信息后，只需单击该按钮就可以关闭这个对话框。

4．输入对话框

使用 InputBox 函数可以产生一个输入对话框，其语法格式如下：

```
InputBox（提示信息）
```

功能：在对话框中显示"提示信息"，并能接收用户输入的一行信息。

例 9-5　使用 InputBox 函数输入一个姓名，然后通过 MsgBox 函数输出信息。

编写的 VBScript 程序代码如下：

```
<HTML><HEAD>
    <TITLE>例 9-5</TITLE>
    <SCRIPT LANGUAGE="VBScript">
    Dim name
    name = InputBox("请输入您的姓名")
    MsgBox ("尊敬的" & name & "：欢迎您进入我的网站！")
    </SCRIPT></HEAD>
<BODY></BODY></HTML>
```

当执行 InputBox 函数时，系统会暂停程序的执行，并在页面中弹出一个如图 9-3 所示的输入对话框，当用户在对话框中输入一个姓名（如"张三"）后单击"确定"按钮（或按回车键），则可把该姓名赋给变量 name，再往下执行 MsgBox 函数时，就会弹出如图 9-4 所示的消息框。

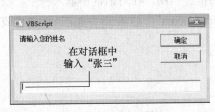

图 9-3　输入对话框

图 9-4　在网页上弹出消息框

例 9-6　设计程序，先通过 InputBox 函数输入两个变量的值，然后交换这两个变量的值，再输出交换后的结果。

分析：交换两个变量 a 和 b 的值，必须借助于另一个变量（假设为 t）。先将第一个变量 a 的值暂存于 t，再将第二个变量 b 的值存入第一个变量 a，最后将 t 值存入第二个变量 b。

编写的 VBScript 程序代码如下：

```
<HTML><HEAD>
    <TITLE>例 9-6</TITLE>
    <SCRIPT LANGUAGE="VBScript">
    Dim a, b, t
    a = InputBox("输入第一个变量值,a= ")
    b = InputBox("输入第二个变量值,b= ")
    Document.Write("交换前, a=" & a & ",b=" & b &" <BR>")    '输出交换前变量的值
    t=a : a=b : b=t                                          '交换变量 a 和 b 的值
    Document.Write("交换后, a=" & a & ",b =" & b)            '输出交换后的结果
    </SCRIPT>
</HEAD><BODY></BODY></HTML>
```

程序运行后，假设通过 InputBox 函数输入的两个变量的值分别为 12 和 34，输出结果如下：

```
交换前, a = 12, b = 34
交换后, a = 34, b = 12
```

例 9-7 假设"收件人"栏中含有两个邮件地址，如"zhang1999@yahoo.com.cn，wuwc2010@163.com"（中间用逗号隔开），现要求分离出这两个邮件地址。"收件人"栏内容由 InputBox 函数输入。

分析：假设通过 InputBox 函数输入的字符串变量为 x，先从 x 中找出逗号字符，再以此字符为界拆分成两个字符串。使用函数 InStr(x, ", ") 可以查找逗号字符。

编写的 VBScript 程序代码如下：

```
<HTML><HEAD>
    <TITLE>例 9.7</TITLE>
</HEAD><BODY>
<SCRIPT LANGUAGE="VBScript">
    Dim x, a, b, p
    x = InputBox ("输入"收件人"栏的内容")
    p = InStr(x,",")                           '查找逗号，得到逗号的位置
    a = Left(x,p - 1)                          '取逗号左边部分
    b = Mid(x,p + 1)                           '取逗号右边部分
    Document.Write("第一个邮件地址: " & a & "<BR>")
    Document.Write("第二个邮件地址: " & b)
</SCRIPT>
</BODY></HTML>
```

程序执行后，系统会在页面中弹出一个输入对话框，当用户在对话框中输入一个"收件人"栏内容（如"zhang1999@yahoo.com.cn，wuwc2010@163.com"）后单击"确定"按钮（或按回车键），经程序处理后就会输出结果：

```
第一个邮件地址: zhang1999@yahoo.com.cn
第二个邮件地址: wuwc2010@163.com
```

9.3.2 选择结构

在实际应用中，有许多问题需要判断某些条件，根据判断的结果来控制程序的流程。使用选择结构的程序，可以实现这样的处理。VBScript 中实现选择结构的语句主要有：条件语句（If）和多分支语句（Select Case）。以下介绍 If 语句。

If 有以下两种语句：

```
If…Then
If…Then…Else
```

1. If…Then 语句

If…Then 语句的常用语法格式：

```
If  条件 Then
    语句块
EndIf
```

其中"条件"是一个比较表达式或逻辑表达式。

功能：若条件成立（值为真），则执行 Then 后面的 "语句块"（一个语句或多个语句），否则直接执行下一条语句或"End If"的下一条语句。

例如，如果满足条件 cj<60 时，显示出"成绩不及格"，采用条件语句是：

```
If cj<60 Then
    MsgBox("成绩不及格")
End If
```

注意：End If 表示语句的结束，输入时不能把 End 和 If 写在一起（如 EndIf），中间至少留一个空格，否则程序语法检查时会出错。其他语句如 End Sub，End Do 等，也按此处理。

例 9-8　任给两个数，判断其中较大数并显示出来。程序代码如下：

```
<HTML><HEAD>
    <TITLE>例 9-8</TITLE>
    <SCRIPT LANGUAGE="VBScript">
        Dim x, y, m
        x = Csng(InputBox("输入第一个数"))    'Csng 函数将 InputBox 输入的内容转为单精度数值
        y = Csng(InputBox("输入第二个数"))
        m = x                                  'm 存放较大值，先把 x 放入 m
        If m<y Then                            '若 y 比 m 大
          m = y                                '把 y 放入 m
        End If
        Document.Write ("最大数是: " & m)      '显示最大值
    </SCRIPT></HEAD>
<BODY></BODY></HTML>
```

说明：由于 InputBox 返回的是字符串，而这时要求 a，b 都是数值，因此，为了避免二义性的出现，使用 Csng 函数把用户输入的数字字符串明确地转换成单精度型数。

2. If…Then…Else 语句

本语句的常用语法格式：

```
If  条件 Then
    语句块 1
Else
    语句块 2
End If
```

功能：首先测试"条件"，如果条件成立（值为真），则执行 Then 后面的"语句块 1"，如果条件不成立（值为假），则执行 Else 后面的"语句块 2"。而在执行 Then 或 Else 之后的语句块后，会从 End If 之后的语句继续执行。

例 9-9　产生 3 个两位随机数 *a*，*b* 及 *c*，求出其中最大数。

（1）分析：先采用随机函数 Rnd 产生 3 个两位数 *a*，*b*，*c*。要找出 3 个数 *a*，*b*，*c* 中的最大数，可以先找出 *a*，*b* 中的较大值，把该较大值存放在变量 *m*，再把 *m* 与 *c* 相比，得到的较大值为所求。程序流程图如图 9-5 所示。

说明：程序流程图也称程序框图，它能直观地表示程序的处理步骤，是一种描述算法的常用方法。

（2）编写程序，程序代码如下：

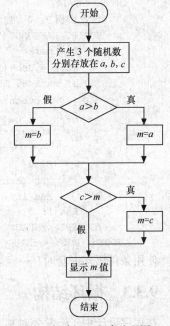

图 9-5　例 9-9 程序流程图

```
<HTML><HEAD>
    <TITLE>例 9-9</TITLE>
    <SCRIPT LANGUAGE="VBScript">
        Dim a, b, c, m
        Randomize                  '初始化随机数生成器
        a = Int(90*Rnd + 10)       '产生第一个两位随机数
```

```
        b = Int(90*Rnd + 10)                    '产生第二个两位随机数
        c = Int(90*Rnd + 10)                    '产生第三个两位随机数
        Document.Write("产生的 3 个数: " & a & "," & b & "和" & c & "<BR>")
        If a>b Then
            m = a                               'm存放较大值&#57347;
        Else
            m = b
        End If
        If c>m Then
            m = c
        End If
        Document.Write("最大数是: " & m)
    </SCRIPT></HEAD>
    <BODY></BODY></HTML>
```

3. 条件语句的嵌套

在条件语句中，Then 和 Else 后面的语句块也可以包含另一个条件语句，这就形成条件语句的嵌套。

例 9-10　输入某课程的百分制成绩，显示出对应的成绩等级，如输入 54，则显示"不及格"。本例采用条件语句的嵌套结构，程序代码如下：

```
<HTML><HEAD>
    <TITLE>例 9-10</TITLE>
    <SCRIPT LANGUAGE="VBScript">
        Dim mark
        mark = Csng(InputBox("输入成绩"))
        If mark<60 Then
            Document.Write("不及格!")
        Else
            If mark<80 Then
                Document.Write("及格!")
            Else
                Document.Write("优良!")
            End If
        End If
    </SCRIPT></HEAD>
    <BODY></BODY></HTML>
```

使用条件语句嵌套时，一定要注意 If 与 Else，If 与 End If 的配对关系。

9.3.3　循环结构

在程序设计中，经常要对某一处理过程反复执行多次，这就出现了循环。这一处理过程（一组语句）称为循环体，它需要重复执行若干次，直到达到要求为止。VBScript 提供了多种设计循环结构程序的语句，其中最常用的是 For…Next 和 Do…Loop 语句。以下介绍 For…Next 语句。

1. 循环语句 For…Next

For…Next 循环语句是按指定次数执行循环体的。先看一个简单的例子。

例 9-11　在网页上显示 2～10 各偶数的平方数，程序代码如下：

```
<HTML><HEAD>
    <TITLE>例 9-11</TITLE>
</HEAD><BODY>
    <SCRIPT LANGUAGE="VBScript">
```

```
        Dim k
        For k=2 To 10 Step 2              '初值、终值和步长值分别为 2、10 和 2
             Document.Write（k^2 & "<BR>"）
        Next
    </SCRIPT>
</BODY></HTML>
```

程序执行后，输出结果如图 9-6 所示。

在上述 For...Next 循环语句中，循环变量 k 的初值、终值和步长值分别为 2、10 和 2，即从 2 开始，每次加 2，到 10 为止，控制循环 5 次。每次循环都将循环体（即语句 Document.Write（k^2 & "<BR>"））执行一次，因此运行后输出结果是 4, 16, 36, 64 和 100。

图 9-6　例 9-11 的输出结果

For…Next 语句的一般语法格式如下：

```
        For 循环变量= 初值 To 终值[Step 步长值]
             循环体
        Next
```

功能：控制重复执行循环体中的一组语句。本语句使用一个起计数器作用的循环变量，每重复执行一次循环之后，循环变量就会按一定的步长增加或者减少，直到超过某规定的终值时退出循环。

初值、终值和步长值都是数值表达式，步长值可以是正数（称为递增循环），也可以是负数（称为递减循环）。若步长值为 1，则 Step 1 可以省略。

For…Next 语句的执行步骤如下：

① 求出初值、终值和步长值，并保存起来；

② 将初值赋给循环变量；

③ 判断循环变量值是否超过终值（步长值为正时，指大于终值；步长值为负时，指小于终值）；超过终值时，退出循环，执行 Next 之后的语句；

④ 执行循环；

⑤ 遇到 Next 语句时，修改循环变量值，即把循环变量的当前值加上步长值再赋给循环变量；

⑥ 转到③去判断循环条件和继续执行。

在例 9-11 中，第 1 次循环时，循环变量 k 等于 2。执行循环体（显示 4）后，遇到 Next 语句，修改 k 的值为 4，因不大于终值 10，则继续执行循环体（显示 16）。以后执行第 2 次、第 3 次、第 4 次循环。当第 4 次循环后，遇到 Next 语句，k 被修改为 10，因不大于 10，故还要执行循环体 1 次（显示 100），再执行 Next 语句使 k=12 时，就停止循环。

例 9-12　求 $S=1+2+3+\cdots+8$，把结果显示在网页上。

程序代码如下：

```
<HTML><HEAD>
    <TITLE>例 9-12</TITLE>
    <SCRIPT LANGUAGE="VBScript">
        Dim s, k
        s = 0
        For k = 1 To 8
            s = s + k
        Next
        Document.Write（"s=" & s）
```

```
</SCRIPT></HEAD>
    <BODY></BODY></HTML>
```

程序执行结果是：$S = 36$

要说明的是语句 s = s +k（循环体语句），第 1 次循环时，s 和 k 的初值为 0 和 1，求和结果 1 赋值给 s；第 2 次循环时，求和结果 3 赋值给 s；第 3 次循环时，求和结果 6 赋值给 s；依此类推。第 8 次循环时，求和结果 36 赋值给 s。因为第 8 次循环后，循环变量 k 值修改为 9，因此循环结束（只循环 8 次），故 s 的最终值为 36。

程序设计中，求取一批数据的和通常采用"累加"方法。"累加"问题可以很方便地用循环来实现。本程序中设置一个"和值"变量 s，s 初值为 0；利用 k 表示每次要加入的累加项，k 值依次为 1，2，…8。s = s + k（即和值=和值+累加项），它是在原有和的基础上一次一次地每次加一个累加项，循环 8 次，就可以把 8 个数加起来。

不难看出，如果要计算的是 s = 1 + 2 + 3 + …n（如 n = 10 000），则程序结构不必改动，只需将上述程序代码中的终值 8 改为 n（如 10 000）就行了。

例 9-13 $T = 1 \times 2 \times 3 \times \cdots 8$，把结果显示在网页上。

程序代码如下：

```
<HTML><HEAD>
    <TITLE>例 9-13</TITLE>
    <SCRIPT LANGUAGE="VBScript">
        Dim t, c
        t = 1
        For c = 1 To 8
            t = t * c
        Next
        Document.Write("T=" & t)
    </SCRIPT></HEAD>
    <BODY></BODY></HTML>
```

程序执行结果是：$T = 40\ 420$

语句 t = t * c（即乘积=乘积*连乘项），起着连乘的作用，它在原有积的基础上一次一次地每次乘一个数。在连乘之前，先将 t 置 1（不能置 0）。

例 9-14 用 $\frac{\pi}{4} = 1 - \frac{1}{3} + \frac{1}{5} - \frac{1}{7} + \cdots$ 级数求 π 的近似值，要求取前 5 000 项来进行计算。

分析：以 pi 代表 π 的近似值，它是由多项式中各项累加而得到的。各项的分母为 1，3，5，7，…9999，共 5 000 项。程序中使用循环语句 For c=1 To 9999 Step 2 的循变 c 来表示各项的分母，c 从 1 开始，每次加 2，直至 9999 为止。每循环一次累加一次值（1/c）。由于多项式中各项的符号不同，因此要在每项前面乘以 1 或-1 以体现正或负值，用 s 代表"符号"，它的初值为+1，以后依次变为-1，+1，-1，+1，…，只要每次使 s 乘以（-1）即可。

程序代码如下：

```
<HTML><HEAD>
    <TITLE>例 9-14</TITLE>
    <SCRIPT LANGUAGE="VBScript">
        Dim pi, s, c
        pi = 0
        s = 1                           's 表示加或减运算
        For c = 1 To 9999 Step 2
            pi = pi + s / c
```

```
        s = -s                                交替改变正、负号
      Next
      Document.Write("π=" & 4* pi)
    </SCRIPT></HEAD>
  <BODY></BODY></HTML>
```

程序执行结果是：

　　　　π＝3.141392653559179

显然，累加项数愈多，近似程度愈好。读者不妨把该程序的循环终值从 9999 改为 99999、999999 等，看看得到的 π 近似值是不是会好些。

2. 多重循环

多重循环是指循环体内含有循环语句的循环，又叫多层循环或嵌套循环。多重循环的一个执行规则是，外层循环执行一次，内层循环就要从头开始执行一轮。

例 9-15 多重循环程序示例。

```
<HTML><HEAD>
  <TITLE>例 9-15</TITLE>
  <SCRIPT LANGUAGE="VBScript">
    For i = 1 To 3                            '外循环
      For j = 5 To 7                          '内循环
        Document.Write (i & ", " & j & "<BR>")
      Next
    Next
  </SCRIPT></HEAD>
<BODY></BODY></HTML>
```

程序执行结果：

```
    1, 5
    1, 6
    1, 7
    2, 5
    2, 6
    2, 7
    3, 5
    3, 6
    3, 7
```

这个多重循环程序的执行过程如下。

① 把初值 1 赋给 i，并以 i=1 执行外循环的循环体，而该循环体又是一个循环（称为内循环）。因此在 i=1 时，j=5 变化到 7，Document.Write 方法（内循环的循环体）被执行 3 次，输出 1 和 5 到 1 和 7。

执行第一次外循环后，i 修改为 2。

② 以 i=2 执行外循环的循环体，输出 2 和 5 到 2 和 7。

执行第二次外循环后，i 修改为 3。

③ 以 i=3 执行外循环的循环体，输出 3 和 5 到 3 和 7。

执行第三次外循环后，i 修改为 4，因为 i 大于终值 3，因此结束循环。

例 9-16 输出如图 9-7 所示的"九九乘法表"。

分析：显然"九九乘法表"是一个 9 行 9 列的二维表，行和列都以一定规则变化。可以采用两重循环进行控制，并分别利用内、外循环变量（用 *j*、*i* 表示）作为乘数和被乘数，被乘数 *i* 从

1 变化到 9，乘数 j 从 1 变化到被乘数 i。每次退出内循环（即换一次被乘数）时，使用 Document.Write（"<BR>"）控制换行。

程序代码如下：

```
<HTML><HEAD>
    <TITLE>例 9-16</TITLE>
</HEAD><BODY>
        <FONT FACE="黑体" SIZE="4" COLOR="red">
            九九乘法表</FONT><BR>
        <SCRIPT LANGUAGE="VBScript">
            Dim i, j
            For i = 1 To 9
                For j = 1 To i
                    Document.Write (i & "*" & j & "=" & i*j & ", ")
                Next
                Document.Write ("<BR>")                    '换行
            Next
        </SCRIPT>
</BODY></HTML>
```

输出结果如图 9-7 所示。

```
九九乘法表
1*1=1,
2*1=2, 2*2=4,
3*1=3, 3*2=6, 3*3=9,
4*1=4, 4*2=8, 4*3=12, 4*4=16,
5*1=5, 5*2=10, 5*3=15, 5*4=20, 5*5=25,
6*1=6, 6*2=12, 6*3=18, 6*4=24, 6*5=30, 6*6=36,
7*1=7, 7*2=14, 7*3=21, 7*4=28, 7*5=35, 7*6=42, 7*7=49,
8*1=8, 8*2=16, 8*3=24, 8*4=32, 8*5=40, 8*6=48, 8*7=56, 8*8=64,
9*1=9, 9*2=18, 9*3=27, 9*4=36, 9*5=45, 9*6=54, 9*7=63, 9*8=72, 9*9=81,
```

图 9-7 "九九乘法表"

3. 累加、连乘和计数

在循环程序中，常用的算法是累加、连乘和计数。上面例 9-12 和例 9-13 已经介绍了累加和连乘方法。累加（如 $s=s+k$）是在原有和的基础上一次一次地每次加一个数，连乘（如 $t=t*c$）则是在原有积的基础上一次一次地每次乘一个数。

计数（如下面例 9-17 中的 $n=n+1$）用于统计满足某种条件的计数，它类似于累加，不同的是，计数通常每次增加的值不是一个加数，而是 1。

例 9-17　产生 100 个 500～999 的随机整数，找出这些数中能被 17 整除的数，计算其个数。

分析：判断一个数 m 能否被数 n（如 17）整除的方法是，如果 $m \bmod n = 0$（（即 $m \bmod n$ 的值为 0）或 $Int(m/n)=m/n$，则 m 能被 n 整除，否则 m 不能被 n 整除。

程序中采用计数方法 $n=n+1$（也称"计数器"）来记录有多少个数能被 17 整除。

```
<HTML><HEAD>
    <TITLE>例 9-17</TITLE>
</HEAD><BODY>
    <SCRIPT LANGUAGE="VBScript">
        Dim k, x, n
        Randomize                          '初始化随机数生成器
        Document.Write ("能被 17 整除的数是：<BR>")
```

```
For k=1 To 100
    x = Int(500 * Rnd + 500)          '产生[500,999]区间内的随机整数
    If x Mod 17 = 0 Then              '判断是否被 17 整除
        Document.Write(x & "<BR>")    '输出这个数并换行
        n=n+1                         '对满足条件的数进行计数
    End If
Next
Document.Write("一共有" & n & "个")
    </SCRIPT>
</BODY></HTML>
```

程序执行结果如图 9-8 所示。

```
能被17整除的数是:
952
867
765
986
935
一共有5个
```

图 9-8　例 9-17 执行结果

9.4　过　　程

对于重复使用的一段程序代码，为了避免程序代码的重复，可以把这一段代码独立出来，编成一个过程。过程是完成某种特殊功能的一组独立的程序代码。过程有两个重要作用：一是把一个复杂的任务分解成若干个小任务，可以用过程来表达，从而使任务更易理解，更易实现，将来更易维护；二是代码重用，使同一段代码多次复用。

在 VBScript 中，过程分为 Sub（子程序）和 Function（函数）两类。以下仅介绍 Sub 过程。

9.4.1　Sub 过程

使用 Sub 过程有两个方面：一是用 Sub…End Sub 来定义过程，二是用 Call 来调用过程。

1. 定义 Sub 过程

定义 Sub 过程的语句格式如下：

```
Sub 过程名（[参数表]）
      过程体
End Sub
```

说明：（1）Sub 过程以 Sub 开头，以 End Sub 结束，在 Sub 和 End Sub 之间是过程体，过程体是描述过程操作的语句块。

（2）当程序执行到 End Sub 时，将退出该过程，并立即返回到调用语句（如 Call）下面的语句。

（3）Sub 过程可以带参数（也称形式参数或形参），参数的实际值（也称实际参数或实参）是由调用程序（调用过程的程序）调用过程时赋给的。通过参数，调用程序和被调用过程之间可以传递数据。如果 Sub 过程无任何参数，则 Sub 语句必须包含空括号()，如"Sub Getno()"。

为使程序结构清晰和便于调用，VBScript 中通常把 Sub 过程安排在头部（HEAD）中。

2．调用 Sub 过程

当程序中需要执行 Sub 过程时，可以使用 Call 语句实现调用。其语句格式如下：

    Call 过程名（[实参表]）

例 9-18　使用 Sub 过程的示例。程序如下：

```
<HTML><HEAD>
    <TITLE>例 9-18</TITLE>
    <SCRIPT LANGUAGE="VBScript">
        Sub putname(name)
            Document.Write(name & "," & "您好!<BR>")
        End Sub
    </SCRIPT>
</HEAD>
<BODY><SCRIPT LANGUAGE="VBScript">
    Dim n
    n = InputBox("输入您的姓名:")
    Call putname(n)
    Document.Write("祝你身体健康!")
</SCRIPT>
</BODY></HTML>
```

本程序在头部（HEAD）中定义了一个 Sub 过程，名称为 putname（name），它带有一个参数 name，在 BODY 程序段中通过 Call 调用了该过程，并传入了实参 *n*，参数值为用户通过 InputBox 对话框输入的姓名信息（如"王五"），如图 9-9 所示。当执行到 putname 过程的 End Sub 时，就会结束过程的执行并返回到调用语句 Call 处，继续执行其后的语句[即 Document.Write（"祝你身体健康！"）]。

程序执行后，输出结果如图 9-10 所示。

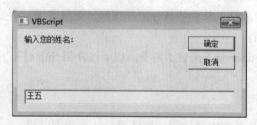

图 9-9　输入"王五"

图 9-10　通过过程 putname 输出内容

9.4.2　动态网页中的事件过程

1．网页对象及其属性和方法

Web 浏览器在显示网页时，会使用到各种不同的对象，如窗口（Windows）、文档（Document）、文本块（Font）、文本框（Text）、按钮（Botton）等。

对象具有自己的属性和方法。例如，文字块（Font）对象具有名称（Id）、文字大小（Size）、颜色（Color）等属性；文本框（Text）对象具有名称（name）、内容（Value）、长度（Size）等属性；按钮（Button）对象具有名称（name）、标题（Value）等属性。

例如，将一个名为 myfont1 的文字块的颜色设置为红色，以及在一个名为 mytxt1 的文本框中显示"VBScript"，相应的语句是：

```
myfont1.Color="red"                      '设置文字块 myfont1 的颜色
mytxt1.value="VBScript"                   '设置文本框 mytxt1 的内容
```

又如，使用 Document 对象的 Write 方法可以向网页输出变量 x 的值，相应的语句是：

```
Document.Write(x)
```

2. 事件

事件通常是用户发出的动作，这些事件的发生多半与鼠标的使用有关，如单击（Click）、双击（DbClick）、移动到上面（MouseOver）、离开（MouseOut）等。每个对象都有自己所能识别的事件。例如，按钮可以识别单击事件（Click）、移动到上面（MouseOver）等事件，而文字块可以识别单击（Click）、双击（DbClick）、移动到上面（MouseOver）等事件。

3. 事件过程

对象通过事件来执行动作。例如，当用户单击某一按钮对象时，将引发（也称"触发"）一个"单击"（OnClick）事件，而在该事件发生时，系统将自动执行相应的事件过程（也称"事件处理过程"），用以实现指定的操作和达到运算、处理的目的。这种工作模式称为"事件驱动"工作方式。可以这么说，动态网页在浏览器里的运作，就是以对象为基础，以事件来驱动的。

当对象上发生某一事件时，如何告诉系统去执行某一相应的事件过程呢？有多种方法。这里仅介绍其中常用的一种，即用"对象名_事件名"来作为事件过程名的方法。例如，当用户单击（Click）名称为 com1 的命令按钮时，系统就会自动执行名称为 com1_OnClick 的事件过程。

例 9-19　编写一个响应鼠标移动事件的程序。网页打开时以 4 号字蓝色显示一个 Font 文字块的文字"请将鼠标移动到这里!!"，以后当鼠标指针移动到该文字块上面时，文字将放大为 7 号字和改为红色；当把鼠标指针离开文字块时，该文字块的文字又会恢复成原来的大小和颜色。

程序代码如下：

```
<HTML><HEAD>
    <TITLE>例 9-19 响应鼠标移动事件</TITLE>
    <SCRIPT LANGUAGE="VBScript">
      Sub myfont_OnMouseOver()          '定义鼠标移到文字块的事件处理过程
        myfont.COLOR = "red"            '文字块的颜色，红色
        myfont.SIZE = "7"               '文字块的字号
      End Sub
      Sub myfont_OnMouseOut()           '定义鼠标离开文字块的事件处理过程
        myfont.COLOR = "blue"           '文字块的颜色，蓝色
        myfont.SIZE = "4"
      End Sub
    </SCRIPT></HEAD>
    <BODY>                               <! ID 指定 Font 文本块的对象名 >
      <FONT ID="myfont" SIZE="4" COLOR="blue">
          请将鼠标移动到这里!! </FONT>
</BODY></HTML>
```

说明： 本网页使用的对象是 Font 文字块"请将鼠标移动到这里!!"，它已被标记 FONT 命名为"myfont"（对象名），按系统规定，该文字对象的颜色及字号可用 myfont.COLOR 和 myfont.SIZE 表示。程序还定义了两个事件过程来分别响应鼠标移到（事件名为 OnMouseOver）和离开（事件名为 OnMouseOut）两个事件。过程名采用"对象名_事件名"格式，这样就把事件与事件过程连接起来。也就是说，当鼠标指针移到该文字块上面时，系统就会自动执行过程 myfont_OnMouseOver()；当鼠标指针离开该文字块时，系统又会自动执行另一过程 myfont_OnMouseOut()。

要注意的是，通常情况下要调用一个 Sub 过程时，是通过 CALL 语句来实现的，但在动态网页中，是由事件触发并由系统自动调用相应事件过程的。

例 9-20　编写程序，在网页上设置 2 个命令按钮和 1 个文字块（即文字"VBScript 程序设计"），如图 9-11 所示。打开网页后，当单击"文字变大"命令按钮时，使文字块的字体变大；单击"文字变小"命令按钮时，该文字块的字体变小。

图 9-11　例 9-20 的网页

程序代码如下：

```
<HTML><HEAD>
    <TITLE>例 9-20 文字变大/文字变小</TITLE>
    <SCRIPT LANGUAGE="VBScript">
    Sub butt1_OnClick()                        '命令按钮 butt1 的单击事件处理过程
        If myfont.SIZE < 7 Then                '字号最大为 7
            myfont.SIZE=myfont.SIZE + 1        '字号加 1
        End If
    End Sub
    Sub butt2_OnClick()                        '命令按钮 butt2 的单击事件处理过程
        If myfont.SIZE > 1 Then                '字号最小为 1
            myfont.SIZE=myfont.SIZE - 1        '字号减 1
        End If
    End Sub
</SCRIPT></HEAD>
<BODY>                              <! ID 指定 Font 文本块的对象名 >
    <FONT ID="myfont" SIZE="3" COLOR="blue"> VBScript 程序设计 </FONT>
    <BR>
    <FORM>
        <INPUT TYPE="button" NAME="butt1" VALUE="文字变大">
        <INPUT TYPE="button" NAME="butt2" VALUE="文字变小">
    </FORM>
</BODY></HTML>
```

本网页使用的 3 个对象为一个 Font 文字块和两个 Button 命令按钮，它们分别被命名为 myfont、butt1 和 butt2。程序执行中，当用户单击 butt1（"文字变大"）按钮时，系统就会自动执行事件过程 butt1_OnClick()，则该文字的字号加 1（若文字的当前字号≥7，则不加 1）；当用户单击 butt2（"文字变小"）按钮时，系统就会自动执行事件过程 butt2_OnClick()，则该文字的字号减 1（若文字的当前字号≤1，则不减 1）。

从上面两个例子可以看出，引入网页脚本程序可以增强浏览器对网页的处理能力。几乎网页里使用的每一个对象，用户都可以使用 VBScript 等脚本程序来规划其处理过程。这就使得网页里的对象不会沉默，只要事件发生在它身上，它会通过相应的事件程序立即作出响应。

9.5　程　序　调　试

在程序中查找并排除错误的过程称为程序调试。程序调试的关键在于发现并识别错误，然后才能采取相应的纠错措施。程序中出现的错误大体上分为两类：语法错误和逻辑错误。

1. 排除语法错误

如果程序中的代码违反了所使用的编程语言的语法规则，就会发生语法错误。例如，关键字写错，遗漏标点符号，括号不匹配等。

例 9-21　以下给定一个有语法错误的程序：

```
<HTML><HEAD>
    <TITLE>例 9-21</TITLE>
    <SCRIPT LANGUAGE="VBScript">
    x = InputBox("输入一个数")
    If x>=0 Than                         '关键字 Then 单词写错
        MsgBox("该数的平方根是:" & Sqr(x))
    EndIf                                'End 和 If 之间必须留有空格
    </SCRIPT></HEAD>
<BODY></BODY></HTML>
```

当按 F12 功能键"预览"时，将出现一个空白界面。这就说明程序有错误，显示不出所需要显示的内容。通常程序设计人员要通过逐行分析检查才能确定错误的确切原因和位置。

注意：由于 SPD2007 中程序的最后结果是在浏览器中显示出来的，如果程序有错误，也不会像 FrontPage 中程序预览时会弹出出错信息界面，而是显示一个空白界面。这就要求程序设计人员在编写程序时一定要认真、仔细，如果在"预览"时出现空白界面，则要对程序逐行检查，找出错误，并进行修改。

2. 排除逻辑错误

逻辑错误使程序执行时得不到预期的结果。这种程序没有语法错误，也能运行，但却得不到正确的结果。例如，在一个算术表达式中把乘号"*"错写成加号"+"，条件语句的条件 a>b 错写成 a<b，循环次数计算错误等，都属于这类错误。死循环经常是逻辑错误引起的。

通常，调试程序过程中所花的大部分时间和精力都在逻辑错误上。

例 9-22　计算 5!，若采用如下程序代码：

```
<HTML><HEAD>
    <TITLE>例 9-22</TITLE>
    <SCRIPT LANGUAGE="VBScript">
    Dim t, k
    For k = 1 To 5
        t = t*k
    Next
    Document.Write ("5!=" & t)
    </SCRIPT></HEAD>
<BODY></BODY></HTML>
```

当执行程序时输出的结果是 0，显然它不是正确的答案。错误发生在没有给连乘变量 *t* 赋初值 1。

检查程序中的逻辑错误一般有两种方法：静态检查和动态检查。

静态检查程序的基本方法是逐行逐句地读程序，弄清楚每条语句的作用，预见每条语句和模块的执行结果，判断是否与预期结果相一致，这就是静态检查，也称人工检查。这个工作贯串在整个编码过程中，是十分重要的环节。

通过上机调试来发现错误称为动态检查。动态检查的基本方法是输入一组典型的数据来运行程序。程序对这些数据的处理结果，程序设计人员事先是知道的，通过运行后实际结果和预想结果相比较，可以判断程序的正确性。

最后说明一点，为了提高调试程序的效率，可以使用专业性的调试工具（如 Microsoft 脚本编辑器等）来调试程序。但由于使用这些专业性的调试工具还需要具备其他方面的知识，故本书不予以介绍。

习　题　9

一、单选题

1. 下列 4 个变量声明语句中，变量的命名正确的是（　　）。

    A. Dim true　　　　　B. Dim my_name　　　　C. Dim my name　　　　D. Dim 2my

2. 已知变量 a=8，下列语句能显示"a 值为 8"的是（　　）。

    A. Document.Write("a 值为 a")　　　　　　B. Document.Write(a 值为 & a)

    C. Document.Write("a 值为" & "a")　　　　D. Document.Write("a 值为" & a)

3. 如果 a，b，c 的值分别为 3，2，−3，下列表达式的值是（　　）。

    $$Abs(b+c)+a*Int(Rnd+3)+Asc(Chr(65+a))$$

    A. 10　　　　　　　B. 68　　　　　　　　C. 69　　　　　　　　D. 78

4. 有以下程序段，输出结果是（　　）。

```
x="ABC" : y="abc"
m=Lcase(x): n=Ucase(y)
Document.Write(Mid(m+n,3,2))
```

    A. Ca　　　　　　　B. cA　　　　　　　　C. ccA　　　　　　　D. ca

5. 设 a=-1，b=2，下列逻辑表达式为真值的是（　　）。

    A. Not a>=0 And b<2　　　　　　　　　B. a*b<-5 And a/b<-5

    C. a+b>=0 Or Not a-b>=0　　　　　　　D. a=-2*b Or a>0 And b>0

6. 表示条件"x 是大于等于 5，且小于 95 的数"的逻辑表达式是（　　）。

    A. 5<=x<95　　　　　　　　　　　　　　B. 5<=x, x<95

    C. x>=5 And x<95　　　　　　　　　　　D. x>=5 And <95

7. 下列程序段执行后，输出结果是（　　）。

```
a=0 : b=1
a=a+b : b=a+b
Document.Write(a & ",")
a=a+b : b=a+b
Document.Write(b & ",")
a=b-a : b=b-a
Document.Write(a+b)
```

    A. 1，5，5　　　　B. 1，3，5　　　　C. 3，3，5　　　　D. 1，5，9

8. 假定有如下程序段：

```
x = Cint(InputBox("请输入一个整数"))
a = x \ 10
b = x Mod 10
y = (b * 10 + a) *10
```

执行后，如果从键盘上输入 34.42 和按下 Enter 键，则以下叙述中正确的是（　　）。

    A. 变量 *x* 的值是 34.42

    B. 变量 *a* 的值是 3.4

    C. 变量 *b* 的值是 3

    D. 变量 *y* 的值是 430

9. 为计算 $s = 2 + 4 + 6 + \cdots + 4\,000$ 的值，某同学编程如下：

```
Dim k, s
s = 0
For k=2 To 4000 Step 2
   s = s + 2*k
Next
Document.Write("s=" & s)
```

在调试时发现运行结果有错误，需要修改。请从下面的 4 个修改方法中选择一个正确选项（　　）。

    A. 语句 s = 0 应改为 s = 2

    B. 把语句 s = s + 2*k 改为 s = s + k

    C. 把语句 For k=2 To 4000 Step 2 改为 For k=2 To 4000

    D. 语句 s = s + 2*k 应放在循环体的外面（放在语句 Next 的后面）

10. 以下程序段用于计算级数 $T = 1 + 1/2 + 1/3 + 1/4 + 1/5 + 1/6 + \cdots$ 前 600 项之和。将下列程序代码补充完整。

```
t=0
For n=1 to 600
    (    )
Next
Document.Write("T=" & t)
```

    A. t=1/n   B. t=t+1/n   C. n=n*（n+1）   D. t=t+（n-1）/n

11. 下列程序段运行后，假设按提示依次输入 2，3，4 三个数据，则运行结果是（　　）。

```
s=10
For n=1 To 3
   x=Csng(InputBox("输入数据"))
   s=s-x+n
Next
Document.Write(s)
```

    A. 6   B. 7   C. 8   D. 9

12. 编写程序，随机产生 30 个 2 位数（10～99），统计其中有多少个数大于 80？填写所缺部分。

```
Randomize
s=0
For k=1 to   (1)
   x=10+Int(90*Rnd)
   If    (2)   Then
        (3)
   End If
Next
Document.Write（"有" & s & "个数大于80"）
```

（1）A. 30   B. 10   C. 100   D. 99

（2）A. k<80　　　　B. x>=80　　　　C. x>80　　　　D. s>80

（3）A. s=k+1　　　　B. k=k+1　　　　C. s=k　　　　D. s=s+1

二、多选题

1. 下列叙述中，错误的是（　　　）。

A. 在 HTML 文档中通过使用<SCRIPT>标记可以嵌入 VBScript 程序

B. VBScript 程序只能嵌入<BODY>部分，不能嵌入<HEAD>部分

C. HTML 的注释标记是<! -- 和 -->，而 VBScript 的注释语句采用单引号（'）或 Rem 表示

D. VBScript 的程序代码中区分字母的大小写，例如变量 A 和变量 a 表示的是不同的变量

E. VBScript 的程序除了可以在 SPD2007 的"代码"视图模式下编辑，还可以用"记事本"程序编辑

F. 用"记事本"编写 HTML 文档时，应采用.htm 扩展名保存文档

2. 求一个正整数 n 除以 8 所得的余数可以采用（　　　）。

A. n Mod 8　　　　　　　B. n-Int(n/8)　　　　　　　C. n\8

D. n-Int(n/8)*8　　　　　E. n-Int(n\8)

3. 从字符串变量 s 中取出最后（右边）2 个字符，可以采用（　　　）函数。

A. Left(s,2)　　　　　　　B. Mid(s,Len(s)-1)　　　　　　C. Mid(s,2)

D. Right(s,2)　　　　　　E. Right(s,len(s)-2)

4. 要清除字符串变量 txt 中的内容，使其值为空字符串，可以使用（　　　）。

A. txt=Space(1)　　　　　B. txt=Space(0)　　　　　　C. txt=""

D. txt=0　　　　　　　　E. txt=Cstr(0)

编程及上机调试

按照以下各题的要求编写 VBScript 程序，文件名分别为 v1.htm～v11.htm，存放在用户文件夹下的"第 9 章"子文件夹中。

1. 编写程序时必须遵守语言规定的语法规则。以下是一个有语法错误的程序：

```
<HTML><HEAD>
    <TITLE>判断奇偶数</TITLE>
    <SCRIPT LANGUAGE="VBScript ⎵ ">
      Dim x,
      x = Csng(InputBox("输入一个整数"))
      If x Mod 2 = 0 Then
        Document.Write(x & "是一个偶数")
      Else
        Document.Write(x & "是一个奇数")
      End If
    </SCRIPT>
</HEAD><BODY></BODY></HTML>
```

请从下面修改方法中选择一个或多个正确选项，并对修改后的程序进行上机验证。

A. 定义 SCRIPT 代码语句（第 3 行）中的"VBScript ⎵ "不能包含有空格

B. Dim 语句（第 4 行）后面不能有逗号

C.　InputBox 函数中的"输入一个整数"是一个字符串，应以双撇号括起来，而不能采用中文引号

D.　第 7 行语句 Document.Write（x & "是一个偶数"）应改为 Document.Write（x & "是一个奇数"），而第 9 行 Document.Write（x & "是一个奇数"）应改为 Document.Write（x & "是一个偶数"）

2.　输入本章例 9-1 的程序，观察执行结果与书中给出的结果是否相符。

3.　改动例 9-4 程序，把程序中原特定 2 位数 36 改为用户人工输入任意 2 位数（采用 ImputBox 函数），观察执行的效果。

4.　编写程序，计算函数 $y=3x^3+2x^2+x+4$，用户通过输入对话框输入 x 的值，把计算结果显示在网页上，显示格式：$y=$值。

5.　编写程序，随机产生 2 个 2 位数，然后显示这 2 个数及其最小数。

6.　编写程序，随机产生 4 个 3 位数，然后显示这 4 个数及其最大数。

【提示】可以分为两组数（2 个数为一组）进行比较，再从两组数的较大数中求出最大数。

7.　已知学号由 8 个数码组成，如 11431001，其中从左算起前 2 位表示年级，第 3 个字符表示学生类型，学生类型规定如下：

2——博士生，3——硕士生，4——本科生

编写程序，从输入对话框输入一个学号，经过判断处理后，显示该生的年级及学生类型（中文表示）。

【提示】利用字符串函数 Left 和 Mid 进行处理。

8.　完善下列程序，使之打印出三位数的"水仙花"数。所谓水仙花数，是指各位数字立方和等于该数本身。例如，153 是一个水仙花数，因为 $153=1^3+5^3+3^3$。完善下列程序，并进行上机验证。

```
<SCRIPT LANGUAGE="VBScript">
   Dim a, b, c, k
   Document.Write（"3 位数的水仙花数是：<BR>"）
   For k=100 To 999
     a= Int（k/100）
     b=Int（（ [1] ）/10）
     c=k Mod 10
     If   [2]  Then
        Document.Write（ [3]  & "<BR>"）
     End If
   Next
   </SCRIPT></HEAD>
 <BODY></BODY></HTML>
```

9.　求级数 $s = 1/（1+1*1）+ 2/（1+2*2）+ 3/（1+3*3）+ \cdots + n/（1+n*n）+ \cdots$ 的前 200 项之和。

10.　要在 HTML 页面上显示如下数字图案，请完善下列程序代码和上机验证。

```
11111
2222
333
44
5
```

程序代码如下：

```
<HTML><HEAD></HEAD>
<BODY><SCRIPT LANGUAGE="VBScript">
Dim i, j
For i=1 To 5
    For j= ____[1]____
        Document.Write(____[2]____)
    ____[3]____
        Document.Write("<BR>")
Next
</SCRIPT></BODY></HTML>
```

　　[1] A. 1 To I　　B. 1 To 5　　　C. 1 To i+1　D. i To 5
　　[2] A. j　　　　B. i　　　　　　C. i + 1　　D. "1"
　　[3] A. End If　B. End Sub　　　C. Next　　　D. End

11. 编写程序，计算 $s=1! +2! +3! + \cdots +10!$ 的值。

附录

附录 A ASCII 编码

表 A1 列出一般字符及其 ASCII 编码（用十进制数表示）的对照表。

表 A1　　　　　　　　　　　字符及其 ASCII 编码

代码	字符	代码	字符	代码	字符	代码	字符	代码	字符
32	空格	52	4	72	H	92	\	112	p
33	!	53	5	73	I	93	]	113	q
34	"	54	6	74	J	94	^	114	r
35	#	55	7	75	K	95	_	115	s
36	$	56	8	76	L	96	`	116	t
37	%	57	9	77	M	97	a	117	u
38	&	58	:	78	N	98	b	118	v
39	'	59	;	79	O	99	c	119	w
40	(	60	<	80	P	100	d	120	x
41	)	61	=	81	Q	101	e	121	y
42	*	62	>	82	R	102	f	122	z
43	+	63	?	83	S	103	g	123	{
44	,（逗号）	64	@	84	T	104	h	124		
45	–	65	A	85	U	105	i	125	}
46	.	66	B	86	V	106	j	126	～
47	/	67	C	87	W	107	k	127	
48	0	68	D	88	X	108	l		
49	1	69	E	89	Y	109	m		
50	2	70	F	90	Z	110	n		
51	3	71	G	91	[	111	o		

说明：在 ASCII 字符集中，0～31 表示控制码，32～127 表示字符码。

附录 B　键盘分区及常用键

目前普遍使用 101/102 及 104/105 个键的键盘，104 键键盘的布局如图 B1 所示。这种键盘可以分为 4 个区域，即打字键区、功能键区、编辑键区和数字键区。

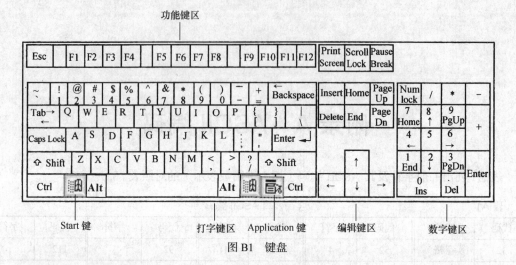

图 B1　键盘

1. 键盘分区

① 打字键区。其布局与标准的打字机相似，其中包括数字键 0～9、字母键 A～Z 以及各种符号键。此外，还包括一些控制键，如 Enter 键、Esc 键等。

② 功能键区。在键盘的最上一排，共设置了 F1～F12 共 12 个功能键，其功能由软件或用户定义。

③ 编辑键区。位于打字键区和数字键区之间，主要用于编辑修改。

④ 数字键区。又称小键盘，安排在键盘的右部，它主要是为录入大量的数字提供方便。在该区中，大多数键具有两重功能：一是代表数字；二是代表某些编辑功能。

小键盘区的转换键是 Num Lock 键，按此键可使上方的 Num Lock 指示灯亮或灭。当指示灯亮时，表示小键盘可用来输入数字和符号；当指示灯灭时，这些键用于控制光标移动和完成其他软件定义的功能。

2. 常用键的使用

① Enter 键。即回车键，按下此键表示开始执行命令或结束一个输入行。

② 空格键。它是在键盘中下方的长条键，每按一次键，即在当前输入位置上空出一个字符位置。

③ Shift 键。即上挡控制键。键盘中一部分键上有两种符号，凡输入上部符号时，需同时按该符号键和 Shift 键（Shift 键先按后放）。按下此键和字母键，还可进行大小写转换。

④ Delete（或 Del）键。即删除键，删除当前光标位置的字符。

⑤ Backspace 键。又称退格键，删除光标前一个字符。

⑥ Ctrl 键。即控制键，通常与其他键组合成复合控制键。

⑦ Alt 键。即交替换挡键，通常与其他键组合成特殊功能键或复合控制键。

⑧ Tab 键。即制表定位键。一般情况下，按此键可使光标移动 8 个字符的位置（或移动到下一定点）。

⑨ 光标移动键。按箭头键↑，↓，←，→分别使光标向上、下、左、右方向移动。

⑩ 屏幕翻页键。PgUp（Page Up）上翻一页，PgDn（Page Down）下翻一页。

⑪ PrtSc（Print Screen）键。把当前屏幕的内容输出到打印机（或保存起来）。

⑫ 双态键。包括 Insert 键和 3 个锁定键：Insert（ 或 Ins ）键实现插入/改写的状态转换；CapsLock键实现英文字母大/小写的状态转换；Num Lock 键实现小键盘的数字/编辑的状态转换；Scroll Lock键实现滚屏/锁定的状态转换。

附录 C 颜色代码

在 HTML 和 VBScript 中的颜色代码可用相应英文词或数字码（十六进制数）表示，如表 C1所示。

示例：< FONT SIZE="4" COLOR="red" > 这是 4 号红色字 < /FONT >

也可写成：< FONT SIZE="4" COLOR="#ff0000" > 这是 4 号红色字 < /FONT >

表 C1　　　　　　　　　　　　常用颜色代码

颜色	英文词	数字码	颜色	英文词	数字码
黑色	black	#000000	粉红色	pink	#FFC0CB
蓝色	blue	#0000FF	红色	red	#FF0000
棕色	brown	#A52A2A	白色	white	#FFFFFF
青色	cyan	#00FFFF	黄色	yellow	#FFFF00
灰色	gray	#808080	深红色	crimson	#CD061F
绿色	green	#008000	绿黄色	greenyellow	#ADFF2F
乳白色	ivory	#FFFFF0	天蓝色	skyblue	#87CEEB
橘黄色	orange	#FFA500	淡紫色	fuchsia	#FF00FF

附录 D 习题参考答案

习 题 1

一、单选题

1. B　　2. D　　3. D　　4. C　　　5. D　　　6. B　　　7. C　　8. B

9. D　　10. C　　11. B　　12. C　　　13. D　　14. D　　15. C

16. C　　17. B　　18. （ 1 ）C（2）B　　19. C　　20. D

二、多选题

1. DF　　2. DE　　3. BE　　4. BCDEF　　5. AD　　　6. CDE

三、填空题

1.（1）计算机由五大件组成；（2）采用二进制形式；（3）"存储程序"控制

2. P^2-1 3. 32（注：六进制数）

4.（1）① 10001111　② 10101000　③ 1110100.10100110　④ 0.0111

（2）① 93　② 27.8125　③ 1.6875

（3）① 5B　② 5B.B　③ 2D6

5. 8，$(11111111)_2$，$(255)_{10}$ 6. 70   7. 2，1

8. 国标码为 11111100111100B，机内码为 BFBCH

9. 4D，74   10. CapsLock，Shift   11. 4GB   12. 3072

13. 72，270 360   14. 解释，编译

习 题 2

一、单选题

1. B　2. B　3. D　4. B　5. A　6. B　7. A
8. D　9. A　10.（1）D（2）B　11. C　12. B　13. B
14. C，A　15. A　16. B

二、多选题

1. ABCDEG　2. ABDEF　3. ABDEE　4. ACF　5. ABCEF
6. ACDF　7. BCE

三、填空题

1. 开始菜单，窗口菜单，控制菜单，快捷菜单　2. Ctrl+Esc

3. 命令　4. 主文件名，扩展名，主文件名

5. C:\D2\t2.txt，C:\D1\D11\S2.doc

6. 3　7. 记事本　8. Ctrl　9. 移动　10. +　11."查看"

习 题 3

一、单选题

1. A　2. C　3. B　4. B　5. C　6. D
7. C　8. A　9. B　10. B，D　11. A　12. D　13. B

二、多选题

1. ABCD　2. CDF　3. BF　4. DEF

三、填空题

1. 另存为　2. 通知　3. 纯文本　4. Backspace，Delete　5. Enter

6."关闭组"　7. 段落内，选定这些段落　8. 正文区，纸张边缘

9."插入"，"文件"；"插入"，"图片"

习 题 4

一、单选题

1. B　2. B　3. B　4. C　5. A　6. C　7. C　8. D　9.（1）C（2）C

二、多选题

1. BCAD   2. DE   3. ABCE

三、填空题

1. 3，65536，256，32000   2. 34.0，34.57

3. ROUND(SQRT(A1*A1+A2*A2), 3)   4. "学习 Excel"，#Value!

5. =B3-B4-D2   6. =B$1*$A2

7. 条件区域如下：

（1）   （2）   （3）   （4）

成绩	性别		班号	性别		成绩	成绩	班号	性别		姓名	性别
=80	男		12	男		>=60	<=80	12	女		林*	女
			13	男								

8. 18   9. 15   10.（1）基础（2）算（3）11（4）教程

习 题 5

一、单选题

1. C   2. C   3. A   4. A   5. B   6. C

7. D   8. B   9. D   10. C   11. D

二、填空题

1. 演示文稿1   2. 幻灯片，大纲，备注   3. "插入"

4. Esc   5. 幻灯片

习 题 6

一、单选题

1. D   2. D   3. C   4. B   5. A   6. C   7. B

8. A

二、填空题

1. 多样化、数字化、集成化、交互性和实时性   2. 有损   3. .wav

4. 900   5. 144.8，345.6

习 题 7

一、单选题

1. D   2. B   3. B   4. B   5. C   6. D   7. C

8. A   9. A   10. D   11. B   12. C   13. D   14. B

15. C   16. B   17. C   18. D   19. C   20. D   21. B

22. B   23. C

二、多选题

1. AD   2. ACD   3. BCD   4. CD

三、填空题

1. 资源子网，通信子网   2. 总线型，星型，环型

3. 网络层
4. TCP/IP   5. 255.255.0.0   6. 202.112.14，4，5   7. ISP
8. puswdr@jnu.edu.cn   9. 下载

习　题　8

一、单选题

1. B，D   2. C   3. A   4. D   5. D   6. D   7. C
8. C   9. D

二、填空题

1. HTTP，网页   2. 框架   3. HEAD   4. 6   5. （1）&lt（2）&gt（3）
6. 欢迎您   7. （1）
（2）</P>   8. （1）SIZE（2）COLOR（3）隶书

习　题　9

一、单选题

1. B   2. D   3. D   4. B   5. C   6. C   7. A
8. D   9. B   10. B   11. B   12. （1）A（2）C（3）D

二、多选题

1. BDF   2. AD   3. BD   4. BC